单片机C程序设计与实践丛书

PIC单片机C程序设计与实践

［日］后闲哲也　著
常晓明　译

北京航空航天大学出版社

内容简介

本书是一本PIC系列单片机C语言开发应用的入门级指导丛书，以美国Microchip(微芯)公司的中级产品PIC16F87X单片机为例，选用CSS公司的C语言编译器，重点介绍集成开发环境、C语言的开发应用基础和C语言的开发应用实例等内容，并给出了相应的应用程序。使用PIC16F系列单片机的C语言初级和中高级用户可以在本书中了解到C语言编译器的特性和细节；在应用中遇到的一些问题，也可以从书中找到解决的办法。

本书内容通俗易懂，实用性强，可供学习PIC单片机C语言开发的有关技术人员和爱好者以及高等院校相关专业的师生阅读参考。

图书在版编目(CIP)数据

PIC单片机C程序设计与实践/(日)后闲哲也著；常晓明译. —北京：北京航空航天大学出版社，2008，7

ISBN 978-7-81077-919-7

Ⅰ. P… Ⅱ. ①后…②常… Ⅲ. ①单片微型计算机—程序设计②C语言—程序设计 Ⅳ. TP368.1 TP312

中国版本图书馆CIP数据核字(2008)第091431号

PIC单片机C程序设计与实践

［日］后闲哲也 著

常晓明 译

责任编辑 胡晓柏

*

北京航空航天大学出版社出版发行

北京市海淀区学院路37号(100083) 发行部电话：010-82317024 传真：010-82328026

http://www.buaapress.com.cn E-mail:bhpress@263.net

北京市松源印刷有限公司印装 各地书店经销

*

开本：787 mm×960 mm 1/16 印张：22.75 字数：510千字

2008年7月第1版 2008年7月第1次印刷 印数：5 000册

ISBN 978-7-81077-919-7 定价：39.00元

序　言

活用PIC单片机说明书出版已经有2年半了，在此期间很多人说都想学习并应用PIC单片机。

在收到的信件中，很多人都希望笔者能对PIC的C语言程序设计进行系统说明，这真是对我的挑战。

无论从哪方面来说，PIC单片机都是小型的控制器，其结构并不太适合使用C语言。但是也有一些克服这些困难而开发出来的C语言编译器。利用这些编译器用C语言进行的程序设计，仍然比用汇编语言进行程序设计轻松得多。

本着在工作和游乐中更加容易利用PIC单片机的宗旨，笔者对C语言的程序设计方法进行了总结。因为从最基本开始进行说明，故对初学者来说也能作为C语言的入门书使用。

本书利用CSS(Custom Computer Service Inc)公司的PIC C编译器(PCM)，对PIC单片机C语言编译器进行说明。

利用C语言进行的程序设计远比用汇编语言进行的程序设计工作效率高，故能够设计出有较高功能的程序。因此，PIC单片机的使用将更加广泛。而且Microchip公司开始发售PIC18系列等高端PIC产品，PIC单片机变得更加适用于C语言。使用这些产品后，就会发现C语言非常好用。无论是谁从此都可以设计出更好的程序。

通过自己考虑、设计、亲手做出的机器如预想那样动作时的感动是一生也无法忘记的。如果本书能让读者体会到这种感动，虽然可能不太充分，但笔者将深感荣幸。

笔者是从每天作为兴趣爱好的电子工作记录网页中编辑而著成此书的。由于电子世界的进步日新月异，如果将此书和网页一起阅览，将会得到更多信息。网址如下所示：

http://www.picfun.com/

最后对给予笔者写作机会并在制作时予以帮助的技术评论社的末冈秀文先生和鼓励笔者写作的父亲和诸位亲友深表感谢。

后闲哲也

译者致谢

"翻译就像是抓虱子，再小心也不免有落网之虫。"尽管本人在翻译过程中多次校验，但由于本人的专业水平有限，难免会在翻译过程中出现使读者难懂之处，望读者给予谅解。

本书在翻译过程中，得到了北京航空航天大学出版社的大力支持，在此表示深切的感谢。

本书在翻译过程中，还得到了译者的博士研究生王峥、郝晓燕、邓红霞，硕士研究生阎晓伟、柴忠、张丽丽、李晖英、王建伟、王宗侠、李媛媛、姚世选、王海渊和王松的大力协助，在此表示感谢。

常晓明

2008年3月18日

目 录

第1章 什么是C语言

所有的计算机都是通过程序,也就是通过按一定顺序记载的语言进行工作的。这种语言因最终使计算机这种机器能够理解,故称之为机器语言。

这种程序虽是人们创造,计算机使用,但人们使用机器语言会感到很复杂和消耗时间。因此,人们做了很多尝试,力图用和人类相近的语言来记述程序,并不断取得了进步。在这些尝试中,很早就得到应用,并且现在也作为主流语言使用的就是C语言。

本章就对这种语言的产生历史和特点予以说明。

1.1 什么是程序

计算机的运行就是由外部设备或人来输入数据,对这些数据进行加工或处理并向外部设备或人输出数据。根据计算机使用目的,处理的内容会不同,所以即使同样结构的计算机也可以适应多种场合的需要。这些处理的内容决定了怎样输入数据,进行怎样的处理,又做什么形式的输出,这一过程被称之为程序。

1.1.1 计算机的结构

大部分的计算机都是如图1.1.1所示的结构。

为使计算机完成工作,事先须将按处理顺序排列的程序输入计算机的存储器中,由指令译码执行单元(CPU)依照顺序执行。

外部通过输入控制单元(I/O)给计算机输入数据,而后进行加工处理。需要运算的数据在运算单元(ALU)进行处理。处理后的数据由输出控制单元(I/O)输出至计算机外部。

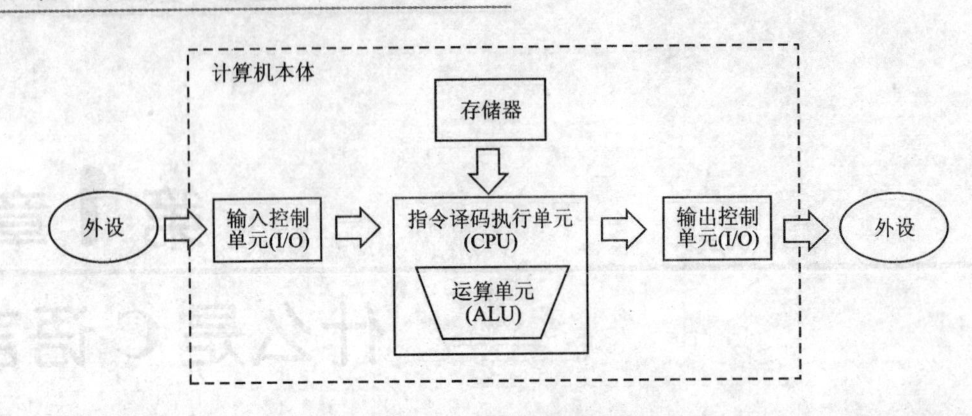

图 1.1.1 计算机的基本结构

计算机的内部如指令译码执行单元都是通过电信号进行工作的，因此如果外部设备或人们需要处理的数据不是电信号，就需要通过输入控制单元或输出控制单元进行信号形式变换。例如，通过键盘和鼠标将人们的动作转换为电信号，打印机或电机将电信号转换为其他机械等形式的动作信号。

1.1.2 程序和命令

所有的计算机都是通过称之为程序的操作顺序进行工作的。就其操作顺序本身而言，和人们为了干好某件事制订的计划是一样的道理。将制订计划详细分解，就形成了最后的可操作的顺序项目。程序与此是一样的道理，它依照一定的详细操作顺序运行。

一个操作被定义为一条指令，这些指令的顺序就是操作顺序。计算机是不会改变操作顺序的，只会忠实地执行操作顺序。在这一点上，人们会根据状况的改变，随机应变地改变操作顺序，这是人和计算机的根本区别之处。

计算机可以依照指令顺序地执行操作，而靠电信号工作的计算机能够理解的指令只是称之为位(bit)的 1 和 0，这就是所谓的机器语言。

但是，1 位只有 0 和 1 两类型，因此指令种类太少。所以需要通过位的组合形成位组，以增加指令的数量。

例如图 1.1.2 所示 2 个位的组合就可以有 4 种情形，而 8 个位组合起来，就可以有 2 的 8 次方，即 256 种情形。在计算机世界中以 8 位作为一组，称之为字节。

但是，这样最多也只有 256 种情形，如果再想增加种类，可以再增加位数。这样增加的位列数称之为字或字长。

例如，像 PIC 这样的微型计算机，字的长度就分别有 12 位、14 位、16 位 3 种类型。字的位数越多指令类型也就越多，因此位数越多的计算机显然其性能也就越高。

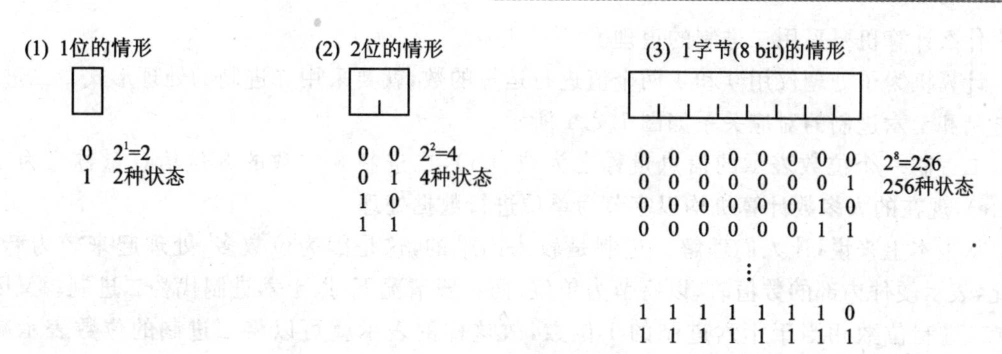

图 1.1.2 位和字节

通用的计算机数据的处理单位多以字节为单位，又以字节为单位构成了字，例如有 2 字节(16 位长)、4 字节(32 位长)、8 字节(64 位长)形式的字长。

在实际中，如何用这些位数列来识别指令呢？现以 PIC 为例来进行说明。在 PIC 的中端系列中，1 个字的长度有 14 位，如图 1.1.3 所示。可知，它是将上半部分用做操作码，而将下半部分用于操作数。

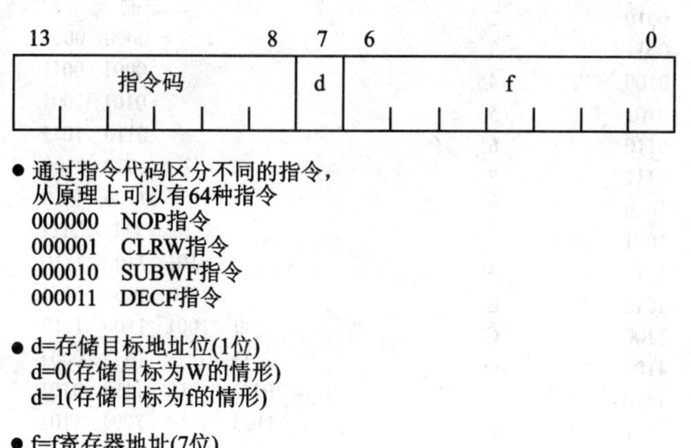

图 1.1.3 PIC 指令结构

以这样的形式定义的指令存储在存储器中，并依照顺序执行，也就是在运行程序。

1.2 二进制和十六进制

如前所述，计算机最终要根据机器语言的指令来运行，而机器语言是以电信号的有无来表现，也就是用电压的有或无这两种状态来表现。因此，可将这两种状态用 0 和 1 来代表。这就是为什么计算机要采用二进制的道理。

计算机为了处理仅用0和1两个值进行运算的数，就要采用二进制的处理形式。二进制、十进制和十六进制的对应关系如图1.2.1所示。

二进制一个位数表示的信息量称之为位(bit)，二进制8位数的8位信息量称之为字节(byte)，现在的大多数计算机均以字节为单位进行数据处理。

从根本上来说，让人们理解二进制是较为困难的，这是因为位数多，处理起来较为麻烦。为此，表示硬件内部的数值时，以字节为单位，而一般情况下，以十六进制代替二进制。又因为4位二进制位数相当于十六进制的1位数，故这样的表示就可以将二进制的位数表示减少1/4，从而在十六进制中，1个字节就可以用2位数来表示。

如果将二进制数用十六进制表示的话，字节的转换会很简单。现举例予以说明，如图1.2.2所示，对二进制的1个字节(8位)的01101011，按4位一组分成0110和1011，二进制数的0110是十六进制数的6，1011是十六进制数的B，将其连起来就是一个字节的数6B。

十进制	二进制	十六进制
0	0000	0
1	0001	1
2	0010	2
3	0011	3
4	0100	4
5	0101	5
6	0110	6
7	0111	7
8	1000	8
9	1001	9
10	1010	A
11	1011	B
12	1100	C
13	1101	D
14	1110	E
15	1111	F

图1.2.1 十进制、二进制和十六进制

二进制	十六进制
0000 0001	01
0001 0011	13
0101 1001	59
0110 1011	6B
1010 0100	A4
1100 1110	CE
1111 1111	FF
0101 1100 1110	5CE
1110 1000 0011	E83
00 1001 1100 1110	09CE
11 1111 0111 0001	3F71
0111 1010 1110 0101	7AE5
1100 1110 1001 1101	CE9D

图1.2.2 十六进制表示法

同样，12位的二进制数可用3位十六进制数表示，2字节(16位)可用4位十六进制数表示。如果是14位的话，则如图1.2.2所示，每4个位为一组，最高位为2位，此时该十六进制数的最大值为3FFF。

1.3 C语言

我们知道计算机是用机器语言指令记述程序并且运行的。程序必须由人来写出。但是，由人来思考和处理仅有0和1的情形，会感到非常单调和麻烦。因此，人们做了很多努力，力图用人们能够理解的语言来记述程序。

1.3.1　从汇编语言谈起

与机器语言一一对应的语言是汇编语言。也可以这样来理解汇编语言：人们用一种帮助记忆的符号，即助记符来与机器语言一一对应，就好像给每一个指令起一个人们容易记忆的外号一样。但是，简单的情况不存在什么问题，稍微复杂的情况处理起来就需要大量的指令。

为了使人们更容易阅读和记述，出现了许多种语言，又经过不断地产生和消亡。至今生存下来的就有C语言。

1.3.2　C语言的历史

如图1.3.1所示，C语言起源于1960年开发出来的BCPL语言。在这之后，从BCPL语言到B语言，又从B语言经功能扩展到了C语言。1972年，任职AT & T的Bell研究所的BrianW. Kernighan和Dennis. M. Ritchie为了记述DEC公司的PDP－11小型计算机上运行的UNIX(OS)而开发出了C语言。它本来是为了描述用汇编语言记述的UNIX(OS)而开发出来的语言，因此也可以说：C语言是UNIX的副产品。也许是这个缘故，目前在UNIX的程序开发中，还常使用C语言。图1.3.1为C语言诞生的历史。

在C语言开发后的很长一段时间，它是作为记述UNIX程序的语言而被使用的，但Kernighan和Ritchie所著的C语言权威说明书(*The C Programming Language*)出版后，C语言的优点就被社会广泛接受，用于个人计算机和工作站等各种各样的计算机用的C语言版本也就纷纷出台。这些C语言将该权威说明书称为K & R标准。

在这之后，由于C语言的不断改良和扩展，进而产生了兼容性问题。为使其统一和具有兼容性，美国国家标准协会ANSI(American National Standards Institute)将其标准化，于1989年制订了标准，此后沿用此标准的C语言，就称之为ANSI-C。

1.3.3　C语言特点

经过以上过程，开发并标准化的C语言具有如下特点。

1. 优　点

- 具有和汇编语言一样的位操作功能的硬件详细控制指令，但比汇编语言可读性好。
- 因为语言的描述由函数组成，所以是一种结构化的程序设计语言，容易实现模块化。

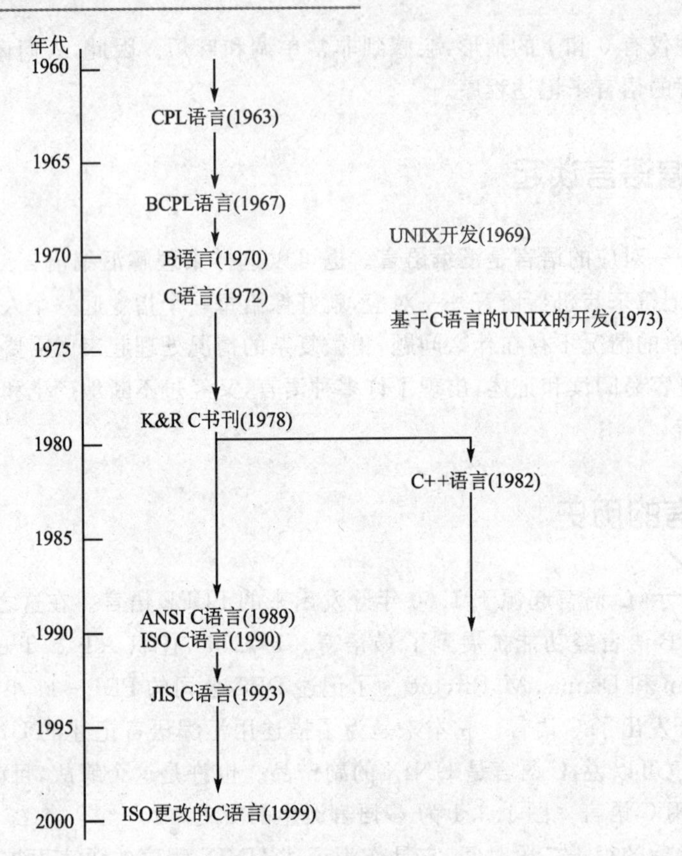

图 1.3.1　C 语言诞生的历史

- 数据结构方面，可以记录结构体和共用体，故能够处理复杂的数据。
- 记述形式自由。
- 可用于实时处理系统。

2. 缺　点

- 程序自身的描述性差，需要补充注释。
- 由于可直接操作存储单元，程序有可能跑飞。
- 由于指针的处理，结构复杂。

具有以上特征的C语言，并非用于制作账票据、一览表、详细描图等程序设计，而主要是用于控制机器运动。

以周围的例子来说，C语言多用于家电产品、工业机器人、互联网仪器、汽车应用的计算机程序开发语言中。

第2章

PIC 单片机的基本概念

对本书中使用的 PIC 单片机整体结构进行概要说明。

进一步就使用 C 语言开发 PIC 程序时必须具备的开发环境进行说明。

2.1 什么是 PIC

所谓 PIC,是美国的 Microchip 公司开发的单片计算机(简称单片机),也称之为微控制器。虽说是计算机,但如图 2.1.1 所示,只有一个 IC 大小。但是,它不但具有运算功能,还内置有装载程序的存储器、定时器、模拟输入、串行通信等部件,只要连接几个外围器件和电源,就能构建一个很好的计算机系统。而且其价格十分便宜。

图 2.1.1 PIC 单片机外观

为使读者熟练使用这种优秀的单片机，本书从最基本的内容开始，对使用C语言进行程序设计、开发简单设备和机器人应用等方面进行说明。

2.1.1　PIC概要

那么PIC到底是什么样的单片机，如何使用呢？下面就逐一介绍。

1. 开发商

PIC由美国的Microchip Technology公司开发，在世界各地已应用20亿颗以上，在日本13年前被介绍引进，最近已得到广泛应用。

2. 指令简洁

编程简单，只要记住35个汇编指令，就可以很快入门。

3. 价格低

一个仅几十元人民币。

4. 开发环境可免费得到

开发用的软件可以免费得到，并可在个人计算机的Windows环境下容易地建立起来。

5. 可以自制编程器

写完的程序可以用自制编程器进行程序的写入。即使自己不便制作也可以在市场上买到。

6. 是一个完整的计算机

存储器和输入/输出回路都集成在一个IC内，极其便利。特别是PIC16Fxxx系列，由于是闪存，程序可以重复消去和更改，特别适合于单片机爱好者。

7. 可用电池作为电源

消费的电力非常少，十分适合于用电池情况下的长时间运行。

Microchip公司推出的PIC系列如图2.1.2所示，大致可分为低端、中端、高端三个系列。

1. 低端系列

指令长度为12位，价格最便宜。其中有的供电2 V即可工作，特别适合用电池供电。

2. 中端系列

指令长度为14位，拥有从简单到高档性能的各种各样的类型，是非常普遍使用的类型。其中，有的还有将模拟信号转换为数字信号的A/D转换功能和用于电机等调速的脉宽调制功能。

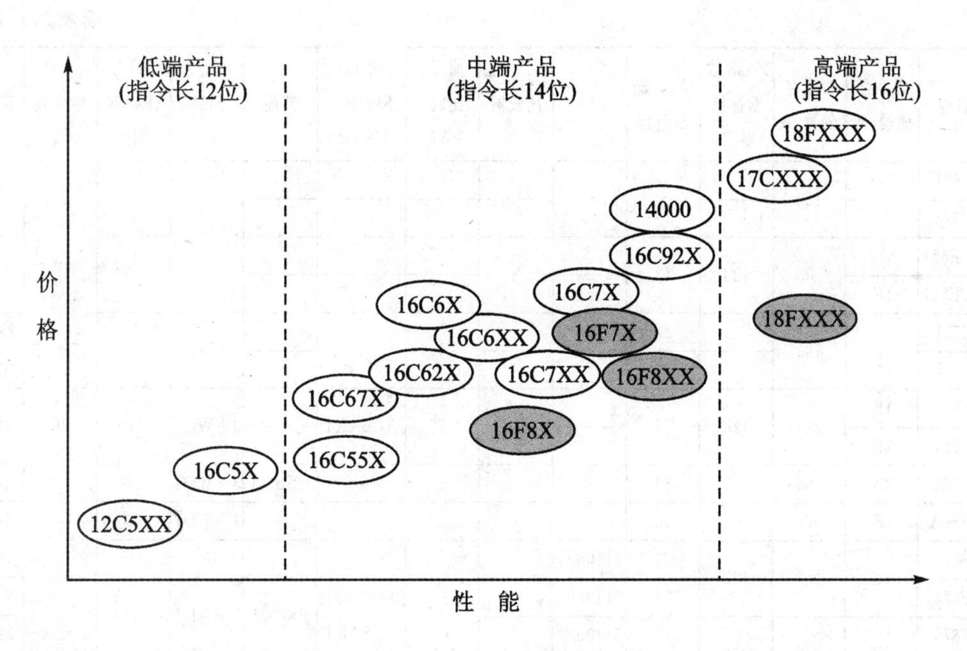

图 2.1.2　PIC 产品系列一览

3. 高端系列

指令长度达 16 位,可以高速运行和拥有高档的功能。

以上的分类是根据 PIC 的内部指令长度确定的,但是根据装载程序的存储器的容量、内置各种组件的有无、输入/输出引线的数目也可以进行分类。表 2.1.1 所列的是具有代表性,并在国内容易购买到的 PIC 类型。

Microchip 公司不断地进行开发并推出新品,今后将不断见到新的款式。

表 2.1.1　PIC 单片机产品(代表性的)(Microchip 公司提供)

系列	名称	程序存储器/W	数据存储器/B	Flash 数据存储器/B	输入/输出引脚	ADC	比较器	捕捉、比较、PWM	串口 SPI/I^2C /USART	其他	时钟	最高工作频率/MHz	指令数	引脚数
低端	12C508A	512	25		6						1+WDT	4	33	8DIP
	12C509A	1K	41											
	16C54C	512	25		12						1+WDT	40		18DIP
	16C56A	1K												

续表 2.1.1

系列	名称	程序存储器/W	数据存储器/B	Flash数据存储器/B	输入/输出引脚	ADC	比较器	捕捉、比较、PWM	串口 SPI/I^2C/USART	其他	时钟	最高工作频率/MHz	指令数	引脚数
中端	12C671	1K	128		6	4					1+WDT	10	35	8DIP
	12C672	2K												
	16CE623	512	96	128	13		2					30		18DIP
	16CE624	1K												
	16C73B	4K	192		22	5		2	1		3+WDT	20		28SDIP
	16C74B				33	8								40DIP
	16F627	1K	224	128	16		2	1	AUSART		3+WDT	20		18DIP
	16F628	2K												
	16C765	8K	256		33	8		2	1	USB×1	3+WDT	24		40DIP
	16F84A	1K	68	64	13						1+WDT	20		18DIP
	16F873	4K	192	128	22	5(10bit)		2	MI2C,SPI,AUSART	PSP×1	3+WDT	20		28SDIP
	16F874				33	8(10bit)								40DIP
	16F876	8K	368	256	22	5(10bit)								28SDIP
	16F877				33	8(10bit)								40DIP
高端	17C42A	2K	232		33			2	USART		4+WDT	33	58	40DIP
	17C44	8K	454											
	17C756A	16K	902		50	12(10bit)		3	SPI,USARTX2					64PLCC
	18C242	8K	512		23	5(10bit)		2	MI2C,SPI,AUSART		4+WDT	40	77	28SDIP
	18C442				34	8(10bit)								40DIP
	18C252	16K	1536		23	5(10bit)								28SDIP
	18C452				34	8(10bit)								40DIP
	18F252	16K	1536	256	23	5(10bit)		2	MI2C,SPI,AUSART		4+WDT	40	77	28SDIP
	18F452				34	8(10bit)								40DIP

注：SPI(Serial Peripheral Interface)，I^2C(Inter-Integrated Circuit)，USART(Universal Synchronous Asynchronous Receiver Transmitter)，WDT(Watch Dog Timer)。

2.1.2 PIC单片机的结构概要

PIC单片机的内部虽已构成了一个微型计算机，但它不同于结构称之为哈佛(HARVARD)结构的一般计算机。

PIC单片机结构(哈佛结构)如图2.1.3所示，存储器分为数据存储器和程序存储器。而且运算处理单元和数据存储之间，分别用的是不同的数据总线连接。

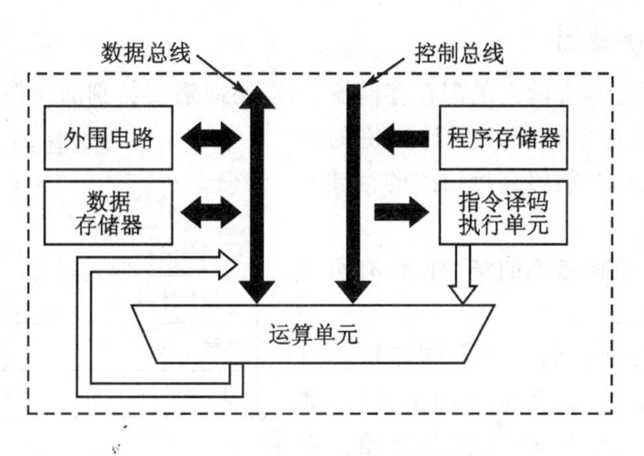

图 2.1.3 PIC单片机结构(哈佛结构)

如果采用这种结构,在微机的情况下,内部结构就很简单,流水线构成等比较容易,故运行速度可以很快。而且由于程序存储区是独立的,指令长度就可以任意,所有的指令都可以用一个字长来构成。加之可将这些集成在一个芯片内,其结果是成本降低。

具备这么多优点的PIC单片机结构,也同样有它的缺点。那就是,由于一切都集成在一个芯片内,所以开发时,作为前提,使用方法就被限制,存储器规模和指令功能也有了一定的限制。在小规模功能有限的范围使用时,是非常好的低成本PIC单片机;规模扩大后,由于这些限制事项,使用就变得稍微困难起来,不过这也许是PIC单片机当初就没有设想的事情吧。

不过,随着增加较多的外围电路和新款式的PIC单片机的不断涌现,其性能也会不断加强,想必以后会不断扩大市场。

2.1.3 PIC单片机的存储器结构

下面对在PIC单片机中最经常使用的中级系列进行说明,首先从存储部件开始。

PIC单片机存储器由下面4部分构成。

1. 程序存储器

装载程序的存储器,它由一次性写入ROM或闪存存储器构成。

2. 数据存储器

由记载变量和数据的存储器,由8位的寄存器构成。因此,掉电后内容即消失。

3. 堆栈寄存器

存放子程序调用和中断时的返回地址的存储器,不可用指令读/写。

4. EEPROM 存储器

电源切断后数据也不会消失的闪存存储器。读/写时需要特别的操作。

由于 PIC 单片机属于微型多用计算机的结构,故存储器有一些限制,能够直接访问的存储器规模如表 2.1.2 所列。

表 2.1.2 能够直接访问的存储器规模

存储器	规 模
程序存储器	最大 2K 字
数据存储器	最大 128 字节
堆栈	最大 8 级
EEPROM 存储器	最大 256 字节

为了扩展存储容量而考虑的结构设计有页面和数据存储区两个概念。

首先说明用页面进行的程序存储器扩展方法。在中级 PIC 的 14 位长度指令的情况下,如图 2.1.4 所示,一般情况下,转移指令的操作数 11 位可寻址的空间是 2K 字,在此基础上,加上页面指定用的 2 位,那么 2K 字就是一个页面,4 页面就能够处理 8K 字的存储器空间。这样,由页面而进行的 PIC 程序存储器扩展最大规模是 8K 字。但是在实际问题中,还要看器件的存储容量有多大,由于设备的不同,存储容量也不同,这需要由数据表进行确认。

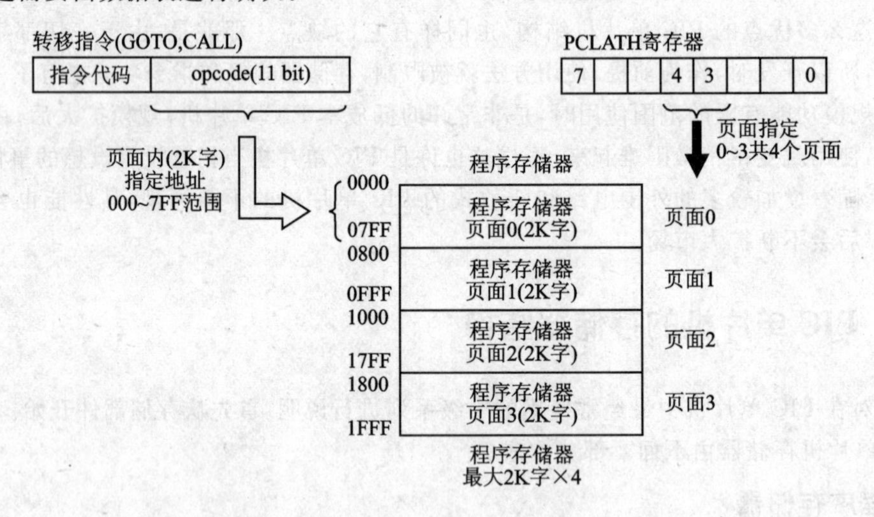

图 2.1.4 程序存储器结构

其次是依数据存储区概念的数据存储扩展方法。如图 2.1.5 所示,一般情况下,在字节处理指令的操作数 7 位时,最大能够存取 128 字节,另外预备有数据存储区指定的 2 位,作为数据存储地址的扩展位增加上去。也就是说,各指令的操作数值部分有 7 位和增加的 2 位合计共 9 位的地址指定。这样由数据存储区进行的空间扩展是 128 位的 4 倍,也就是最大能够使用 512 字节的数据存储,但是由于器件的不同,实际能够装载并使用的存储容量也不同,有必要通过数据表确认。

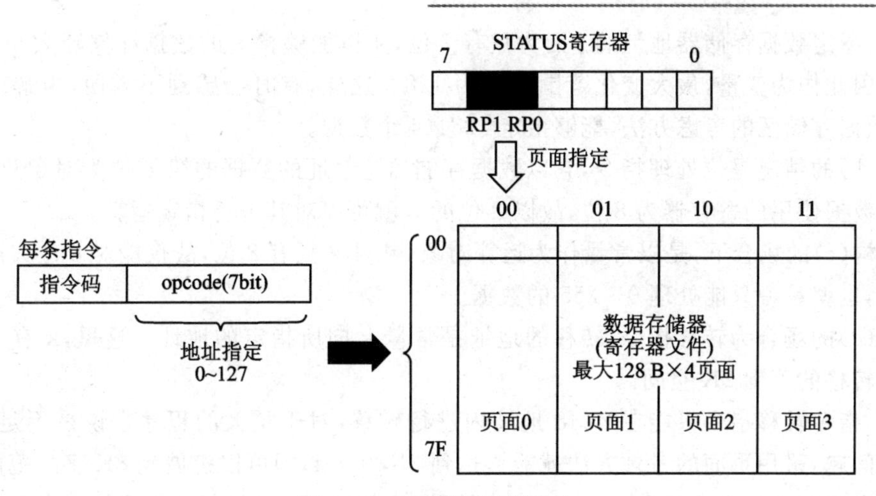

图 2.1.5　数据存储器结构

2.1.4　指令结构

图 2.1.6 给出了 PIC 单片机中端器件的指令结构。可以看出，指令全部长度为 14 位(一个字)。程序存储器一个地址存放一条指令。这样指令结构简单，故很容易理解，但 PIC 的规模扩大后就将成为其受限制的原因。

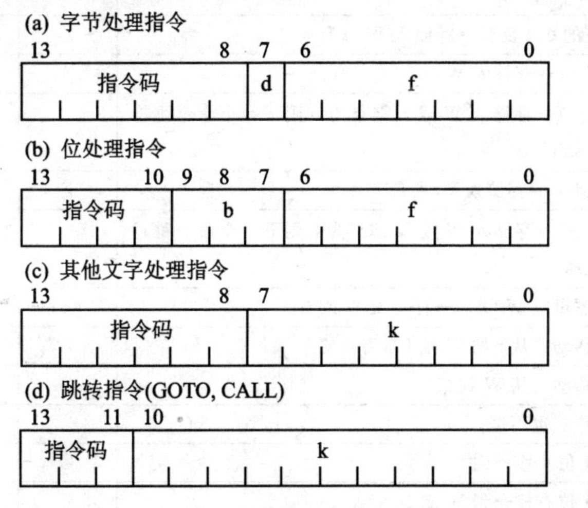

图 2.1.6　PIC 单片机指令结构

以下对每个指令结构予以说明。

结构(a)是以运算为主的指令，在数据存储器的 f 地址的数据作为运算的对象。位 d 的作用是指定写入目标，其状态决定了是写入工作寄存器还是数据存储器的 f 地址。

在此，指定数据存储器地址的 f 因为只有 7 位，所以能够指定的数据存储器大小只有 128 个地址。因此作为变量，最大变化范围大小为 128。这样，有时会感到不方便，为解决这一问题，采用数据存储区的考虑方法，能够指定 128×4 个数据。

结构(b)的情况是位处理指令，它以数据存储器 f 地址的数据的第 b 位为对象进行运算。因为作为数据使用的寄存器为 8 位，故以 3 位的 b 就可以对其进行指定运算。

在结构(c)的场合下，是以常量作为运算对象，常量 k 只有 8 位，故仅能对 8 位大小的数据进行处理，也就是说只能处理 0～255 的数据。

结构(d)的场合为转移指令，转移的地址是常量 k 向所指定的地址。这里，k 有 11 位，故能够直接转移的范围 2K 空间。

但是，指令转移指令只能在 2048 地址内进行转移，对于稍大的程序来说是不足的，为了解决这个问题，采用页面的考虑方法就能够达到 2K 字×4，即可以扩展到 8K 字的范围。

这样做成的汇编语言指令，如表 2.1.3 所列，仅有 35 个，记忆起来很轻松。本书主要讲解

表 2.1.3 PIC 单片机汇编指令表

分 类	命 令		功 能	影响标志	时钟周期
字节处理命令	ADDWF	f,d	加法运算 W+f→存储入 W 或 f	C、DC、Z	1
	ANDWF	f,d	逻辑与 W AND f→对 W 或 f	Z	1
	CLRF	f	f 清零(zero clear)	Z	1
	CLRW		W 清零	Z	1
	COMF	f,d	f 的 0、1 反转→存储入 W 或 f	Z	1
	DECF	f,d	f−1→存储入 W 或 f	Z	1
	DECFSZ	f,d	f−1→存储入 W 或 f，结果为 0 则下一个命令跳越(skip)		1(2)
	INCF	f,d	f+1 →存储入 W 或 f	Z	1
	INCFSZ	f,d	f+1→存储入 W 或 f，结果为 0 则下一个命令跳越(skip)		1(2)
	IORWF	f,d	逻辑或 W OR f→存储入 W 或 f	Z	1
	MOVF	f,d	移动 从 f 到 W 或 f 自身	Z	1
	MOVWF	f	移动 从 W 到 f		1
	NOP		什么也不进行		1
	RLF	f,d	1 位左移→到 W 或 f	C	1
	RRF	f,d	1 位右移→到 W 或 f	C	1
	SUBWF	f,d	减法运算 f−W→存储入 W 或 f	C、DC、Z	1
	SWAPF	f,d	f 的高位低位替换→到 W 或 f		1
	XORWF	f,d	排他逻辑或 W XOR f→到 W 或 f	Z	1

续表 2.1.3

分　类	命　令		功　能	影响标志	时钟周期
位处理命令	BCF	f,d	f的第b位为0		1
	BSF	f,b	f的第b位为1		1
	BTFSC	f,b	f的第b位为0,则下一个命令跳越(skip)		1(2)
	BTFSS	f,b	f的第b位为1,则下一个命令跳越(skip)		1(2)
文字处理命令	ADDLW	k	常量加法运算 W+k→存储入 W	C、DC、Z	1
	ANDLW	k	常量逻辑与 W AND k→W	Z	1
	IORLW	k	常量逻辑或 W OR k→W	Z	1
	MOVLW	k	常量移动 k→W		1
	SUBLW	k	常量减法运算 k−W→到 W	C、DC、Z	1
	XORLW	k	常量排他逻辑或 W XOR k→W	Z	1
转移命令	CALL	k	转移至子程序 k		2
	GOTO	k	转移到 k 区域		2
	RETFIE		由中断许可返回		2
	RETLW	k	在 W 存储 k 返回		2
	RETURN		从子程序返回		2
其　他	CLRWDT		看门狗定时器清除		1
	SLEEP		成为休眠模式		1

注：1(2)循环仅在跳越时为2循环。

C语言，对汇编语言不作详细说明，但是在调试C语言时，最后要关联到汇编语言，故有必要知道汇编语言指令。

2.1.5　特殊功能寄存器

PIC的数据存储器都是由寄存器构成的，内置的各种控制用寄存器也都是用使用相同数据存储区域的寄存器构成的。

也就是说，用和数据存储器读/写一样的操作，就能够实现对输入/输出引脚和外围组件的控制。

这种控制用的寄存器称为特殊功能寄存器(SFR，Special Function Register)，在每个PIC设备中预先将地址固定并确定之。

根据PIC的种类内置组件也不一样，特殊功能寄存器的内容也不一样。但是在大部分的

PIC 中，通用模块的地址相同，故不同的 PIC 之间移植程序很容易。

下面，以具有代表性的 PIC16F84A 和 PIC16F87x 的特殊功能寄存器为例进行说明。

1. PIC16F84A 的 SFR

PIC16F84A 的特殊功能寄存器位于数据存储器中的位置如图 2.1.7 所示，位于数据存储器最开始的部分，在存储页面 0 和存储页面 1 的位置。也就是说，对存储页面 1 的 SFR 进行读/写时，需要进行页面切换。由于存储页面 0 和 1 的双方有同样名称的寄存器，所以无论从哪一个存储单元对同样的寄存器都能存取操作。

在这些特殊的寄存器中，有的甚至每个位都有其内在的意义，如表 2.1.4 所列。更加详细的说明请参照 PIC 的数据表。

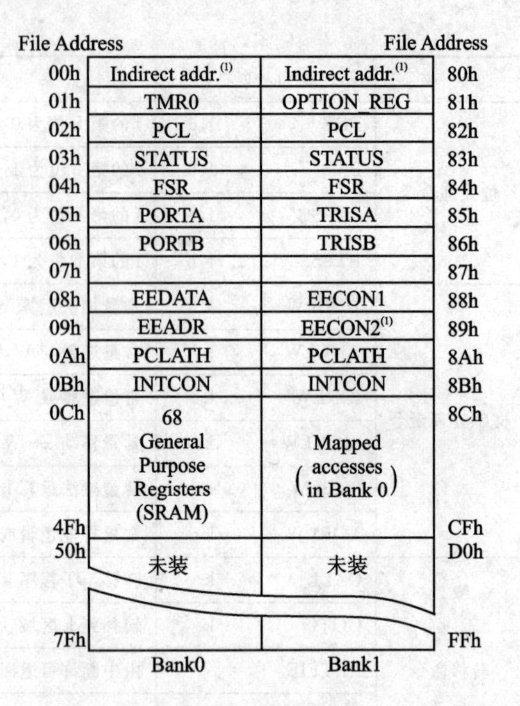

图 2.1.7 SFR 地址

实际上，在用 C 语言进行程序设计时，即使不充分了解这些特殊功能寄存器也能进行程序设计。

表 2.1.4 PIC16F84A 的 SFR 表

Addr	Name	Bit7	Bit6	Bit5	Bit4	Bit3	Bit2	Bit1	Bit0	Value on Power-on Reset	Value on all other resets (Note3)
Bank0											
00h	INDF	Uses contents of FSR to address data memory(not a physical register)								---- ----	---- ----
01h	TMR0	8-bit real-time clock/counter								xxxx xxxx	uuuu uuuu
02h	PCL	Low order 8 bits of the Program Counter(PC)								0000 0000	0000 0000
03h	STATUS(2)	IRP	RP1	RP0	$\overline{TO}$	$\overline{PD}$	Z	DC	C	0001 1xxx	000q quuu
04h	FSR	indirect data memory address pointer 0								xxxx xxxx	uuuu uuuu
05h	PORTA(4)	—	—	—	RA4/T0CKI	RA3	RA2	RA1	RA0	---x xxxx	---u uuuu

续表 2.1.4

Addr	Name	Bit7	Bit6	Bit5	Bit4	Bit3	Bit2	Bit1	Bit0	Value on Power-on Reset	Value on all other resets (Note3)
06h	PORTB(5)	RB7	RB6	RB5	RB4	RB3	RB2	RB1	RB0/INT	xxxx xxxx	uuuu uuuu
07h		Unimplemented location，read as '0'								---- ----	---- ----
08h	EEDATA	EEPROM data register								xxxx xxxx	uuuu uuuu
09h	EEADR	EEPROM address register								xxxx xxxx	uuuu uuuu
0Ah	PCLATH	—	—	—	Write buffer for upper 5 bits of the PC(1)					---0 0000	---0 0000
0Bh	INTCON	GIE	EEIE	TOIE	INTE	RBIE	TOIF	INTF	RBIF	0000 000x	0000 000u
Bank1											
80h	INDF	Uses contents of FSR to address data memory (not a physical register)								---- ----	---- ----
81h	OPTION_REG	$\overline{\text{RBPU}}$	INTEDG	T0CS	T0SE	PSA	PS2	PS1	PS0	1111 1111	1111 1111
82h	PCL	Low order 8 bits of Program Counter(PC)								0000 0000	0000 0000
83h	STATUS(2)	IRP	RP1	RP0	$\overline{\text{TO}}$	$\overline{\text{PD}}$	Z	DC	C	0001 1xxx	000q quuu
84h	FSR	Indirect data memory address pointer 0								xxxx xxxx	uuuu uuuu
85h	TRISA	—	—	—	PORTA data direction register					---1 1111	---1 1111
86h	TRISB	PORTB data direction register								1111 1111	1111 1111
87h		Unimplemented location，read as '0'								---- ----	---- ----
88h	EECON1	—	—	—	EEIF	WRERR	WREN	WR	RD	---0 x000	---0 q000
89h	EECON2	EEPROM control register 2(not a physical register)								---- ----	---- ----
0Ah	PCLATH	—	—	—	Write buffer for upper 5 bits of the PC(1)					---0 0000	---0 0000
0Bh	INTCON	GIE	EEIE	T0IE	INTE	RBIE	T0IF	INTF	RBIF	0000 000x	0000 000u

Legend：x=unknown，u=unchanged -=unimplemented read as '0'，q=value depends on condition.

Note 1：The upper byte of the program counter is not directly accessible. PCLATH is a slave register for PC⟨12:8⟩. The contents of PCLATH can be transferred to the upper byte of the program counter，but the contents of PC ⟨12:8⟩ is never transferred to PCLATH.

2：The $\overline{\text{TO}}$ and $\overline{\text{PD}}$ status bits in the STATUS register are not affected by a $\overline{\text{MCLR}}$ reset.

3：Other (non power-up) resets include：external reset through $\overline{\text{MCLR}}$ and the Watchdog Timer Reset.

4：On any device reset，these pins are configured as inputs.

5：This is the value that will be in the port output latch.

2. PIC16F87x 系列的 SFR

PIC16F87x 内置有很多组件，它是一种高性能的 PIC，如表 2.1.5 所列，有非常多的特殊功能寄存器。因此，特殊功能寄存器占有的存储领域也很大，如图 2.1.8 所示，在存储器位置配置有特殊功能寄存器。

File Address

Bank0		Bank1		Bank2		Bank3	
Indirect addr.(*)	00h	Indirect addr.(*)	80h	Indirect addr.(*)	100h	Indirect addr.(*)	180h
TMR0	01h	OPTION REG	81h	TMR0	101h	OPTION REG	181h
PCL	02h	PCL	82h	PCL	102h	PCL	182h
STATUS	03h	STATUS	83h	STATUS	103h	STATUS	183h
FSR	04h	FSR	84h	FSR	104h	FSR	184h
PORTA	05h	TRISA	85h		105h		185h
PORTB	06h	TRISB	86h	PORTB	106h	TRISB	186h
PORTC	07h	TRISC	87h		107h		187h
PORTD(1)	08h	TRISD(1)	88h		108h		188h
PORTE(1)	09h	TRISE(1)	89h		109h		189h
PCLATH	0Ah	PCLATH	8Ah	PCLATH	10Ah	PCLATH	18Ah
INTCON	0Bh	INTCON	8Bh	INTCON	10Bh	INTCON	18Bh
PIR1	0Ch	PIE1	8Ch	EEDATA	10Ch	EECON1	18Ch
PIR2	0Dh	PIE2	8Dh	EEADR	10Dh	EECON2	18Dh
TMR1L	0Eh	PCON	8Eh	EEDATH	10Eh	Reserved(2)	18Eh
TMR1H	0Fh		8Fh	EEADRH	10Fh	Reserved(2)	18Fh
T1CON	10h		90h	通用寄存器 16字节	110h	通用寄存器 16字节	190h
TMR2	11h	SSPCON2	91h		111h		191h
T2CON	12h	PR2	92h		112h		192h
SSPBUF	13h	SSPADD	93h		113h		193h
SSPCON	14h	SSPSTAT	94h		114h		194h
CCPR1L	15h		95h		115h		195h
CCPR1H	16h		96h		116h		196h
CCP1CON	17h		97h		117h		197h
RCSTA	18h	TXSTA	98h		118h		198h
TXREG	19h	SPBRG	99h		119h		199h
RCREG	1Ah		9Ah		11Ah		19Ah
CCPR2L	1Bh		9Bh		11Bh		19Bh
CCPR2H	1Ch		9Ch		11Ch		19Ch
CCP2CON	1Dh		9Dh		11Dh		19Dh
ADRESH	1Eh	ADRESL	9Eh		11Eh		19Eh
ADCON0	1Fh	ADCON1	9Fh		11Fh		19Fh
通用寄存器 80字节	20h	通用寄存器 80字节	A0h	通用寄存器 80字节	120h	通用寄存器 80字节	1A0h
			EFh		16Fh		1EFh
		存取 70h-7Fh	F0h	存取 70h-7Fh	170h	存取 70h-7Fh	1F0h
	7Fh		FFh		17Fh		1FFh

□ 无数据，读数为0。

* 物理上不存在。

注意 1：28脚的芯片无此寄存器。

2：这个寄存器可能以后用，请设置为0。

图 2.1.8 PIC16F876/877 的 SFR 配置

表 2.1.5　PIC16F876/877 的 SFR 一览

Address	Name	Bit7	Bit6	Bit5	Bit4	Bit3	Bit2	Bit1	Bit0	Value on: POR,BOR	Value on all other resets (2)
Bank0											
00h[4]	INDF	FSR 内容的地址数据存储(物理上不存在)								0000 0000	0000 0000
01h	TMR0	定时器 0 模式的寄存器								xxxx xxxx	uuuu uuuu
02h[4]	PCL	程序计数器(PC)最低位字节								0000 0000	0000 0000
03h[4]	STATUS	IRP	RP1	RP0	$\overline{TO}$	$\overline{PD}$	Z	DC	C	0001 1xxx	000q quuu
04h[4]	FSR	间接数据存储地址指针								xxxx xxxx	uuuu uuuu
05h	PORTA	—	—	记录时的 PORT A 数据锁存器(data latch):读出时的 PORT A 引脚						--0x 0000	--0u 0000
06h	PORTB	记录时的 PORT B 数据锁存器(data latch):读出时的 PORT B 引脚								xxxx xxxx	uuuu uuuu
07h	PORTC	记录时的 PORT C 数据锁存器(data latch):读出时的 PORT C 引脚								xxxx xxxx	uuuu uuuu
08h[5]	PORTD	记录时的 PORT D 数据锁存器(data latch):读出时的 PORT D 引脚								xxxx xxxx	uuuu uuuu
09h[5]	PORTE	—	—	—	—	—	RE2	RE1	RE0	---- -xxx	---- -uuu
0Ah[1,4]	PCLATH	—	—	—	对程序计数器高位 5 位的写入缓冲(write buffer)					---0 0000	---0 0000
0Bh[4]	INTCON	GIE	PEIE	T0IE	INTE	RBIE	T0IF	INTF	RBIF	0000 000x	0000 000u
0Ch	PIR1	PSPIF[3]	ADIF	RCIF	TXIF	SSPIF	CCP1IF	TMR2IF	TMER1IF	0000 0000	0000 0000
0Dh	PIR2	—	(6)	—	EEIF	BCLIF	—	—	CCP2IF	-r-0 0--0	-r-0 0--0
0Eh	TMR1L	对 16 比特 TMR1 寄存器的最低位字节的保持寄存器(holding register)								xxxx xxxx	uuuu uuuu
0Fh	TMR1H	对 16 比特 TMR1 寄存器的最高位字节的保持寄存器(holding register)								xxxx xxxx	uuuu uuuu
10h	T1CON	—	—	T1CKPS1	T1CKPS0	T1OSCEN	$\overline{T1SYNC}$	TMR1CS	TMR1ON	--00 0000	--uu uuuu
11h	TMR2	定时器 2 模式的寄存器								0000 0000	0000 0000
12h	T2CON	—	TOUTPS3	TOUTPS2	TOUTPS1	TOUTPS0	TMR2ON	T2CKPS1	T2CKPS0	-000 0000	-000 0000
13h	SSPBUF	同步串行端口接收缓冲/发送寄存器								xxxx xxxx	uuuu uuuu
14h	SSPCON	WCOL	SSPOV	SSPEN	CKP	SSPM3	SSPM2	SSPM1	SSPM0	0000 0000	0000 0000
15h	CCPR1L	捕捉/比较/PWM 寄存器 1(LSB)								xxxx xxxx	uuuu uuuu
16h	CCPR1H	捕捉/比较/PWM 寄存器 1(MSB)								xxxx xxxx	uuuu uuuu
17h	CCP1CON	—	—	CCP1X	CCP1Y	CCP1M3	CCP1M2	CCP1M1	CCP1M0	--00 0000	--00 0000
18h	RCSTA	SPEN	RX9	SREN	CREN	ADDEN	FERR	OERR	RX9D	0000 000x	0000 000x
19h	TXREG	USART 传送数据寄存器								0000 0000	0000 0000

续表 2.1.5

Address	Name	Bit7	Bit6	Bit5	Bit4	Bit3	Bit2	Bit1	Bit0	Value on: POR,BOR	Value on all other resets (2)
1Ah	RCREG	USART 接收数据寄存器								0000 0000	0000 0000
1Bh	CCPR2L	捕捉/比较/PWM 寄存器 2(LSB)								xxxx xxxx	uuuu uuuu
1Ch	CCPR2H	捕捉/比较/PWM 寄存器 2(MSB)								xxxx xxxx	uuuu uuuu
1Dh	CCP2CON	—	—	CCP2X	CCP2Y	CCP2M3	CCP2M2	CCP2M1	CCP2M0	--00 0000	--00 0000
1Eh	ADRESH	A/D 变换结果寄存器 High 字节								xxxx xxxx	uuuu uuuu
1Fh	ADCON0	ADCS1	ADCS0	CHS2	CHS1	CHS0	GO/$\overline{\text{DONE}}$	—	ADON	0000 00-0	0000 00-0
Bank1											
80h[4]	INDF	FSR 内容的地址数据存储(物理上不存在)								0000 0000	0000 0000
81h	OPTION_REG	$\overline{\text{RBPU}}$	INTEDG	T0CS	T0SE	PSA	PS2	PS1	PS0	1111 1111	1111 1111
82h[4]	PCL	程序计数器(PC)的最低位字节								0000 0000	0000 0000
83h[4]	STATUS	IRP	RP1	RP0	$\overline{\text{TO}}$	$\overline{\text{PD}}$	Z	DC	C	0001 1xxx	000q quuu
84h[4]	FSR	间接数据存储地址指针								xxxx xxxx	xxxx xxxx
85h	TRISA	—	—	POTRA 数据方向寄存器						--11 1111	--11 1111
86h	TRISB	POTRB 数据方向寄存器								1111 1111	1111 1111
87h	TRISC	POTRC 数据方向寄存器								1111 1111	1111 1111
88h[5]	TRISD	POTRD 数据方向寄存器								1111 1111	1111 1111
89h[5]	TRISE	IBF	OBF	IBOV	PSPMODE	—	POTRE 数据方向比特			0000 -111	0000 -111
8Ah[1,4]	PCLATH	—	—	—	对程序计数器高位 5 位的写入寄存器					---0 0000	---0 0000
8Bh[1,4]	INTCON	GIE	PEIE	T0IE	INTE	RBIE	T0IF	INTF	RBIF	0000 000x	0000 000u
8Ch	PIE1	PSPIE[3]	ADIE	RCIE	TXIE	SSPIE	CCP1IE	TMR2IE	TMR1IE	0000 0000	0000 0000
8Dh	PIE2	—	(6)	—	EEIE	BCLIE	—	—	CCP2IE	-r-0 0--0	-r-0 0--0
8Eh	PCON	—	—	—	—	—	—	$\overline{\text{POR}}$	$\overline{\text{BOR}}$	---- --qq	---- --uu
8Fh	—	无								—	—
90h	—	无								—	—
91h	SSPCON2	GCEN	ACKSTAT	ADKDT	ACKEN	RCEN	PEN	RSEN	SEN	0000 0000	0000 0000
92h	PR2	定时器 2 周期寄存器								1111 1111	1111 1111

续表 2.1.5

Address	Name	Bit7	Bit6	Bit5	Bit4	Bit3	Bit2	Bit1	Bit0	Value on: POR,BOR	Value on all other resets (2)
93h	SSPADD	同步串行端口(I²C 模式)地址寄存器								0000 0000	0000 0000
94h	SSPSTAT	SMP	CKE	D/$\overline{A}$	P	S	R/$\overline{W}$	UA	BF	0000 0000	0000 0000
95h	—	无								—	—
96h	—	无								—	—
97h	—	无								—	—
98h	TXSTA	CSRC	TX9	TXEN	SYNC	—	BRGH	TRMT	TX9D	0000 -010	0000 -010
99h	SPBRG	波特率发生寄存器(generator register)								0000 0000	0000 0000
9Ah	—	无								—	—
9Bh	—	无								—	—
9Ch	—	无								—	—
9Dh	—	无								—	—
9Eh	ADRESL	A/D 转换结果寄存器 Low 字节								xxxx xxxx	uuuu uuuu
9Fh	ADCON1	ADFM	—	—	—	PCFG3	PCFG2	PCFG1	PCFG0	--0- 0000	--0- 0000
Bank2											
100h(4)	INDF	FSR 内容地址的数据存储(物理上不存在)								0000 0000	0000 0000
101h	TMR0	定时器 0 模式的寄存器								xxxx xxxx	uuuu uuuu
102h(4)	PCL	程序计数器(PC)的最低位字节								0000 0000	0000 0000
103h(4)	STATUS	IRP	RP1	RP0	$\overline{TO}$	$\overline{PD}$	Z	DC	C	0001 1xxx	000q quuu
104h(4)	FSR	间接数据存储地址指针								xxxx xxxx	uuuu uuuu
105h	—	无								—	—
106h	PORTB	记录时的 PORTB 数据锁存器;读出时的 PORTB 引脚								xxxx xxxx	uuuu uuuu
107h	—	无								—	—
108h	—	无								—	—
109h	—	无								—	—
10Ah(1,4)	PCLATH	—	—	—	对程序计数器高位 5 位的写入缓冲					---0 0000	---0 0000
10Bh(1,4)	INTCON	GIE	PEIE	T0IE	INTE	RBIE	T0IF	INTF	RBIF	0000 000x	0000 000u
10Ch	EEDATA	EEPROM 数据寄存器								xxxx xxxx	uuuu uuuu

续表 2.1.5

Address	Name	Bit7	Bit6	Bit5	Bit4	Bit3	Bit2	Bit1	Bit0	Value on: POR,BOR	Value on all other resets (2)
10Dh	EEADR	EEROM 地址寄存器								xxxx xxxx	uuuu uuuu
10Eh	EEDATH	—	—	EEPROM 数据寄存器 High 字节						xxxx xxxx	uuuu uuuu
10Fh	EEADRH	—	—	—	EEPROM 地址寄存器 High 字节					xxxx xxxx	uuuu uuuu
Bank3											
180h(4)	INDF	FSR 内容的地址数据存储(物理上不存在)								0000 0000	0000 0000
181h	OPTION_REG	$\overline{RBPU}$	INTEDG	T0CS	T0SE	PSA	PS2	PS1	PS0	1111 1111	1111 1111
182h(4)	PCL	程序计数器(PC)的最低位字节								0000 0000	0000 0000
183h(4)	STATUS	IRP	RP1	RP0	$\overline{TO}$	$\overline{PD}$	Z	DC	C	0001 1xxx	000q quuu
184h(4)	FSR	间接数据存储地址指针								xxxx xxxx	xxxx xxxx
185h	—	无								—	—
186h	TRISB	PORTB 数据方向寄存器								1111 1111	1111 1111
187h	—	无								—	—
188h	—	无								—	—
189h	—	无								—	—
18Ah(1,4)	PCLATH	—	—	—	对 PC 高位 5 位的写入缓冲					---0 0000	---0 0000
18Bh(1,4)	INTCON	GIE	PEIE	T0IE	INTE	RBIE	T0IF	INTF	RBIF	0000 000x	0000 000u
18Ch	EECON1	EEPGD	—	—	—	WRERR	WREN	WR	RD	x--- x000	x--- u000
18Dh	EECON2	EEPROM 控制寄存器 2(物理上不存在)								---- ----	---- ----
18Eh	—	预约,通常为 0								0000 0000	0000 0000
18Fh	—	预约,通常为 0								0000 0000	0000 0000

凡例:x=不定;u=不变;q=条件相对应的变化值;-=没有,读出为0;r=将来使用;有影线部分的区域为不存在位,读出为0。

注意 1:不能直接访问程序计数器的高位字节。PCLATH 是 PC⟨12:8⟩的保持寄存器。PCLATH 的内容由程序计数器的高位字节传送,但是 PC⟨12:8⟩不能传送至 PCLATH。

2:其他的复位(非为电源 ON)有 MCLR 外部复位(reset)和看门狗定时器复位。

3:PSPIE 和 PSPIF 位如为 28 引脚设备则为保留位(reserve bit),通常为 0。

4:此寄存器从任何一个存储单元都能够寻址(address)。

5:PORTD、PORTE、TRISD、TRISE 在 28 引脚设备中物理不存在,读出为 0。

6:PIR2⟨6⟩和 PIE2⟨6⟩也许将来使用,请事先设置为 0。

2.2　程序开发环境

无论使用哪种语言，首先都要有必要的开发环境，而且往往开发环境的价格是很高昂的。但是在 PIC 场合下，基本开发环境是免费提供的，所以可以在非常小的代价下就能建立好开发环境。

2.2.1　基本环境

开发 PIC 程序时最基本的必要环境如图 2.2.1 所示。

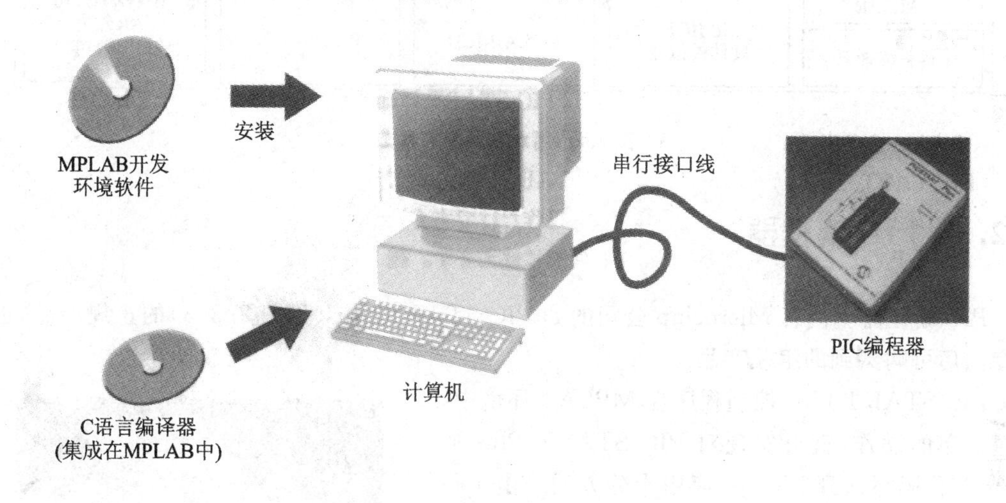

图 2.2.1　开发环境的组成

基本环境是 Microchip 公司提供的免费集成开发环境软件 MPLAB 和安装有 Windows 的个人计算机。个人计算机以外的必备工具是 PIC 编程器，即程序写入工具。在本书中，在此基本开发环境的基础上，追加了 C 语言编译器。

关于个人计算机的最低配置，只要是 Windows 98 以上运行的计算机就可以了，不会由于性能和存储器容量等引起问题。但是 PIC 编程器和串行接口连接，特别是使用笔记本电脑时，可使用配置有串行接口的机型。

2.2.2　MPLAB

Microchip 提供的 MPLAB 开发环境如图 2.2.2 所示。在这一开发环境中，通过项目文件进行统一管理，这种方法与 Windows 环境下的 Visual 系列开发时相仿，这是大家所熟悉的。

从编辑器、汇编器到程序仿真、PIC 编程、ICE 控制，都在此开发环境中，用汇编语言进行开发时，就已是十分完备的开发环境了。不仅是汇编程序，其他公司的 C 编译器等也能进行集成，进而在同样的环境中进行开发。在本书中的 C 编译器就与 MPLAB 集成在一起了。

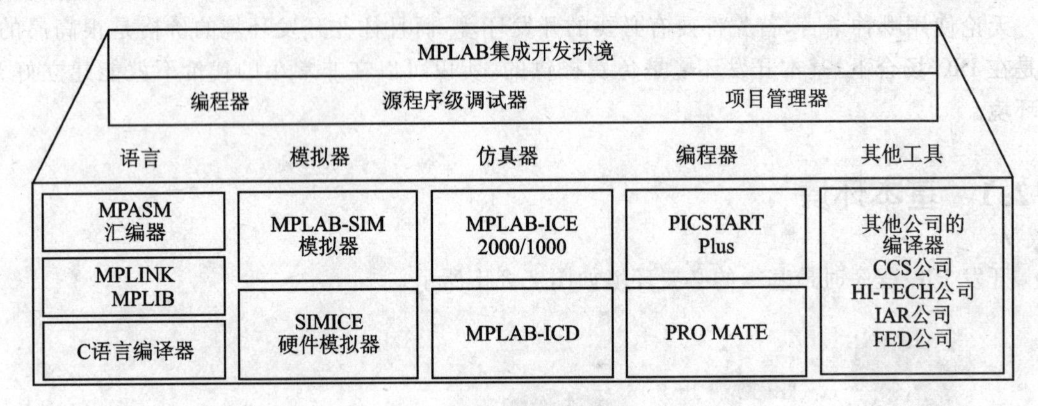

图 2.2.2　MPLAB 的构成

2.2.3　PIC 编程器

PIC 编程器不但有 Microchip 公司的如 PIC START Plus(见图 2.2.3)的正规产品，也有从专门店可购买到的组装产品。

PIC START Plus 控制程序在 MPLAB 环境中，通过简单的操作，就可实现对 PIC START Plus 的操作，将代码写入到 PIC 中，使用十分方便。由于是正规产品，故也对应于 PIC 的新产品。

配套的编程器和写入用的软件捆绑在一起，虽然从 MPLAB 不能直接写入，但是利用编程器上用的程序，就可以方便地将程序代码写入到芯片。

无论哪一种编程器都是通过串行接口与个人计算机连接。因此推荐使用配有串行接口连接器的计算机。

图 2.2.3　PIC START Plus

第 3 章

PIC 用 C 语言编译器

在此选用 CSS 公司的 C 语言编译器，并对其安装方法和具体的使用方法进行说明。

3.1 PIC 的 C 语言编译器

本书写作时具有代表性的 PIC 用 C 语言编译器如表 3.1.1 所列，各自有其特点。

虽然由于经常进行错误的修改，版本在不断更新，但依笔者的判断和偏好，由于价格的便宜和编入函数的丰富，因此选用 CSS 公司的 C 编译器。

表 3.1.1　PIC 用 C 编译器的种类及特点

No.	C 编译器名称	开发公司、网站	特征以及其他特点
1	MPLAB-C17 MPLAB-C18	Microchip http://www. microchip. com/10/tools/picmicro/code/mplab17/	为正宗美国微芯公司的正规 C 编译器，仅用于 PIC17/18 的付有期限，作为免费软件提供，能够和 MPLAB 联合使用
2	CCS PICC (PCW,PCWH PCB,PCM,PCH)	Custom Computer Services http://www. ccsinfo. com/price-referall/shtml	为 CCS 公司的 C 编译器，便宜而且内部函数较多，推荐用于学习、爱好、少量生产上面。有 PCB、PCWH、PCB、PCMPCH 等种类。价格为 $125～$350。最近也开发并出售用于 Linux 的 C 编译器
3	HI-TECH PICC HI-TECH PICC-18	HI-TECH Software http://www. htsoft. com	ANSI－C 标准的正规 C 编译器，虽然价格较高，但推荐用于产品生产。遗憾的是 PIC 用内部函数较少。价格：$850

续表 3.1.1

No.	C 编译器名称	开发公司、网站	特征以及其他特点
4	CC5X CC8E	B Knudsen Data http://www.bknd.com/cc5x/index.shtml	挪威公司早期开发的软件。CC5X 用于 PIC12/14/16,CC8E 用于 PIC18。价格＄250～＄520
5	FED PIC C Compiler	Forest Electronic Developments http://www.fored.co.uk/CComp.htm	英国公司的产品,支持 PIC12/16/18。生成高速项目。ANSI－C 标准。和 MPLAB－IDE 联合使用。价格＄80～＄100
6	C2C C Compiler	http://www.geocities.com/SiliconValley/Network/3656/c2c/c.html	也有 Linux 版

3.2　CSS 公司的 C 编译器

作为编译器虽然有多种选择,但在本书中,从价格和编入函数的丰富性考虑,本书选择了 CSS 公司的 C 编译器。在此就对 CSS 公司的 C 编译器进行概要说明。

图 3.2.1 为 CSS 公司说明书。

图 3.2.1　CCS 公司的 C 编译器说明书

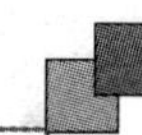

3.2.1 CSS 公司的 C 编译器结构

CSS 公司 C 编译器基本上有 PCB、PCM、PCH 三种，加上集成开发环境时使用的 PCW 和 PCWH 共 5 种，其关系如图 3.2.2 所示。也就是说，PCB 是 12 位的 PIC 基本系列编译器，PCM 是 14 位的 PIC 中级系列编译器，PCH 是 14 位的高端系列编译器。它们都是 DLL 文件，无法单独运行，在 Microchip 公司的集成开发环境中和 MPLAB 一起运行。

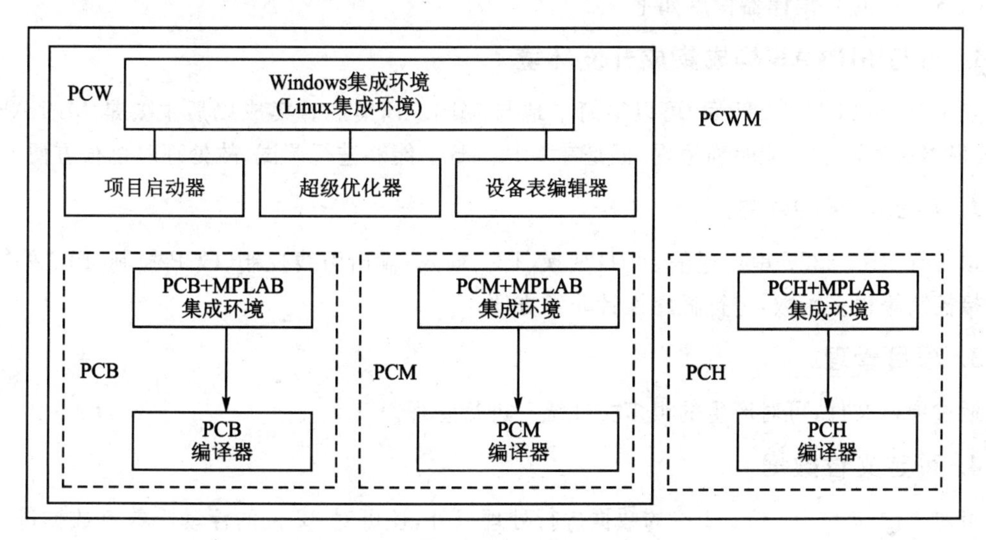

图 3.2.2 CCS 公司 C 编译器的组成

但是 PCW 和 PCWH 在 Windows 环境下可以独自运行。

PCW 含有 PCB 和 PCM，PCWH 含有 PCB、PCM 和 PCH，此外还有项目开启等附加功能，可以单独使用。

最近 Windows 版以外的 Linux 版本也开发出来，和 Windows 版一样，编译语言基本构成有 3 种。

1. 项目启动器

它是生成项目的工具，通过指定 PIC 硬件的使用条件自动生成头文件(header file)和程序的整体框架。

2. 超级优化器

标准虽已是最佳化，但对项目进行进一步最佳化控制。

3. 设备表编辑器

它是这样一种编辑器：当增加PIC品种时，将设备的基本型号登录到数据存储区，以实现增加新的设备。

3.2.2 CCS公司的C编译器概要

CCS公司的C编译器特点如下：

1. 可与MPLAB构成集成开发环境

安装PCB/PCM/PCH后，可以很简单地与MPLAB集成。集成以后主要是MPLAB环境，编译器从表面上不能明确呈现，但是在MPLAB上能够进行调试，故处理时也很方便。

2. 具备丰富的函数

预备有RS-232C串行通信、A/D变换、I^2C、输入/输出引线控制、CCP控制、PIC外围功能直接控制等很多函数，进行程序设计非常方便。

3. 项目管理

通过项目文件，可对产生的很多文件统一进行管理。

4. 可定义位数据

可对1位、8位、16位、32位的数据进行处理以外，还可对32位的浮动小数点数据进行处理。但是对双精度的数据无法处理。

5. 可直接嵌入汇编程序

在C语言的源程序中能够直接嵌入汇编程序，支持和C语言之间的变量转换，可以自由转换。

6. 预备有标准输入/输出设备

作为C函数标准输入/输出设备，无论哪一种PIC使用能够自由指定的RS-232串行通信，利用printf函数都可以与个人计算机等实现通信。

7. 支持丰富的外围设备

提供控制PIC外部外围IC和设备等的设备驱动函数，如液晶显示器、串行接续存储器、键盘等。

8. 有效利用变量空间

常量存入程序存储器中，临时变量共同占用相同的变量空间，有效地利用了只有较少空间的变量空间。

9. 支持中断

可自动完成中继处理时必要的寄存器等待、回复、数据存储区、页面切换、标志重设等必要的处理,因此中继处理很容易。

3.2.3 限制事项

但是PIC这种微控制器,在开发当初就定了其性质。因此程序设计时在PIC的结构上有一定的限制。利用汇编语言进行程序设计时,必须意识到这一点。在利用PIC的C编译器时,大部分限制都被编译器自动覆盖,但是仍有残存的限制。由于这些限制和通用的ANSI-C编译器有所不同,主要差异如表3.2.1所列。

表3.2.1 中级PIC的限制和C编译器的限制

No	PIC结构	在汇编语言上的限制	C编译器上处理	C编译器的限制事项
1	程序存储器尺寸小。而且程序存储器分割为每个是2K字的页码	2K字以上的程序设计时,页面分割配置,在指令转移指令前有必要插入页面切换指令	页面的配置和切换指令自动完成,没有必要了解页面[注]	存储器尺寸以上的程序设计无法进行(当然是这样了)
2	数据存储器少	有数据限制	有数据限制。临时变量尽可能共同使用	有数据限制。限制数组的最大数
3	堆栈最大为8个	有必要考虑调用指令的嵌套深度和中断	函数调用在GOTO文件中置换等自动完成。推测最大使用的堆栈深度在编译结果中表示	使用嵌套复杂的函数时有可能无法编译。对应于结构简单的函数
4	没有指针寄存器	没有	使用指针的程序设计尺寸变大	虽无限制,但指针并不好用
5	只有单纯运算功能	提供算术运算数据存储区。处理浮动小数点数时程序变大,执行时间变长	数据形式有限制。处理浮动小数点数时程序变大,执行时间变长	数据形式有限制。需注意执行时间
6	内置组件多	有必要写成各内置组件的处理单元	预备有函数,立即可以使用	没有

注:页面无法自动配置时,出现报警信息,这时使用# separate预信息处理,在别的页面上指定配置的函数,进行重新配置。

3.3 PCM的安装

作为PIC用的C语言编译器，使用CSS公司的编译器。在以下的说明中，以经常使用的中级系列PCM与MPLAB相集成的环境为例进行说明。

CSS公司的C编译器的安装方法对于PCB、PCM、PCH都相同。但是PCW和PCWH编译器自身需要增加集成环境因素，所以安装方法有所不同。

MPLAB的安装方法，请参照附录。在以下的说明中，均认为MPLAB已经完成安装。

3.3.1 PCM的安装

CSS公司的编译器经常更新，购买以后，也是使用最新下载的版本。在此以已经下载的文件为基础对安装方法进行说明。

1. 从CSS公司的网址下载文件

访问CSS公司的下载网址，以Name和Reference Number登录就可以下载。此时下载的文件名称为PcmUpd。下载以后，将此文件名变更为exe文件。文件名称由于经常进行版本修订，所以写上版本号，如写上Pcm3088exe这样的名称为好。

2. 开始安装

双击以上的下载并已改名的文件，就会出现如图3.3.1所示的对话框。单击确认后就开始下载。

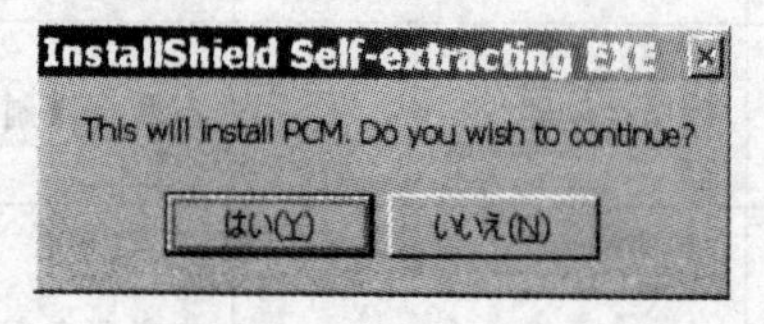

图3.3.1 确认对话框

3. 指定安装路径

开始安装后，就会出现Setup的对话框，由于文件的解冻，故需要一段时间。随后画面就会变成粉红色，在不断出现的对话框中确认Next或Yes，就会出现如图3.3.2所示的安装路径的指定对话框。在此设定自己希望的安装路径。

希望改变路径时，在对话框中单击Browse按钮，就能指定安装的路径，如图3.3.3对话框中，就可以指定自己想要装入的路径。指定实际不存在的路径时，将会自动建立路径。如图中的例子，本来是在C驱动器指定的路径改变为D:\PICC。最后单击OK按钮。

4. 确认设定的信息

在不断出现的对话框中全部选择Next，就会出现如图3.3.4所示的对话框，在此选择Next，就会开始执行安装。

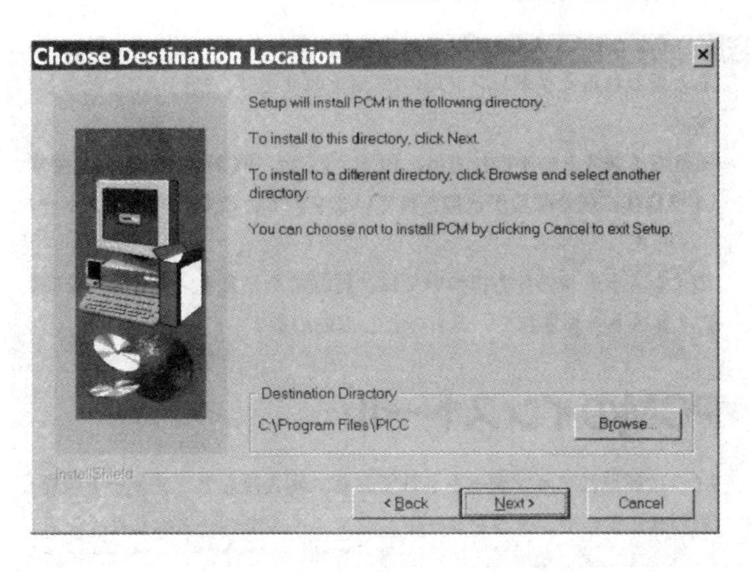

图 3.3.2　路径的指定

5. 确认许可证

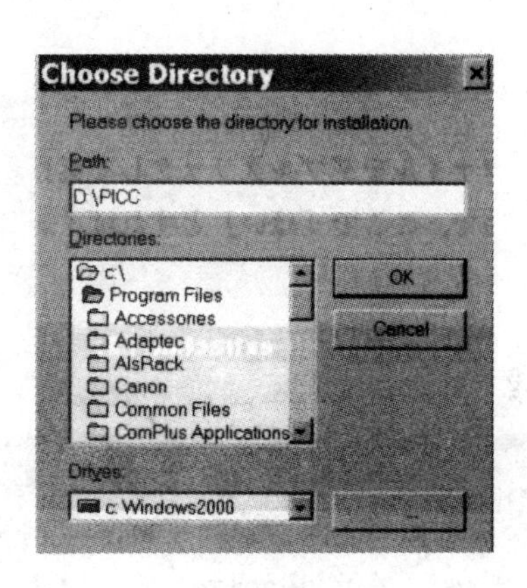

图 3.3.3　路径的设定

稍候，安装便完成，最后检查文件许可证。

从购买的软盘或 CD－ROM 安装时，许可证文件会自动复制，所以应无问题地完成检查。如果没有许可证文件就会出现如图 3.3.5 所示的警告对话框。

这个警告在下载的文件安装到新目录时表示出来。也就是说，因为没有发现许可证文件，故在老目录中扩展名为 crg 文件，有必要事先复制到新目录中去，在以前的目录消失时，从原先的软盘或 CD－ROM 安装后，下载的最新文件，通过指定同样的目录进行安装，这样 Registration File 就会自动识别。

6. 与 MPLAB 的集成

安装结束后，在 MPLAB 已经安装的情况下，就会出现如图 3.3.6 所示的对话框，它要求 MPLAB. INI 的文件，这时选择 MPLAB. INI，按下打开键，即实现集成工作。

7. 对话框

在此之前的工作正常结束后，就会出现如图 3.3.7 所示的安装完成的对话框。

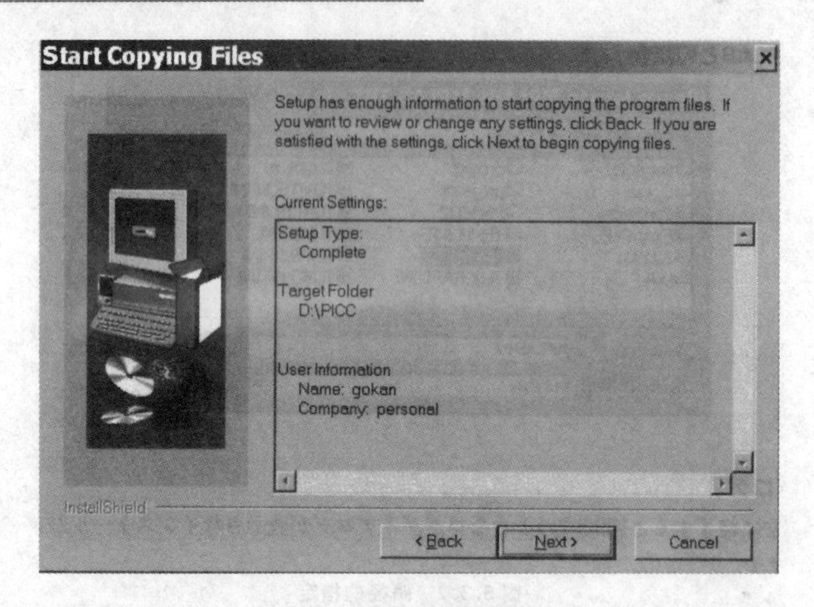

图 3.3.4　确认对话框

图 3.3.5　许可证警告画面

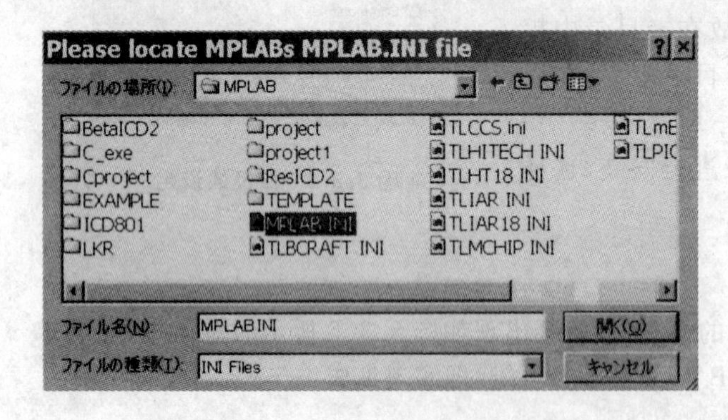

图 3.3.6　与 MPLAB 的集成

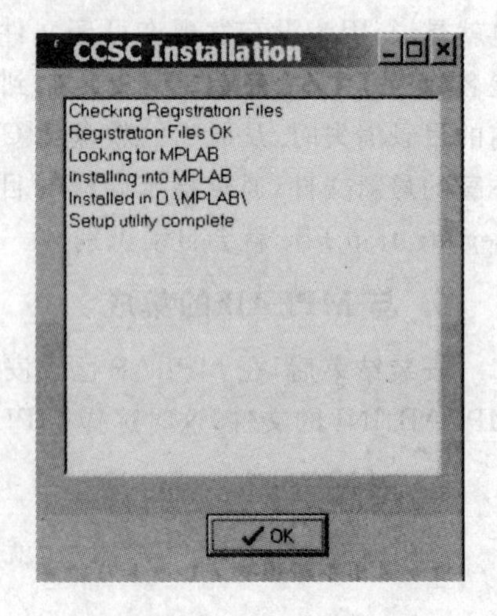

图 3.3.7　安装完成对话框

8. 安装完成对话框

单击对话框的 OK 按钮，就会出现如图 3.3.8 所示的安装结束对话框。此时按下 Finish 按钮，则完成安装，在读 README File 中进行检验，会显示最新信息的正文。

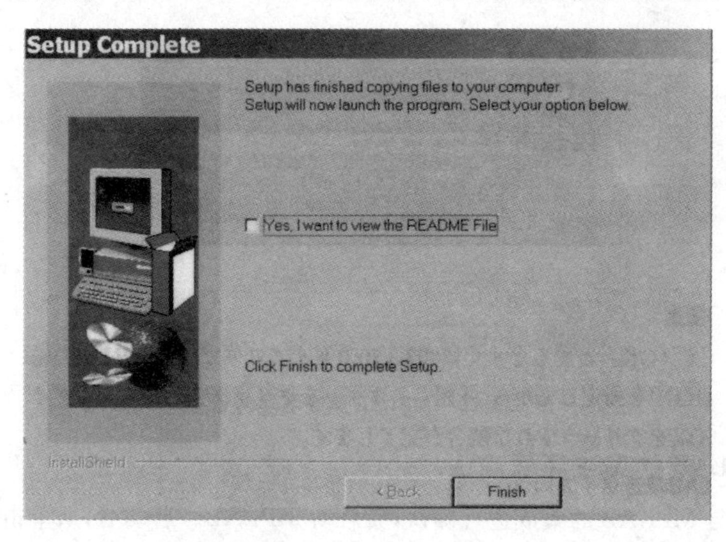

图 3.3.8　安装完成对话框

由于 PCM 仅是单独的编译器，故无法单独运行，也不会产生任何图标，它仅可在 MPLAB 中被追加进去。

3.3.2　与 MPLAB 的集成

在安装 PCM 之前，如果 MPLAB 已经安装，则会自动进入集成的步骤，如果没有 MPLAB 时，就无法进行集成而结束。因此，如果是后进行 MPLAB 的集成，则按如下的步骤进行。

1. 在 PCM 的目录中下运行 CCSC. EXE 文件

运行 CCSC. EXE 时需要设定参数，在 Windows 的开始中选择“指定文件名运行”，设定如图 3.3.9 所示的命令并运行之。

（文件夹名）/ccsc. exe ＋setup

文件夹名称是安装 PCM 的目录名称，＋setup 前面有空格，请勿忘记。

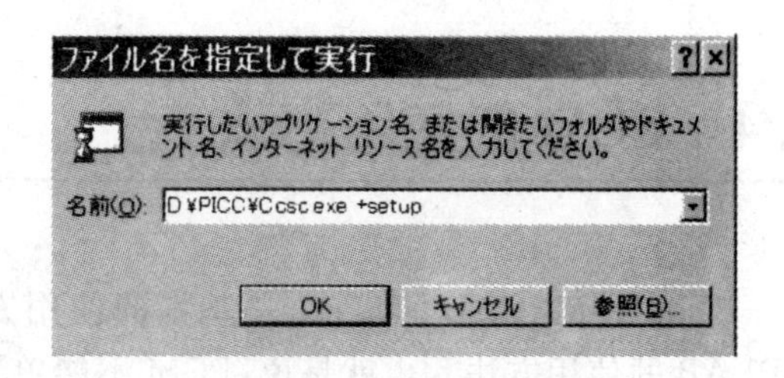

图 3.3.9　命令行画面

2. MPLAB.INI 的指定

在上面的对话框中单击 OK 时，就会立即出现如图 3.3.10 所示的对话框，要求指定 MPLAB.INI 的位置，指定 MPLAB.INI 后，单击打开按键，就会出现对话框，这时单击 OK 则集成结束。

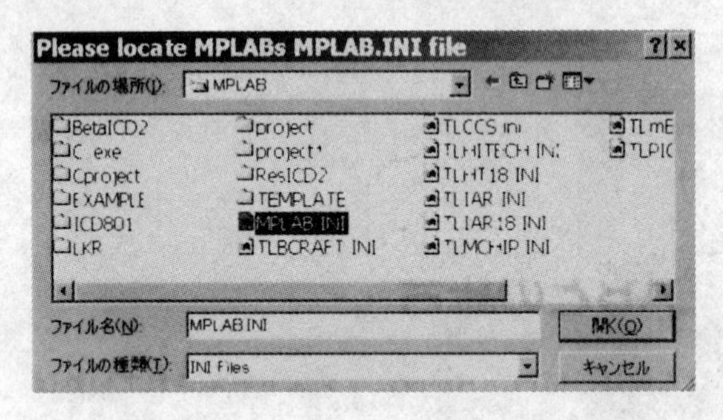

图 3.3.10 MPLAB 集成环境对话框

3. 对 MPLAB 的集成环境确认

为对 PCM 与 MPLAB 的集成进行确认，要启动 MPLAB。启动后，从单击菜单 Project→Install Language Tool，就会出现如图 3.3.11 所示的对话框，然后在"Language Suite"中单击▼就会出现如图 3.3.11 所示的下拉菜单，如果在其中有 CSS，则表明集成完成。

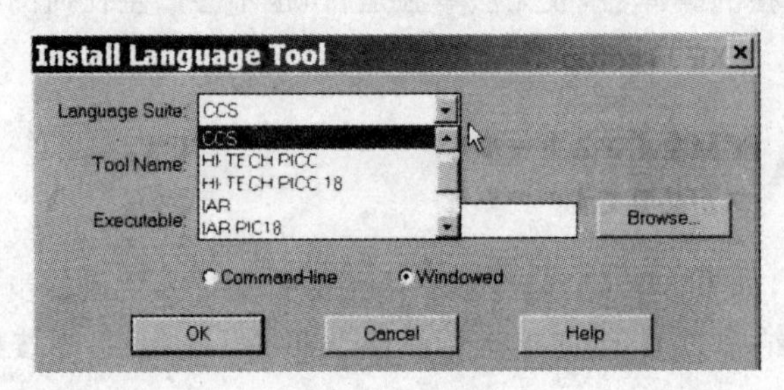

图 3.3.11 集成环境的检查

3.4 PCM 的使用方法

PCM 与 MPLAB 的集成，是基本的使用方法，故虽说是 PCM 的使用方法，但其实质是 MPLAB 的使用方法。也就是说，PCM 不能单独运行，仅作为 MPLAB 的 C 语言编译器运行。

3.4.1　C 语言程序设计流程

计算机的程序设计流程大致如图 3.4.1 所示，在这其中，利用 C 语言进行的程序设计如图 3.4.1 右侧的流程所示，也就是需要有编码、编译、仿真调试三个阶段。

实际上作为 C 编译器 PCM，仅起编译的作用，其他的如编码和仿真则由 MPLAB 完成。不过，在 CSS 公司的产品中，使用 PCW 或 PCWH 时，以上三个阶段都覆盖，可以说它们就是 C 编译器的集成环境。在本书中，对 MPLAB＋PCM 环境下的使用方法进行说明。

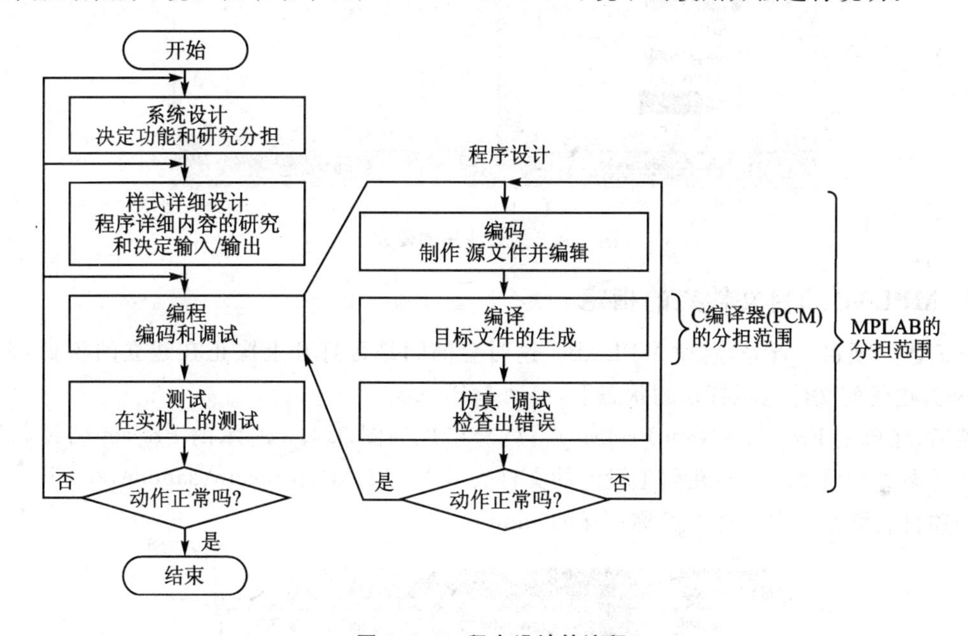

图 3.4.1　程序设计的流程

3.4.2　建立项目

使用 MPLAB 进行程序设计时，最初必须要做的是建立项目(project)。所谓项目就是 MPLAB 管理代表的名称，也就是在 MPLAB 中，对在使用环境条件等的设定信息、程序制作途中生成的许多文件进行统一管理，项目就是为对这些进行管理的代表者。

1. 装载项目文件夹的建立

在 MPLAB 启动之前，为管理项目方便，每个项目的文件夹应事先建立。启动 Windows 资源管理器，如图 3.4.2 所示，在 MPLAB 文件夹下面，生成项目的文件夹；其次在项目下面生成称为 sample 的文件，这样就生成了二层文件夹。

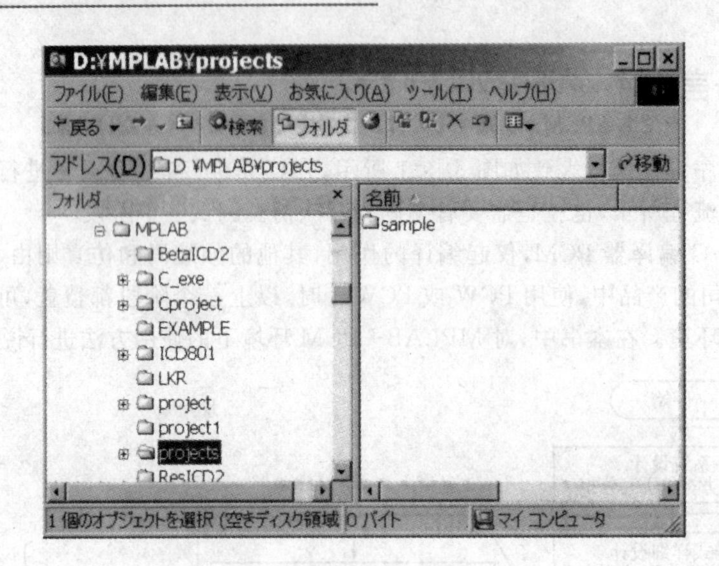

图 3.4.2 文件夹的建立

2. MPLAB 项目文件夹的指定

下面建立项目。首先,启动 MPLAB。这时会询问是否打开上次正在建立的项目,在此,单击 NO,在任何文件也不打开的状态下,启动 MPLAB。

然后,在单击 Project→New Project 后,就会出现如图 3.4.3 所示的 Project 名称和建立项目文件夹的对话框。选择在前项设定的文件夹 d:\MPLAB\projects\sample,在 File Name 中作为项目名称输入和文件夹名称一样的 sample. prj。

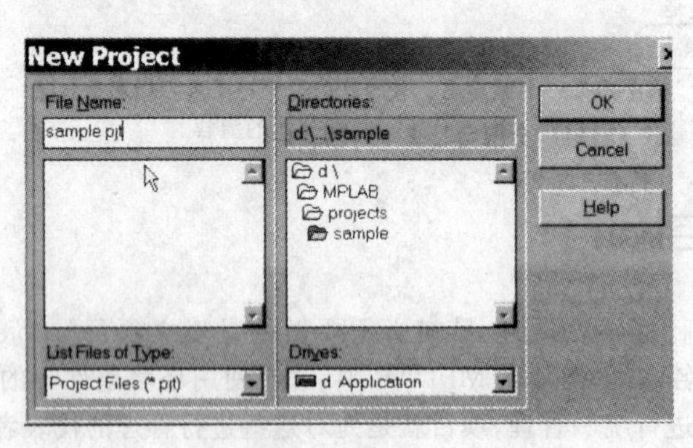

图 3.4.3 设定项目文件夹

单击 OK 之后,就进入下面的项目编辑步骤。

3. 建立项目

单击OK之后，就会出现如图3.4.4所示的项目编辑(Edit Project)对话框，此时要进行必要的设定，请注意此时的设定顺序。

(1) Development Mode 开发模式

设定仿真实验或编辑的模式，指定所使用PIC的设备，这次指定的是PIC16F84A中的仿真模式(SLM)，按下3.4.4图中的Change按键，则出现如图3.4.5所示的Development Mode对话框。

首先选择Tools标记，再选择左栏的第2个MPLAB SIM Simulator，最后选择Processor，按下Processor的▼，则所有的PIC一览表以下拉菜单表示出来，选择PIC16F84A，其次选择Clock标记，则变为如图3.4.6所示的对话框。

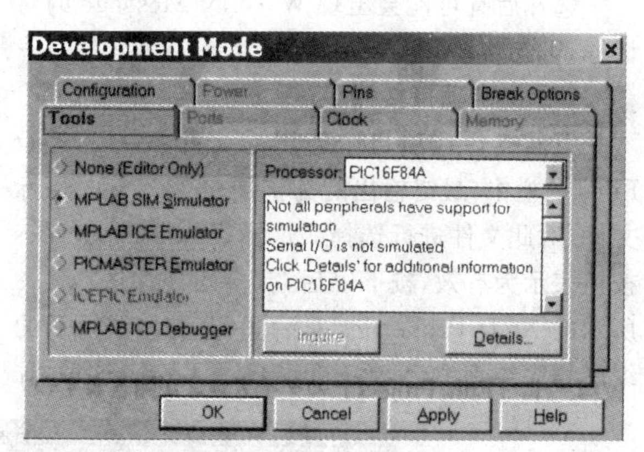

图 3.4.5 Development Mode

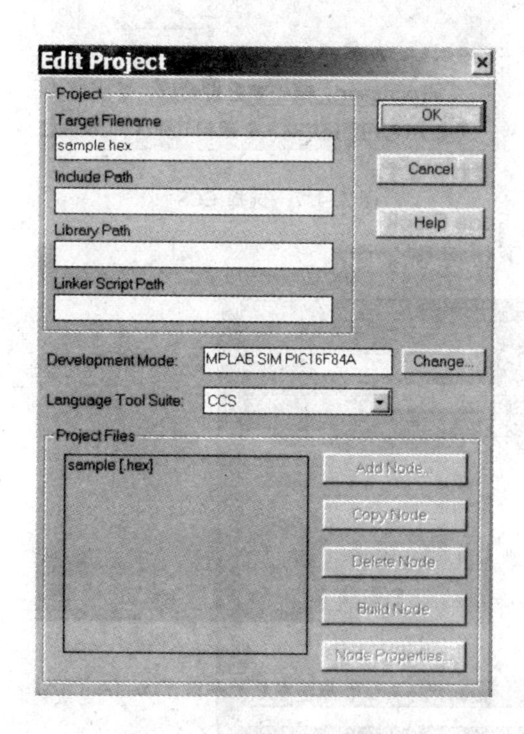

图 3.4.4 Edit Project 画面

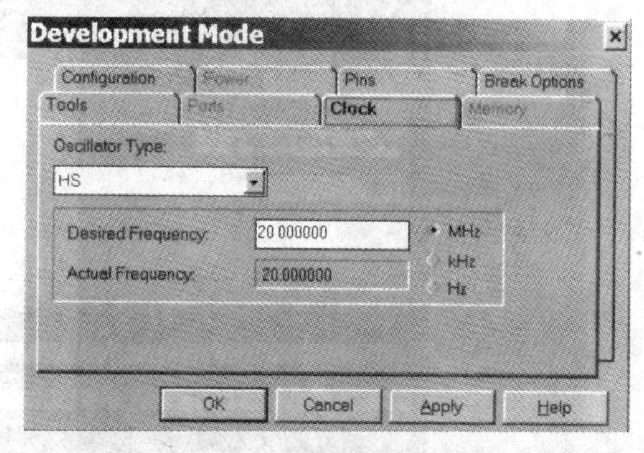

图 3.4.6 开发模式时钟对话框

在此对话框中选择Oscillator Type，在Desired Frequency中输入实际的时钟脉冲频率，由于时钟脉冲是 20 MHz，故振动模式是 HS，频率为 20.000000 MHz。

按下 OK 按钮，由于一次也没有编译，故有可能会出现一些错误对话框，此时全部单击 OK，则可完成开发方式的设定。最后，返回项目编辑对话框。

(2) 选择 Language Tool Suite

按下 Language Tool Suite 栏中的▼，在图 3.4.7 所示的下拉菜单中会表示出可以使用的编译程序，在此选择 CCS。

选择后有可能会出现 Warning Message 的对话框，可忽略，单击 OK。

(3) 指定项目文件

下面选择在项目中使用的文件。在 Project Files 的栏中，最终输出的为扩展名为 hex 的目标文件，对此文件进行选择。这样，Node Properties 按钮表示为有效，按下以后，就会出现如图 3.4.8 所示的 Node Properties 对话框，生成如图所示的编译程序类别 PCM、General Call Tree。这种情况下指定 ON。

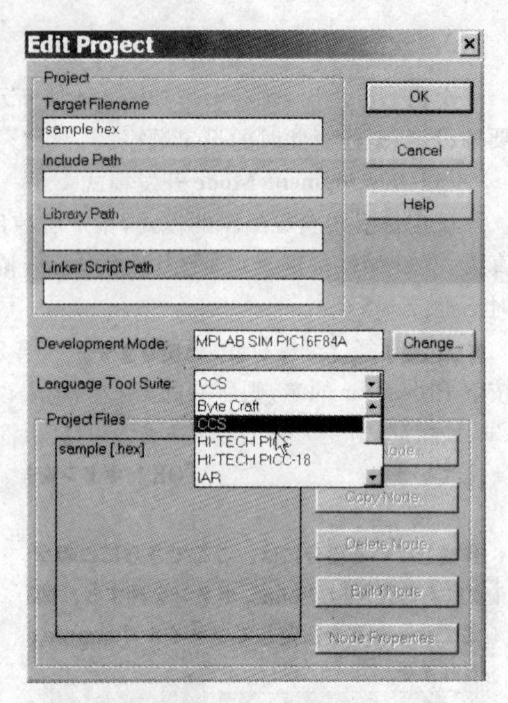

图 3.4.7 选择 CCS

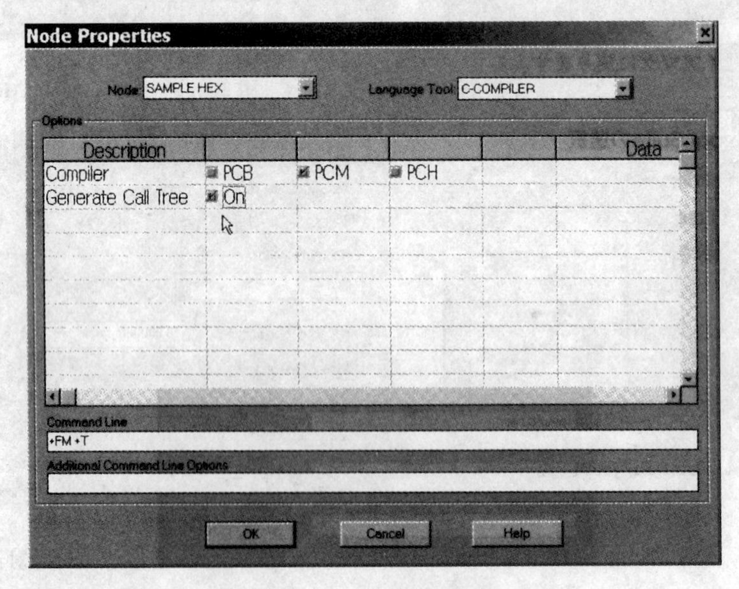

图 3.4.8 指定项目文件

单击 OK 后，重新返回项目编辑对话框。

(4) 源文件登记

为建立源文件，故按下 OK 按钮，则项目的新登记工作结束。

如果源文件已经建立，源文件的登记也需要进行。按下项目编辑对话框中"Add Node"按键，就会出现如图 3.4.9 所示的文件指定对话框。在此指定文件夹，选择文件 sample. c，按下 OK 按键，则源文件的登记完成。

源文件和项目有同样的名称，扩展名为 C。

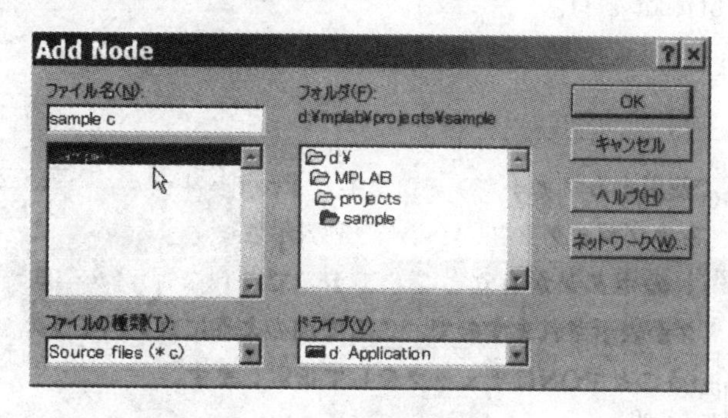

图 3.4.9 源文件登录

下面对源文件还未完成时的情况进行说明。

3.4.3 建立源文件

项目的新登记完成后，就要进入程序制作阶段了。在编辑中使用 editor，由于在 MPLAB 中含有编辑程序，故在 MPLAB 中也能够进行建立工作。

在 MPLAB 中，单击 File→New，就会出现无任何内容的编辑画面，如图 3.4.10 所示。这时可以写源程序。

程序输入结束后，或在中途以某一文件命名保存之时，在 MPLAB 中选择 File→Save As，就会出现如图 3.4.11 所示的指定文件名和存入文件夹的对话框，在项目的文件夹内，以与项目同样名称、扩展名为 C 进行文件保存。

其次，对装入的源文件在项目中登录，单击 MPLAB 中的 Project→Edit Project，就会出现 Edit Project 的对话框。单击"Add Node"按键，就会出现和图 3.4.9 同样的文件选择对话框，对文件夹和文件 sample. c 进行登录。

源文件登录后，再次返回 Edit Project，此时的状态如图 3.4.12 所示，也就是说，在 Project File 中应追加 sample. c，这时单击 OK 后，就准备编译。

```
Untitled1
//////   sample   /////
////// use unit A /////
#include  <16f84a.h>
#fuses HS, NOWDT, PUT, NOPROTECT

void main()
{
    while(1)
    {
        output_b(input_a());
    }
}
```

图 3.4.10　源文件的建立

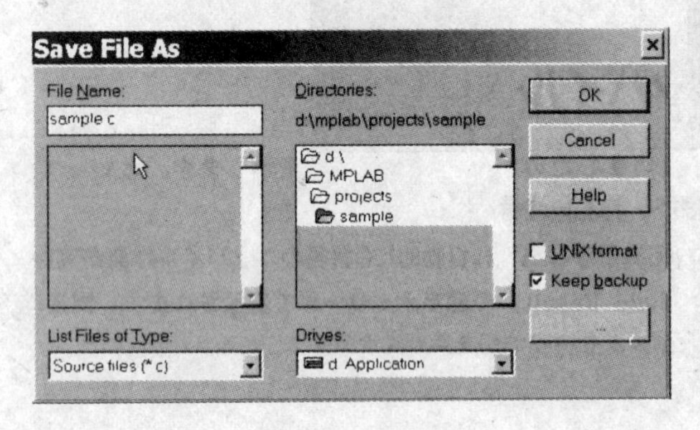

图 3.4.11　文件保存

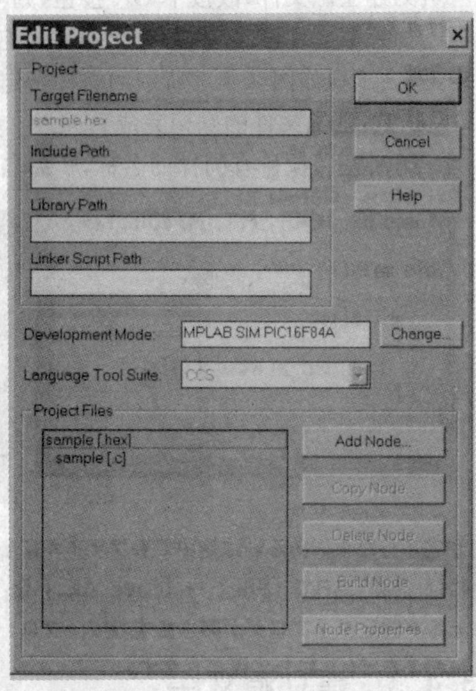

图 3.4.12　追加 sample. c

3.4.4　编　译

以上的准备完成后，就开始编译。但也没有什么特别之处，不过仅是在 MPLAB 中，运行 Project→Make Project 而已。这样 MPLAB 中的 PCM 就被调用了，从而自动进行 C 语言的编译工作。编译后，在 MPLAB 的 Build Result 窗口上会显示有关信息。例如有错误时，会出现如图 3.4.13 所示的错误信息。

在有错误的情况下，无法生成目标文件。这种情况下，应消除错误，重新进行编译。

有错误时，会出现如图 3.4.13 所示的信息，双击 Error 错误()行，在源文件一起表示时，光标就会自动移动到错误检出的行。在许多情况下，发现错误的行前面也有错误之处，应重点进行检查。

消除了错误，编译即可正常结束。这种情况下，会出现如图 3.4.14 所示的窗口，通知编译

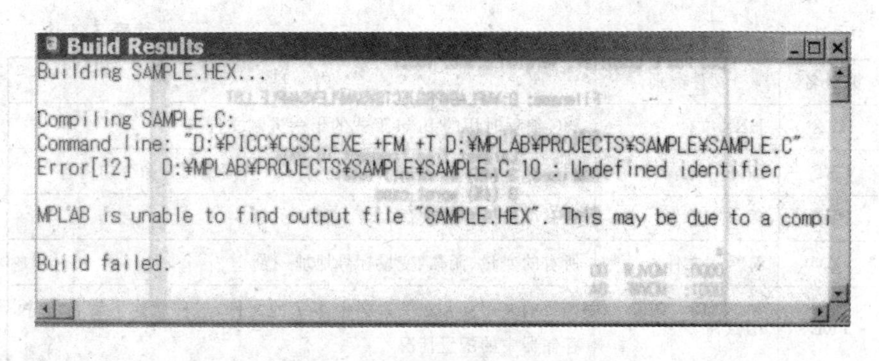

图 3.4.13 编译结果的错误信息显示

正常结束。这时生成扩展名为 hex 的目标文件,就可进行仿真和用编程器进行代码写入工作。

图 3.4.14 编译正常结束

编译结束以后,就能够显示出编译结果的清单。在 MPLAB 中,单击 Window→Absolute listing 就会打开新窗口,如图 3.4.15 所示,显示出编译的一览表。

在一览表中显示出许多内容,首先在最初显示出的是作为编译结果的程序所使用的存储器容量。例如,上图中显示了程序存储器(ROM)是 21 个字、数据存储器(RAM)最大 3 字节、堆栈存储为 0。

其次是在 C 的各行展开的汇编程序命令的一览表。一览表的各行以"输入地区:命令助记符 操作数"的形式显示,最初有……行显示的是 C 语言的源文件行。

这时就可以进行调试了,通常在 C 源文件级别的情况下就可以调试,如果难以进行,最后需要用汇编程序命令进行调试。

此外,编译程序生成的其他文件如表 3.4.1 所列。

表 3.4.1 编译器生成的文件

扩展名	文件类别	内 容
COD	目标文件	用于调试和链接用时相对形式的目标
ERR	错误文件	有编译错误时记录错误的文件

续表 3.4.1

扩展名	文件类别	内　容
HEX	HEX 文件	PIC 编程时用的 Intel 形式的十六进制文件
LST	编译一览表	编译展开的结果的表格，记述所有面向汇编语言命令的内容
PRJ	项目文件	含有项目属性的文件
SYM	符号表文件	所有的变量、函数、变量标号地址一览
TRE	函数树	函数的调用关系在关系树上表示的文件，这样就能了解在程序存储器中的配置情况

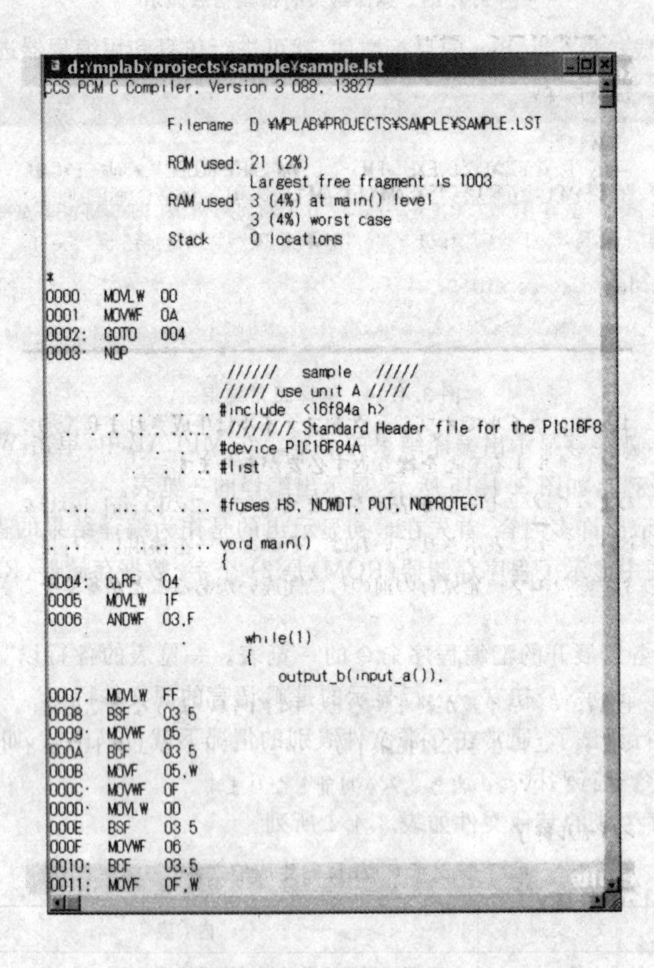

```
d:¥mplab¥projects¥sample¥sample.lst
CCS PCM C Compiler, Version 3 088, 13827

               Filename  D ¥MPLAB¥PROJECTS¥SAMPLE¥SAMPLE.LST

               ROM used. 21 (2%)
                         Largest free fragment is 1003
               RAM used  3 (4%) at main() level
                         3 (4%) worst case
               Stack     0 locations

*
0000   MOVLW  00
0001   MOVWF  0A
0002:  GOTO   004
0003·  NOP
                     //////   sample   /////
                     ////// use unit A /////
                     #include  <16f84a h>
 . . . . . . . .     //////// Standard Header file for the PIC16F8
                     #device PIC16F84A
               . . . #list

      . . .  . . .   #fuses HS, NOWDT, PUT, NOPROTECT

 . . .    . . . . .  void main()
                     {
0004:  CLRF   04
0005   MOVLW  1F
0006   ANDWF  03,F

                        while(1)
                        {
                            output_b(input_a()),
0007.  MOVLW  FF
0008   BSF    03 5
0009·  MOVWF  05
000A   BCF    03 5
000B   MOVF   05,W
000C·  MOVWF  0F
000D·  MOVLW  00
000E   BSF    03 5
000F   MOVWF  06
0010:  BCF    03.5
0011:  MOVF   0F,W
```

图 3.4.15　编译一览表

3.5　调试方法

要确认编译后的程序是否可以正常运行，可以用MPLAB的仿真程序验证和使用标准输出/输入函数进行硬件验证的两种方法。

最近，由于有了PIC16F87x系列用的ICD(In Circuit Debugger)，可以进行硬件实时调试。

3.5.1　在MPLAB环境下的程序调试

在MPLAB中配置了仿真程序，这个仿真程序虽然其基本功能是在汇编程序命令基础上的仿真，但在C语言源文件层次上也能进行调试。

也就是说，由于在C语言源文件的函数名和变量名的环境下就能够进行调试，而不必细究至汇编程序命令。这样，就可以一边看着C语言的源文件，一边轻松地进行仿真调试。

1. 设置断点

中途停止的中断点，可以通过各函数名予以设定。由于是在函数的开始部分进行设定，故可以选择图3.5.1的“Break Point Settings”对话框中的函数名。这样，在运行到该函数时程序就会停在此处。

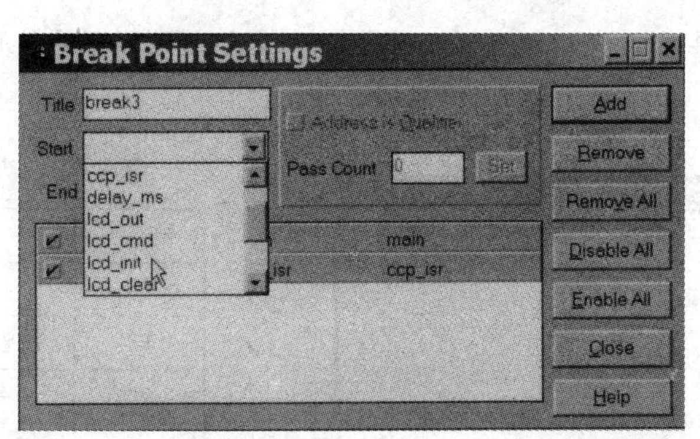

图3.5.1　中断点设定对话框

除此之外，在此之后还可以按步进行调试，这样，就可以以汇编程序命令单位确认程序的运行情况，达到更加细致的调试目的。

2. 变量的设定和确认

显示或更改变量的内容时，利用如图3.5.2所示的Modify对话框进行。可以通过变量的名称进行处理，通过 Modify(修改)对话框指定变量名称，以 Read/Write 方式进行。

3. 变量的总体确认

如果预先登录好多个要查看的变量名称，则在每次运行到断点时就能够方便地确认变量的内容。为此，要使用“Watch Windows”。如图 3.5.3 所示，使用“Add Watch Symbol”对话框能够选择变量名，所以可以通过选择变量名来指定希望查看的变量。

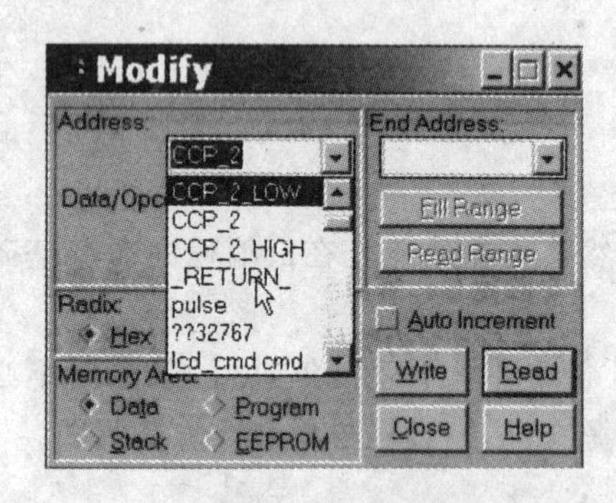

图 3.5.2　Modify 对话框

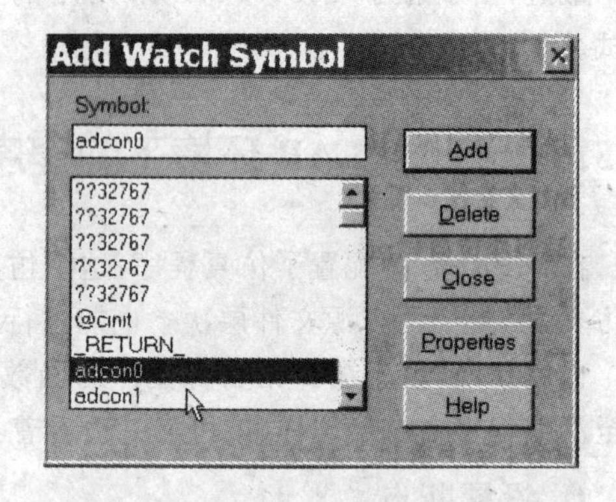

图 3.5.3　“Add Watch Symbol”对话框

通过这样的设定，则会在每次到达断点时，出现如图 3.5.4 所示的各变量名的当前值。

4. 调试执行

如上所述设定中断点，“Watch Window”准备好以后，就可以开始仿真了。仿真的开始和停止等操作可以按表 3.5.1 所列，利用快捷键进行。

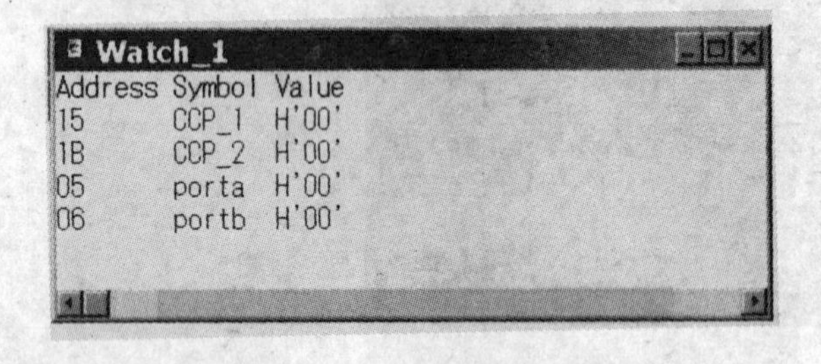

图 3.5.4　“Watch Window”画面

表 3.5.1　执行用的快捷键

键　名	功　能
F5	中止执行
F6	设定，返回 0 地址
F7	一步执行一条命令
F9	连续执行直到断点

3.5.2　根据标准输入/输出函数进行调试

除仿真调试程序的方法外，在使用 USART 的计算机等连接的情况下，可以使用标准的面向设备输出函数 printf 进行调试。

为此,调试时,在适当的位置插入 printf 语句,就可输出变量的内容和有关信息。而且在计算机一侧,启动超级终端(HYPER TERMINAL)等通信软件通过串行通信进行连接。

这样,执行 printf 语句时,计算机便输出信息,这就能够即时了解变量值等信息。

一般来说,这些都不是问题,能够进行更加细致的调试,但在高速处理部分由于串行通信时需要一定的必要时间,故会引起延迟问题。这在调试中无法避免,所以只有在确认动作的流程后,去掉调试部分。

在 printf 语句插入方法中,为能在之后无误地消除调试问题,应采用以下的方法。

1. 在调试语句后明确注明该语句是调试语句

例如,将//debug 等的注释写在 printf 之后,事后就可以方便地进行检索并去掉之。

2. 使用 # if 语句实现整体消除

使用 # if 语句,如例 3.5.1 所示的追加调试部分,将 DEBUG 标志置于 TRUE 或 FALSE,就能够总体进行调试语句的追加和消除。

在这个例子中代替 printf 语句的 err_message 函数以一定的形式作为调试部分输出错误的信息。

例 3.5.1　调试语句的插入方法

```
#define DEBUG_MODE TRUE
……
EIF DEBUG_MODE == TRUE
      err_mesg(10,0);
#ENDIF
……
///// Error message Output
#IF DEBUG_MODE == TRUE
void err_mesg(int era, int id)
{
      printf("¥r¥nError %U %U %U¥r¥n", Current_Task, era, id);
}
#ENDIF
```

关于 printf 语句将在第 6 章进行详细说明,# if 语句将在第 7 章进行详细说明。

3.6 对PIC单片机的写入操作

仿真调试结束后，就可以对PIC单片机进行写入操作了，用于写入的PIC编程器一般用Microchip公司的正规产品PIC START Plus或者日本秋月电子通商制造的PIC编程器Ver3，本书中对这两种类型的编程器的操作方法进行说明。

3.6.1 PIC START Plus的情形

在PIC START Plus的情形下，由于MPLAB中具有PIC编程器的控制程序，启动时仅需要在MPLAB中，单击PICSTART Plus→Enable Programmer即可。

在确认PIC编程器的连接以后，就会显示出如图3.6.1所示的控制PIC编程器的对话框。

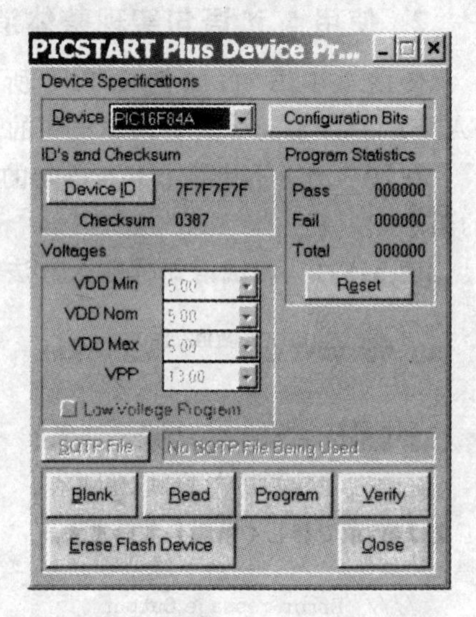

图3.6.1 PICSTART Plus的对话框

在PIC编程器的IC插座上正确插入PIC16F84A后，单击Program键，则自动开始对PIC单片机的写入。

在开始写入之前，如图3.6.2所示，和上述的对话框一起的配置对话框也应显示出来，如果没有显示，则按下上述编程器对话框中的“Configuration Bits”按键，则会显示出来。

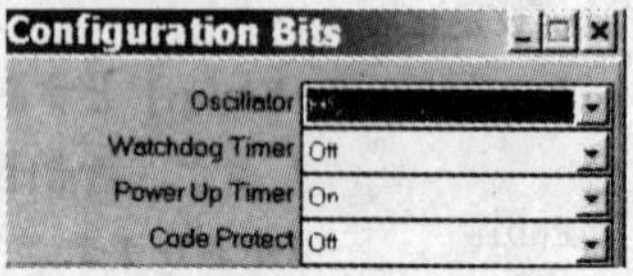

这个组态配置位如没有正确设定，则PIC就不会动作，所以要确定其设定是否正确。该内容是由# fuses预处理程序完成的，故只须确认是否是所期望的设定即可（关于# fuses预处理程序，请参考第6章）。

单击Program按键，就开始了写入。写入中会出现如图3.6.3所示的对话框，由于地址依次更新，故能够了解运行状况。

图3.6.2 配置对话框

写入正常结束后，这个对话框便自动消失。正常结束以后，在图3.6.1的对话框中单击Close按键，则编程器的处理结束并返回MPLAB。

在此，如果PIC START Plus没有正常连接，则在开始单击“Programmer Enable”时，会显示出如图3.6.4所示的错误信息显示框。

在这种情况下，需要确认PIC START Plus的连接，重新启动。或者检查是否由于COM端口的连接和设置不正确。为此，在MPLAB中单击Options→Programmer Options→Communication Port Setup，这时会出现如图 3.6.5 所示的对话框，在此指定 COM1 或 COM2 端口。在通常情况下，系统会自动接续，故有必要确认电缆等的连接。

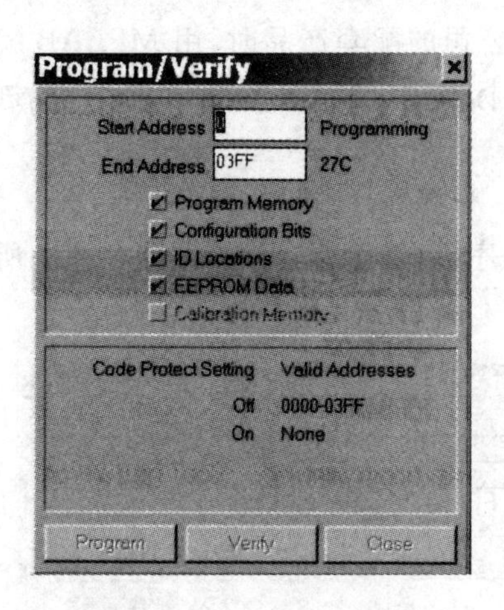

图 3.6.3　Program/Verify 对话框

图 3.6.4　错误信息显示窗

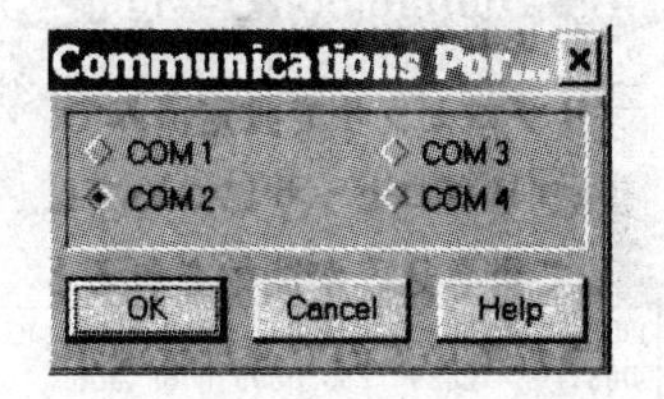

图 3.6.5　COM 端口选择

当 PIC 的写入没有正常结束，通过验证等发现错误时，就会出现 Failure，显示出如图 3.6.6所示的 Error Log 一览表，这时应确认是真错误还是由于 PIC 的设置有问题。

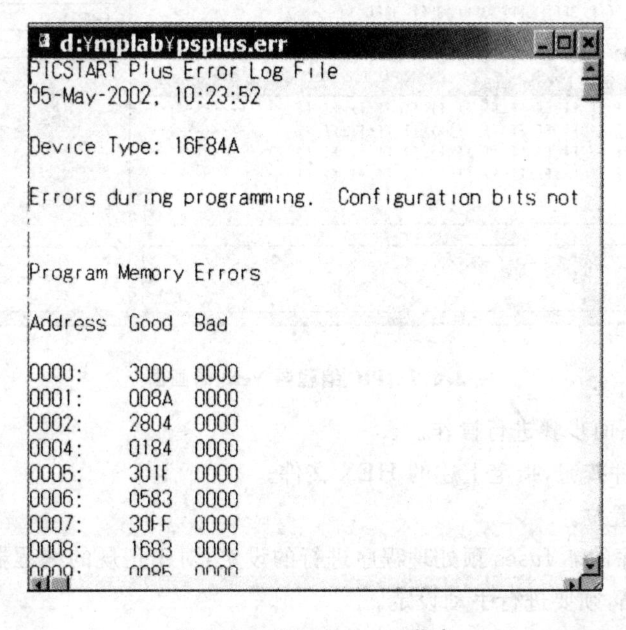

图 3.6.6　Error Log 一览表

3.6.2 PIC编程器Ver3的情形

如果使用的PIC编程器不是纯正产品，而是其他公司的配套产品时，用MPLAB编译正常结束时，在项目文件夹中生成的扩展名为HEX的目标文件(例如sample、hex)，对此进行指定写入。

在此以日本秋月电子通商制造的PIC编程器Ver3为例进行说明。

首先启动与MPLAB不同的PIC编程器的控制程序，启动后就会出现如图3.6.7所示的控制画面。

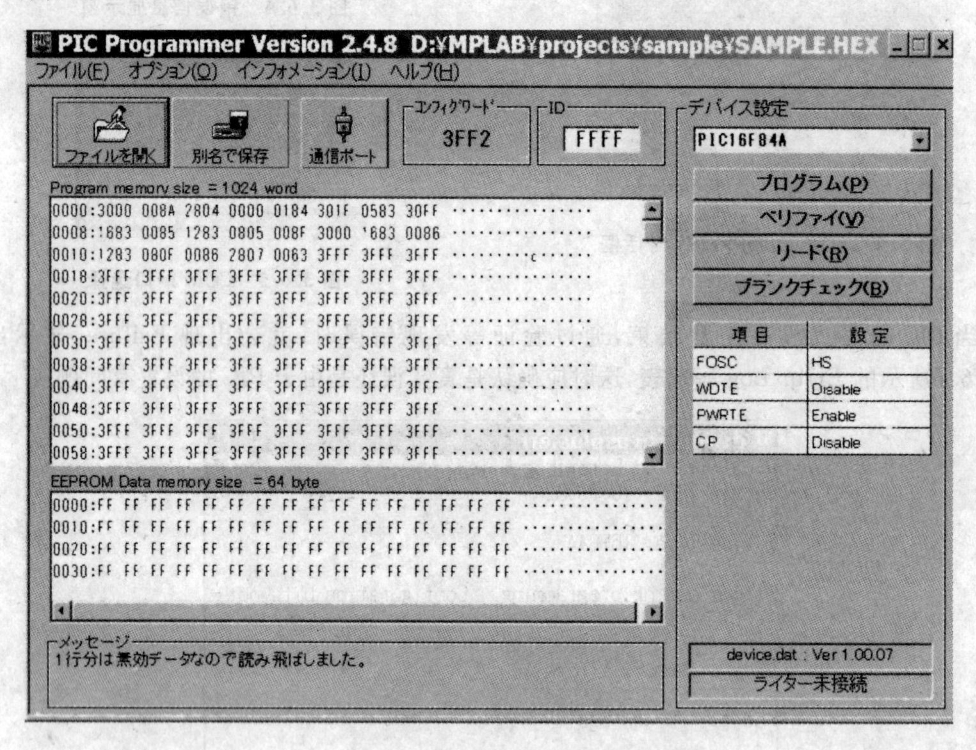

图3.6.7 PIC编程器Ver3的画面

在此画面中以下面步骤进行操作。

① 按下打开文件按钮，指定上述的HEX文件。

② 手动操作配置位。

根据C编译程序的# fuses预处理程序进行的设定，对于正规的编程器有效，但是不一定支持其他公司的产品，须要进行手动设定。

③ 将PIC单片机插在编程器上。

④ 按下设备制定钮,指定相应的 PIC 器件。

⑤ 按下程序按键,开始写入。

按以上的操作,应该能正常结束写入。在图 3.6.7 的右下栏中如果显示出写入器未连接的信息,则表明计算机和 PIC 编程器没有正常连接,这时需要再确认连接情况和 COM 端口,并按下通信端口按键,进行重新连接。

第 4 章

练习用的硬件

在本章，为验证在此之后的例题，就所使用的 PIC 通用练习电路板的功能和制作方法进行说明。在此使用两种类型的练习单元，以验证各种类型的例题。

4.1 练习用的 PIC 通用单元 A

所介绍的是练习用的 PIC 硬件设备单元 A，其为最简单的一种结构。

4.1.1 概 要

本例是一种装有 PIC16F84A 芯片的最简单的单元，装在了实验用的线路板上。

整体结构如图 4.1.1 所示。电路以 PIC16F84A 为核心单元，另外有 3 端电源芯片、输出显示用的发光二极管以及输入用的 2 个开关组成。

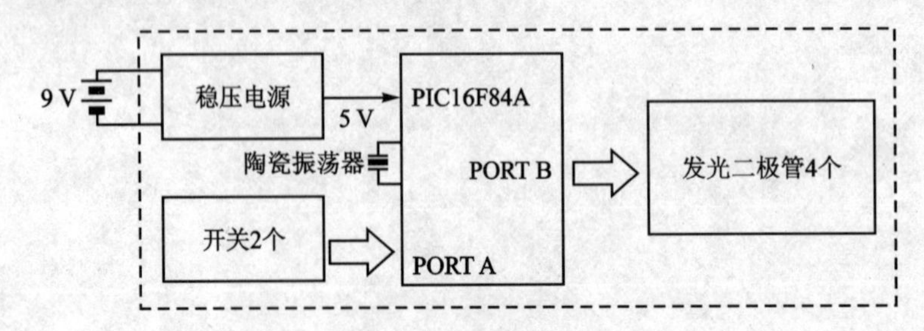

图 4.1.1 通用单元 A 的组成

其外观如图 4.1.2 所示，中间的芯片即为 PIC16F84A。

左侧为电源回路，右侧为开关，上部为发光二极管，元件的摆放并没有需要特别注意的地方。

图 4.1.2　通用单元 A 的外观

4.1.2　功能及电路

通用单元的功能如表 4.1.1 所列，为最基本的结构，可以进行基本的输入和输出测试。

表 4.1.1　通用单元的功能说明

项　目	说　明
电源	电源为 9 V 干电池，用 5 V 电源芯片进行稳压
输入	2 个按键开关，按下时为 ON
输出	4 个不同颜色(红、黄、绿、橙)发光二极管
时钟	电容内置的 20 MHz 陶瓷振荡器
其他	内置定时器

实现以上功能的电路如图 4.1.3 所示。

4.1.3　接口描述

PIC16F84A 的输入/输出端口连接着开关和发光二极管，其连接方式如表 4.1.2 所列。

表中输入/输出端口指定的 C 变量栏内，是由 C 函数指定输入/输出端口时的名称，硬件一栏指的是 PIC 电路图上的名称，括弧内的则是 IC 端口号。

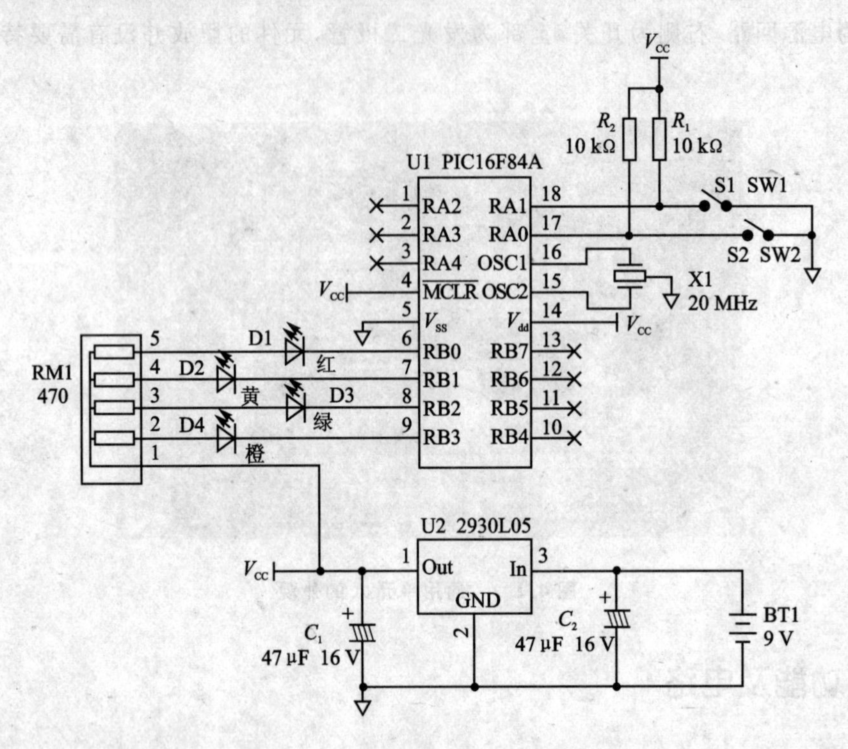

图 4.1.3　通用单元 A 的电路图

表 4.1.2　接口描述

输入/输出端口			连接内容
端　口	C 变量	硬　件	
PORT A	PIN_A0	RA0(17)	按下开关(红)
	PIN_A1	RA1(18)	按下开关(黑)
	PIN_A2	RA2(1)	无
	PIN_A3	RA3(2)	无
	PIN_A4	RA4(3)	无
PORT B	PIN_B0	RB0(6)	发光二极管(红)
	PIN_B1	RB1(7)	发光二极管(黄)
	PIN_B2	RB2(8)	发光二极管(绿)
	PIN_B3	RB3(9)	发光二极管(橙)
	PIN_B4	RB4(10)	无
	PIN_B5	RB5(11)	无
	PIN_B6	RB6(12)	无
	PIN_B7	RB7(13)	无

4.1.4 使用的元件

通用单元A所用的元件如表4.1.3所列，都是市场上很容易买到的元件。

表4.1.3 使用的元件

记 号	名 称	参数和型号	数 量	单价(日元)
R1、R2	电阻	10 kΩ 1/4W	2	10
RM1	集成电阻	470 Ω	1	40
C1、C2	电解电容	47 μF 16 V	2	25
D1	发光二极管	TLR113	1	20
D2	发光二极管	TLY113	1	30
D3	发光二极管	TLG113	1	30
D4	发光二极管	TLO113	1	30
X1	陶瓷振荡器 电容内置型	20 MHz	1	40
U1	PIC	PIC16F84A-20P	1	380
U2	3端电源	2930L05 或 78L05	1	60
SW1、SW2	按键	电路板用	2	140
	通用开孔线路板	ICB-86	1	110
	IC插座	18脚	1	40
	电池电缆		1	30
	其他	焊锡、线材	1	50
总计(概算值)				1 300

4.1.5 安装方法

在实验用的电路板上先安装PIC单片机，中央用于配置电源和地线，在其之间放置IC插座。而后放置剩下的元件和焊接电阻，电池接头电线通过印制电路板的孔并打个结，注意焊接部位不要施加外力。

实际安装后的情况如图4.1.4所示，中间的部分为电源和地线接线，这一点切勿弄错。

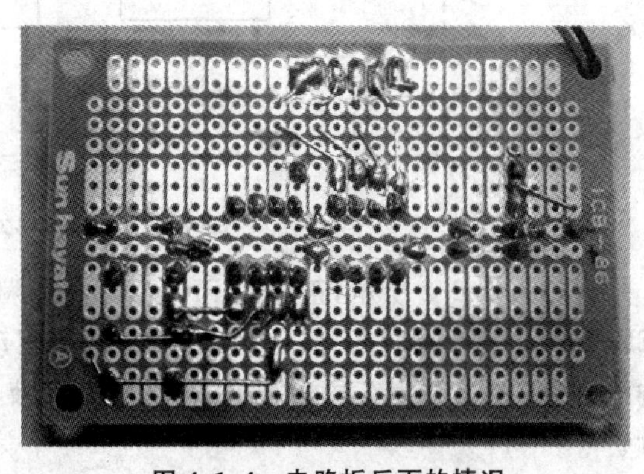

图4.1.4 电路板反面的情况

4.2　练习用的 PIC 通用单元 B

这是一种练习用的 PIC 硬件单元 B。它是一种具有较高性能的单元，追加了各种的外围电路。

4.2.1　概　要

通用单元 B 使用的是 PIC16F873 或 PIC16F876 芯片，由很多外围电路构成，可以进行各种功能的实验，是一种高性能的单元，其安装在自制的印制电路板上。

整体结构如图 4.2.1 所示，它以 PIC16F873 为核心，有 3 端电源电路、4 个发光二极管的输出显示电路、2 位 7 段数码显示管、2 路模拟输入(其中 1 个模拟通道用于温度传感器)、2 个用于电机控制的 PWM 输出、1 个串行通信口，并外扩 2 个外部闪存。

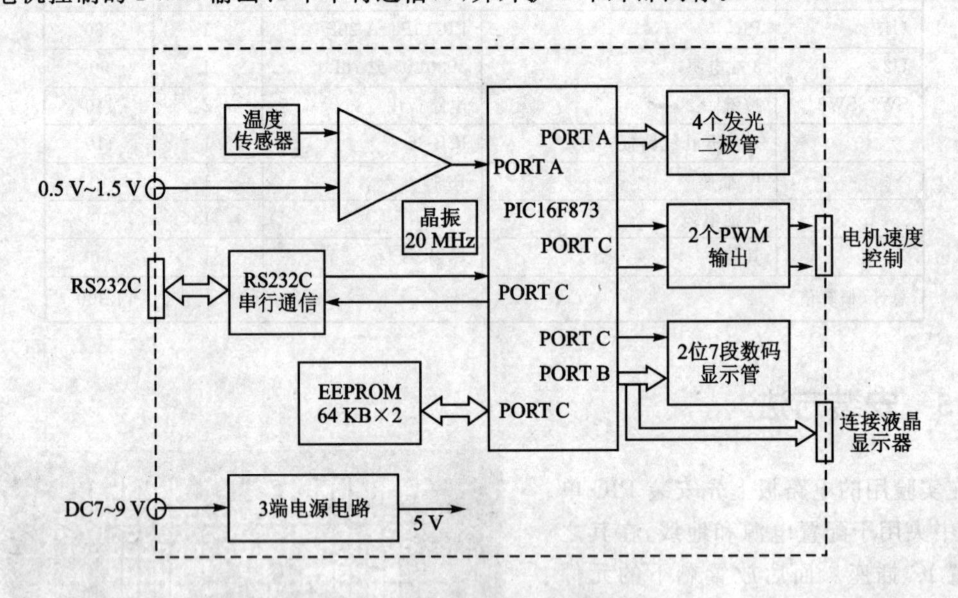

图 4.2.1　通用单元 B 的组成

外观如图 4.2.2 所示，正中为 PIC16F873 和陶瓷振子，右上部分为 RS232C 接口和 2 个外部 EEPROM 存储器，右下部分为电源和 FET 驱动，中下部为 4 个发光二极管，左下方为模拟输入部分，左上方为 7 段数码显示管和连接液晶显示器的插件，左方中间为温度传感器芯片。

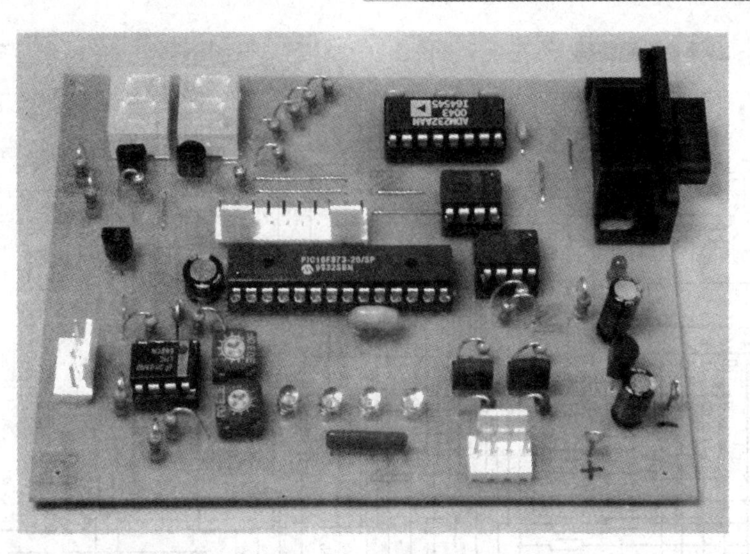

图 4.2.2　通用单元 B

4.2.2　功能及电路

通用单元 B 的功能如表 4.2.1 所列,使用基本的内置组件能够对输入/输出等进行测试。

表 4.2.1　通用单元 B 的功能说明

项　目	说　明
电源	电源由输出为 DC7～9 V 的 AC 电源适配器供给，再用 3 端 5 V 稳压电路输出所用电压
模拟输入	装有 2 个同样的放大器,其中一个通道连接着温度传感器
发光二极管	4 个发光二极管
数码显示器或通用 IO 或液晶显示器	2 个 7 段数码显示管,并有用于驱动用的晶体管,或 8 位通用的数据输入/输出,或液晶显示器
PWM 输出	2 个用于电机控制的脉宽调制输出，内置有 FET 驱动
串行通信	1 个 RS232C 通信口，装有 9 脚的 DSUB 连接器
闪存	通过 I^2C 接口连接 2 个 EEPROM,64 KB 或 256 KB×2
时钟	电容内置的 20 MHz 陶瓷振荡器
其他 PIC 内置	内部定时器、USART、I^2C、PWM 控制、10 位 A/D 转换器

实现这些功能的电路如图 4.2.3 所示。

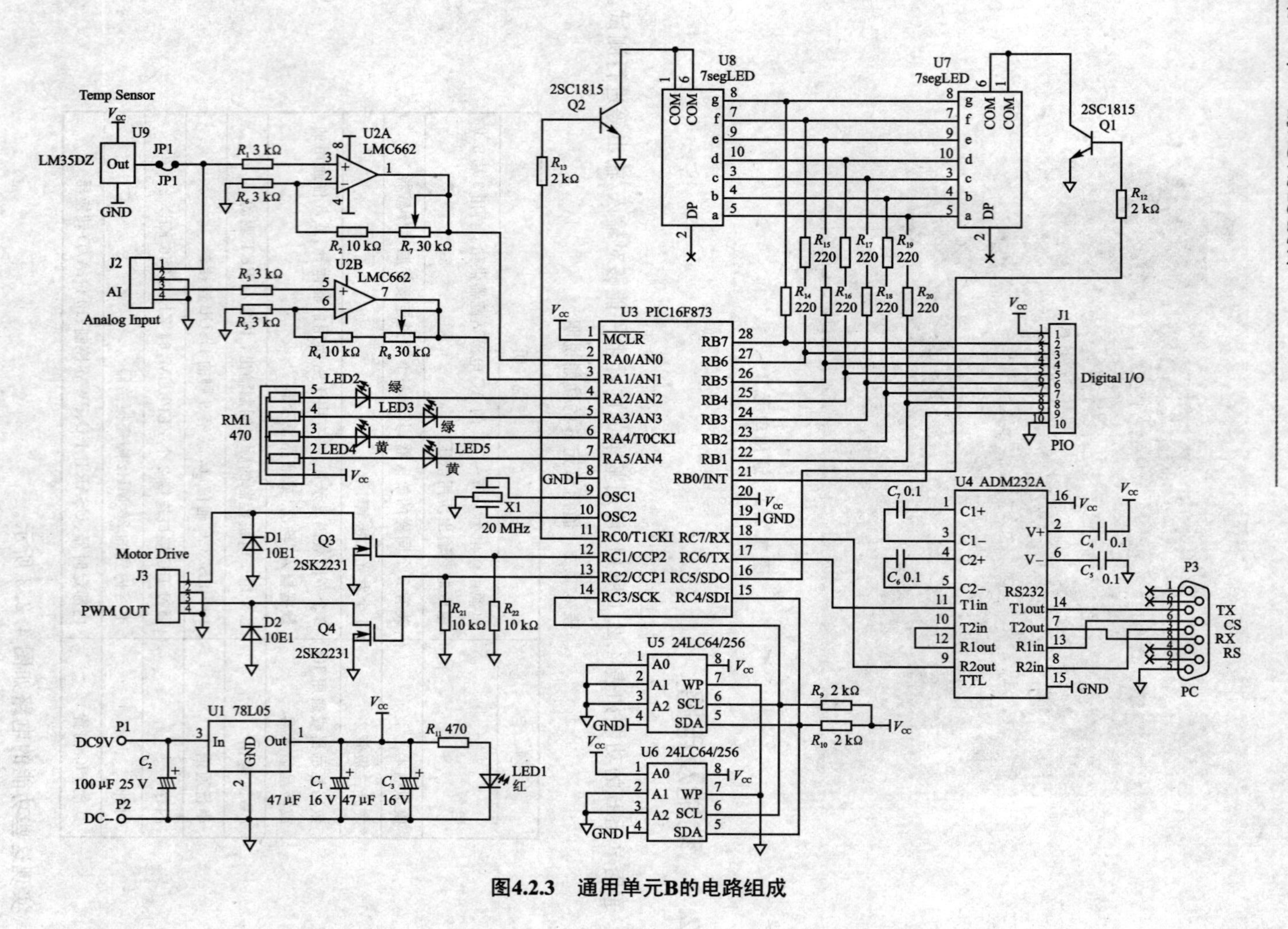

图4.2.3 通用单元B的电路组成

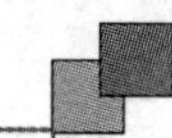

4.2.3 接口描述

在 PIC16F873 的输出端口上连接了很多器件，其连接关系如表 4.2.2 所列。

在表中的输入/输出端口的 C 变量栏目内，是在 C 函数中指定输入/输出端口时的名称，在硬件栏目内为 PIC 电路图上的名称，括弧内的为 IC 端口。

表 4.2.2 接口描述

输入/输出端口			连接内容
端 口	C 变量	硬 件	
PORT A	PIN_A0	RA0(2)	通用模拟输入/温度传感器
	PIN_A1	RA1(3)	通用模拟输入
	PIN_A2	RA2(4)	发光二极管(绿)
	PIN_A3	RA3(5)	发光二极管(绿)
	PIN_A4	RA4(6)	发光二极管(黄)
	PIN_A5	RA5(7)	发光二极管(黄)
PORT B	PIN_B0	RB0(21)	通用 I/O
	PIN_B1	RB1(22)	通用 I/O/LCD 段 a
	PIN_B2	RB2(23)	通用 I/O/LCD_RS 段 b
	PIN_B3	RB3(24)	通用 I/O/LCD_E 段 c
	IPN_B4	RB4(25)	通用 I/O/LCD_DB4 段 d
	PIN_B5	RB5(26)	通用 I/O/LCD_DB5 段 e
	PIN_B6	RB6(27)	通用 I/O/LCD_DB6 段 f
	PIN_B7	RB7(28)	通用 I/O/LCD_DB7 段 g
PORT C	PIN_C0	RC0(11)	第 2 位 7 段显示的驱动
	PIN_C1	RC1(12)	PWM 输出 CH2
	PIN_C2	RC2(13)	PWM 输出 CH1
	PIN_C3	RC3(14)	I^2C SCL
	PIN_C4	RC4(15)	I^2C SDA
	PIN_C5	RC5(16)	第 1 位 7 段显示的驱动
	PIN_C6	RC6(17)	USART TXD
	PIN_C7	RC7(18)	USART RXD

4.2.4 液晶显示器的连接

与 PORT B 相连的插件可以连接液晶显示器，连接方法如图 4.2.4 所示，特别要注意将

R/W 端口连接到地。

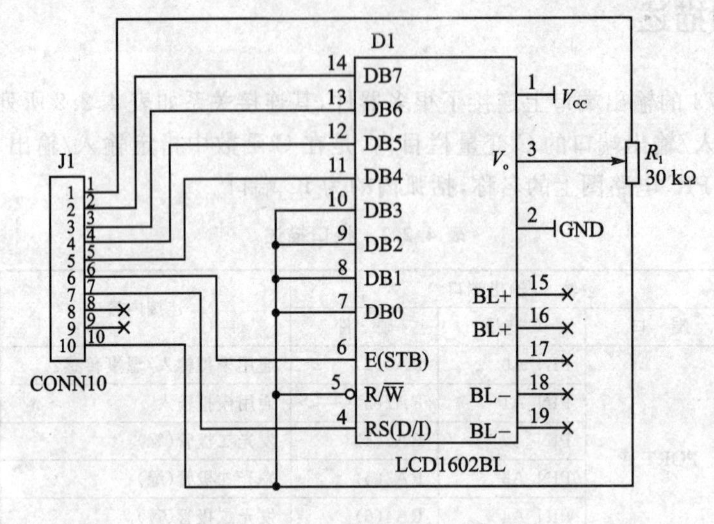

图 4.2.4 液晶显示器的连接图

在此，使用的液晶显示器如图 4.2.5 所示，它可用 2 行显示 16 个字或 4 行显示 20 个字，接口形式除了电源和 GND 端口以外都一样，都可以使用。

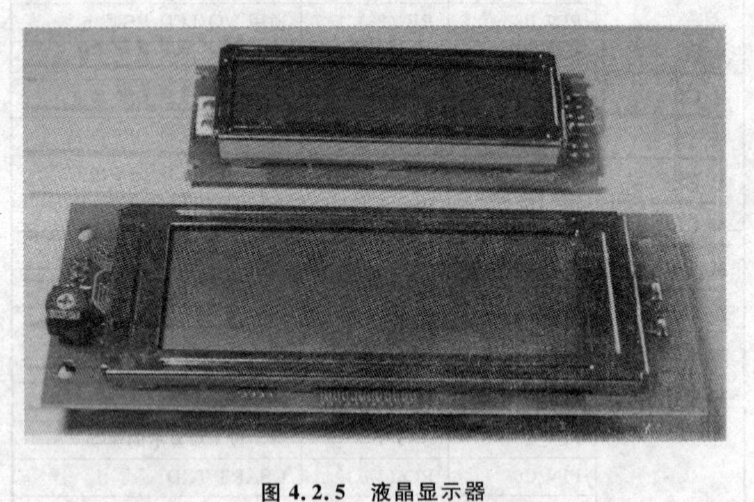

图 4.2.5 液晶显示器

4.2.5 所用元件

通用单元 B 所使用的元件如表 4.2.3 所列，都是市场上销售的零件，容易购买。

表 4.2.3 通用单元 B 所用元件一览表

记 号	名 称	参数 型号	数 量	单价(日元)
R1、R3、R5、R6	电阻	3 kΩ 1/4W	4	10
R2、R4、R21、R22	电阻	10 kW 1/4 W	4	10
R7、R8	电阻	30 kΩ 基板用可变电阻	2	80
R9、R10、R12、R13	电阻	2 kΩ 1/4W	4	10
R11	电阻	470 Ω 1/4W	1	10
R14～R20	电阻	220 Ω 1/4W	7	10
RM1	集成电阻	470 Ω	1	40
C1、C3	电解电容	47 μF 16 V	2	25
C2	电解电容	100 μF 25 V	1	35
C4～C7	电解电容	0.1 μF	4	20
D1、D2	二极管	10E1	2	15
X1	陶瓷振荡器 电容内置型	20 MHz	1	40
Q1、Q2	晶体管	2SC1815	2	30
Q3、Q4	NMOS 晶体管	2SK2231	2	80
LED1～LED5	发光二极管	TLR113、TLG113、TLY113	4	30
U1	3 端电源	78L05	1	60
U2	运算放大器	LMC662CN	1	200
U3	PIC	PIC16F873-20SP	1	800
U4	RS232 电平转换	ADM232AAN	1	250
U5、U6	EEPROM 存储器	24LC64 或 24LC256	2	200 400
U7、U8	7 段 LED	GL8R03	2	170
U9	温度传感器	LM35DZ	1	250
J1	10 脚连接器		1	60
J2、J3	4 脚连接器		2	40
P3	连接器	DSUB9	1	340
	感光电路板		1	320
	IC 插座	8 脚	3	30
	IC 插座	16 脚	1	40
	IC 插座	28 脚	1	240
	液晶显示器	20×4、SC2004SC	1	1 500
	连接器插件		1	180
	其它		1	200
合计(概算)				6 400

4.2.6 安 装

印制电路板从画电路板开始自制,可以在计算机上用 EDA 工具设计电路图和板图。之后,经过曝光、显影,最后进行腐蚀处理。

关于板图,在随书的 CD-ROM 中以位图的形式已提供,可以用喷墨打印机以适当的尺寸印刷。

在安装元件时,要首先安装跨接线。跨接线上使用的线可以使用电阻的剩余引线。然后安装 IC 插座,安装 IC 插座时仅对两端的 2 个端口焊接,接下来依次安装余下的元件,最后对 IC 插件剩余的端口进行焊接。

图 4.2.6 为印制电路板焊接面外观。

图 4.2.6 印制电路板的焊接面外观

第5章 什么是C语言

用C语言所写的程序，其基本构成函数集合体。在本章，就如何使用C语言编写硬件驱动程序予以说明，同时讲解如何编写可读性好的程序。

5.1 C程序的基本结构

C语言的编写格式较自由，尽管如此，在整体结构方面有着一定的规则。以下，对C程序的基本构成予以说明。

5.1.1 程序的基本结构

C语言是由函数集合而成的。这里所说的函数并不同于数学上使用的表示因果关系的函数，而是能够完成某种功能的集合体。将整体的功能进行细分，将各功能分别用各种函数进行处理，这个过程就是程序设计。

C程序整体的基本构成如图5.1.1所示，大致可由声明、main函数、其他函数3个部分构成。

1. 声　明

这是对程序特性和对整体共同使用的变量进行说明的部分。在这部分，主要记述了称之为预处理的编译器的命令。

在对程序的特性说明部分中，记述了单片机等设备和嵌入式函数的使用条件等。

将另外编写的程序嵌入，一起进行编译时，要用包含声明中所指定的文件名称。C语言的编译器中，预先备有包含算术运算等标准的函数库，想要使用包含在其中的标准函数时，也需要包含这个程序库。

在该声明部分所定义的变量称之为全局变量，在程序的任何地方都可以使用该变量。

除了全局变量的定义之外，还有预先声明函数的类型部分。据此，由于预先定义了函数及其参数，即使函数自身在调用函数之后，编译器也能够对调用方法是否正确进行检查，从而防止错误的产生。

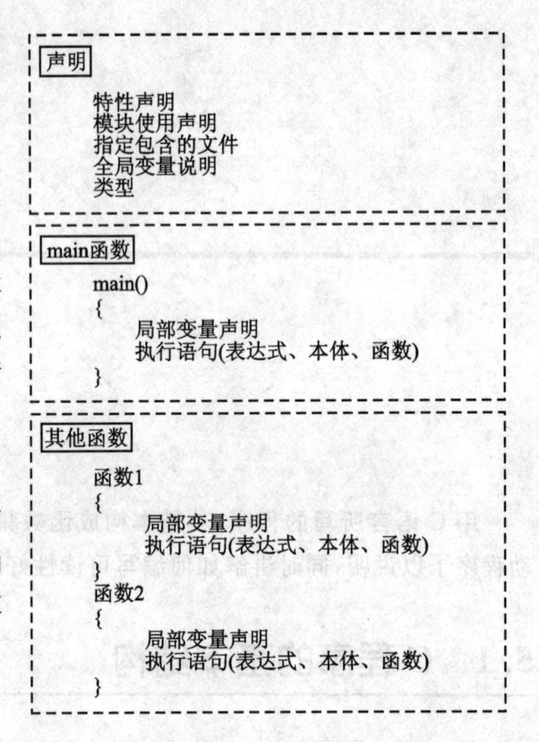

图 5.1.1　C 程序的基本构成

2. main 函数

main 是个特殊的函数，在整体程序中只有一个，单片机复位或上电时，一定从这个 main 函数开始执行程序，并且所有的其他函数都是由这个 main 函数调用和执行的。

3. 其他函数

在 C 程序中，可以简单地理解函数就是子程序，整个 C 程序就是由这些函数集合而成的。如果能够很好地将整体的功能分解到各个函数中，就能够形成好的模块化结构，这不但具有好的可读性，也便于程序的维护。

5.1.2　函数、表达式和数据

在 C 程序中，函数是基本的构成要素。在这些函数中，main 函数是一个特殊的函数，在整个程序中只有一个，也是执行程序时首先要执行的函数。其他函数可以称之为由 main 函数调用的子函数。

这些函数的基本结构如例 5.1.1 所示，由{}所包含的块是函数的实体。

例 5.1.1　函数的结构

```
/////函数的基本格式/////
数据类型　函数名称(参数)
{
    数据定义;  ┐
    执行语句;  ├程序段
    执行语句;  ┘
```

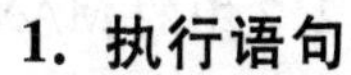

1. 执行语句

作为真正的命令所执行的部分是执行语句，执行语句中有表达式、语句和函数，现举例子以说明。例5.1.2是一段执行语句。

例5.1.2 执行语句的例子

```
《数据定义的例子》
 #define MAX 100
《执行语句的例子》
 y = x + 2;
 x = x + 1;           //count up
 data = (x * y)/16;
 value = calc(3,5);
《函数、程序段的例子》
 int calc (int a, int b)
 {
     int c;
     c = a + b;
     return c;
 }
```

(1) 表达式

所谓表达式和数学上的表达式书写方式有相似之处，但是也有根本区别之处。例如表达式＝在数学上是相等的含义，而在C语言中所表达的意思是将右边的结果代入到左边。因此如例子所示，x＝x＋1在数学上是不可能有的描述，但如果是表示代入，就可以理解。

(2) 语 句

最后以"；"结束的表达式称为语句。语句是由一个以上的表达式构成的。复数的语句的集合称为程序段，用{ }包围。

(3) 函 数

程序段变大时，整体程序的可读性变差。在这种情况下，可将一部分程序段组成一个模块，这就是函数。调用这些函数时可用以下方式。

```
函数名(实参数)
例如 value = calc(3,5);
```

2. 数据定义

数据分为常量和变量。所谓常量指的是在程序执行前数值就被确定，程序执行后也不会改变的量。与此相对，变量是在输入数据后，其数值随着程序的执行而发生变化的量。

常量也可以用数值直接予以指定，在程序中使用或变更时，如之前例5.1.2中的MAX那样，给常量100赋予名称，而后可用这个名称进行操作。

变量一定要有变量名才可进行操作，但只要遵循一定的规则，可以在程序中随意地给变量取名。但考虑到程序的可读性，应该考虑起一个有意义的名称，要尽可能避免太短的名称。如例5.1.2所示，X或Y就是变量。

在变量中，有变量类型的概念，它定义了变量的形式和大小。任何变量都必须定义其类型才可使用。在例5.1.2中，参数a和b被定义为int型，即正整数型。

需要注意的是不同类型的变量间进行运算或代入时，会自动以某种类型进行运算。例如，对一个字节类型的变量中代入255以上的数值，或对整数型的变量代入实数1.5等类型的数时，就不会得到所期待的结果。

关于函数和数据类型在以后的章节中还要进行详细的说明。

5.2 程序的格式和记述

C程序的记述方式是非常自由的，从哪里开始写，在哪里换行都是可以随意的。

但是如果对初学者，随心所欲地记述，反而将更不明白。因此，从习惯出发，对C程序编写方法进行一下总结。

5.2.1 格式的规定

记述程序时有一些基本的规定，必须予以遵守，如果不能遵守，则编译器作为文法错误输出错误的信息。

1. 区分时使用空格

C语言因为是自由格式，所以在说明文部分和执行语句部分没有行的概念，仅仅是在语句与语句间使用分号，而在一条语句中需要区分时用空格(如按下空格键、TAB键、换行、注释)，而且单词和单词也用空格来区分。

形成混乱的是作为空格功能的换行。换行仅作为区分的一个符号使用时难以理解，如果认为换行是区分的记号，多个语句在一行中记述就会很拥挤，实际的例子如例5.2.1所示。

例5.2.1 多个语句在一行中记述的例子

```
void main() {int x = 100; long y = 1000000;
   while(1) {printf("hello!!¥r¥n"); printf("int x = %u %2X¥r¥n",x,x);
printf("long y = %lu %4LX¥r¥n",y,y);x++;  y++;delay_ms(500);}}
```

可是，实际上这样的记述方法使人难以阅读，不是较好的程序设计风格，如例 5.2.2 所示一行一条语句，而且字符缩进进行记述，阅读起来就会容易得多。

例 5.2.2 一行一条语句的例子

```
void main()
{
    int x = 100;
    long y = 1000000;
    while(1)
    {
        printf("Hello!!¥r¥n");
        printf("int x = %u %2X¥r¥n",x,x);
        printf("long y = %1u %4LX¥r¥n",y,y);
        x++;
        y++;
        delay_ms(500);
    }
}
```

反之，将较长的语句用复数行分开就易于阅读。这时，可以用换行是作为区分的符号。

在例 5.2.3 中，对于较长的语句进行换行处理，而且用 TAB 进行缩进，就能明白是一条的语句。这样，虽是两行，但可作为一条语句来处理。

例 5.2.3 语句的换行

```
(一行的例子)
if((bit_test(eth.NE.stat,0) == 1) && (eth.NE.typeH == COM_PROTO))
(两行的例子)
if((bit_test(eth.NE.stat,0) == 1)
        && (eth.NE.typeH == COM_PROTO))
```

2. 注释行用/*和*/记号围住，或在行的中途用//记号表示注释

注释可以写一行，也可以写多行，也可以在一行的中途书写。

在复数的行中进行注释时，开始符号/*标注，结束时用符号*/标注。这种情况下，中间的所有部分都被认为是注释，程序在被编译时就不会被处理。

注释在执行语句的后边或在行的中途开始时，在注释的最初位置要标记符号//。这样，到下一行为止的部分都将被认为是注释。在插入注释时，要注意将各行注释开始的位置对齐。例 5.2.4 为注释的记述例子，在函数的最初位置用复数行的注释记述函数的功能和参数条件等的说明，在各行中插入的注释，记述各行程序的功能。这样的记述，无论今后是自己阅读或是别人阅读，都会有很好的可读性，所以一定要注意注释的记述方法。

例 5.2.4 注释的例子

```
/***************************************
  LCD control Library
  functions are below
    lcd_init() ------- initialize
    lcd_cmd(cmd) ----- send command
    lcd_data(chr) ---- display character
    lcd_clear() ------ clear display
 ***************************************/

///// data output sub
void lcd_out(int code, int flag)
{
    output_x((code & 0xF0) | (input_x() & 0x0F));
    if (flag == 0)
        output_high(rs);                    //data case
    else
        output_low(rs);                     //command case
    delay_cycles(1);                        //NOP
    output_high(stb);                       //strobe out
    delay_cycles(2);                        //NOPx2
    output_low(stb);                        //reset strobe
}
```

3. 函数名、变量名要用英语或下划线(under bar)开始的英文记述

函数或变量名的最多字符数是32个字母，变量和函数用什么样的名字，是否可以简略，这些问题有时让人感到困惑。可以考虑在不至于使人产生误解的前提下，简略一些可以使输入效率提高。

4. 执行语句或声明语句用分号区分

实际执行的语句的最后一定要有分号“;”。

5. 关键字不可用于函数名和变量名

编译程序预约的函数名称和变量名，称为关键字。如果用于用户自己定义其他函数名和变量名与编译程序预约的函数名和变量名相同时，就会产生编译错误。

ANSI标准的C编译程序的关键字如下所列。如前所述，函数名或变量名使用这其中的关键字时，编译时就会产生文法错误。

```
auto/break/case/char/const/continue/
default/do/double/else/enum/extern/float/
for/goto/if/int/long/register/return/short/
signed/sizeof/static/struct/switch/typedef/
union/unsigned/void/volatile/while
```

5.2.2 编程风格

仅有上述的约束,还不能写出可读性好的程序。除此之外,还需要有可读性好的编程习惯。以下就讲解如何能够形成好的编程风格。

要写出可读性好的程序,首先要自己进行编程,同时要多看别人编写的程序。通常,自己是很难注意到自己编程不完善的地方,只有和别人比较后,才会发现别人的长处。然后以其作为范例,自己就可以写出较好的程序。

在下面所讲的编程技巧中,内容较为丰富,首先要先请阅读本书,在实际进行编程时,再一次回过头来重新阅读为好。

1. 一行一条语句,一般情况下要小写

因为C语言是一种自由格式,所以可以用复数行描述一条语句,也可以用一行记述复数条语句。但不要这样做,要一行仅描述一条语句。

C语言是区分大小写的,在编程时,一般情况下要使用小写。通常是在使用常数符号时才用大写。要绝对避免用大写和小写来记述同一样的名称,这会带来许多麻烦。

2. 缩进符号的使用

为了清楚地理解函数的范围或程序段的范围,要使用缩进的方法来标记段落。

缩进用TAB键输入,而缩进的宽度因人而异。但在多数情况下,缩进的宽度为2至8个字符。如例5.2.5和例5.2.6所示,为缩进位4个和8个字符的例子。在此推荐使用4个字符,这样既有好的可读性,又不至于造成不必要的版面浪费。

为此,可在MPLAB的编辑环境设定中将TAB的宽度设定为4,本小节的附录。

例5.2.5 缩进宽度(4个字符)

```
///// Main program /////
cmnd = getc();                      //get char
switch (cmnd)
{
    case 'I'
    {
        cmnd = getc();              //skip CR
```

```
        printf("2X¥r",PORTB);
        break;
    }
    case 'O':
    {
        gets(Buffer);
        PORTB = atoi(Buffer);        //get data
        break;
    }
    default:
    {
        printf("Error!!¥r¥n"); //Error Command
        break;
    }
}
```


例 5.2.6　缩进宽度(8 个字符)

```
///// Main Program /////
cmnd = getc();                      //get char
switch (cmnd)
{
        case 'I':
        {
                cmnd = getc();      //skip CR
                printf("%2X¥r",PORTB);
                break;
        }
        case 'O':
        {
                gets(Buffer);
                PORTB = atoi(Buffer);   //get data
                break;
        }
        default:
        {
                printf("Error!!¥r¥n"); //Error Command
                break;
        }
}
```

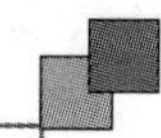

3. 有效地使用注释和空行

注释可以自由地插入程序段中，也可以复数行地插入程序段或插入到一行程序的后面。注释的加入，使得程序的可读性得到了提高。

另外，在函数与函数、程序段与程序段之间插入空行，会有利于理解程序的整个流程，可读性也会更好。

4. 有效地使用空格

适当地在语句中插入空格，可使程序整体清晰易懂，减少书写和阅读易产生的错误。

关于空格的插入方法，有以下的一些习惯。

(1) 在关键字 if、for、switch 等的后面接着有符号“(”时，则在“(”之前空一格，在“)”的后面有“{”时，则在其之间空一格。例如：

```
×  if(c == 0xFE) {..          if 后无空格
×  if (c == 0xFE){..          {前无空格
○  if (c == 0xFE) {..         推荐
```

(2) 在函数名的后边有“()”时，不使用空格。例如：

```
×  printf ("Error 100 ¥ n"); 多余的空格
○  printf("Error 100 ¥ n"); 关系明确
```

这样，关键字 if、for、--等和函数之间的书写方法就有了明确的区别。

(3) 符号“(”和紧接其之后的字符间不留空格，符号“)”和它之前的字符间也不留空格。例如：

```
×  if ( c == EOF ) {..        多余的空格
○  if(c == EOF) {..           清晰
```

(4) 在逗号“,”之后，原则上留置一个空格。例如：

```
×  printf("i = %d¥n",i);
○  printf("i = %d¥n", i);
```

一般在书写英文时也都是这样的习惯。

(5) 单目运算符与其一起作用的符号间不留空格。例如：

```
×  i ++
○  i++
```

单目运算符的优先顺序很高，有连接紧密之意，故连接起来书写为好。

(6) 双目运算符的两端原则上各留置一个空格。例如：

```
△  sum = a + b;          过于拥挤不便阅读
○  sum = a + b;          清晰
```

双目运算符比单目运算符优先顺序低，可以阅读方便为先。但在书写 for 语句的条件式时，有时由于过长，则不空一些空格。

(7) 数组中用的符号“[ ]”的前后不留空格。例如：

```
×  array [10 ]           多余的空格
○  array[10]             数组元素清晰
```

采用以上的记述风格，就可以形成可读性好的程序。

MPLAB 的缩进设置

记述源文件时，经常使用缩进，设定最合适的缩进字数或自动进行缩进时，都要使用 MPLAB 的设定环境。首先在 MPLAB 中，选择“options→Current Editor Modes”，就会出现如图 5.2.1 所示的对话框。

在该对话框中，首先选择“Auto Indenting”复选框，然后在“Tab Size”中输入 4，最后在 Language 中选择 C。按下 OK 键，则现在编辑中的编辑器中将自动缩进 4 个字符。

需要注意，如果不仅是在当前的编辑器中，而且欲将新打开的编辑器中想做同样的设置时，结果会变为系统缺省状态。为此，需要在 MPLAB 中的“options→Environment Setup”对话框中，单击“Default Editor Modes”。这样，会出现如图 5.2.2 所示的对话框。

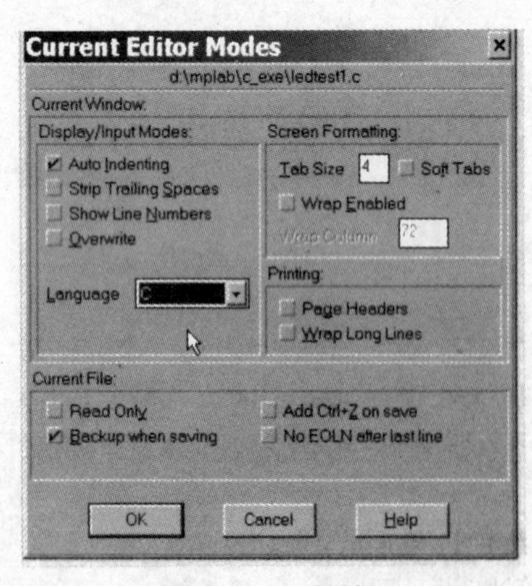

图 5.2.1 对话框

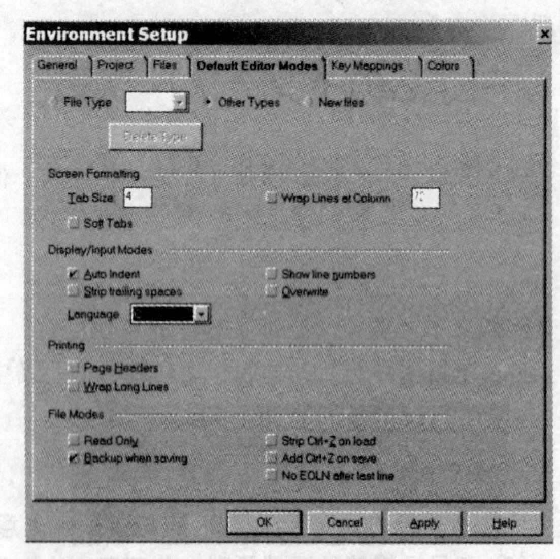

图 5.2.2 缺省编辑模式

在这其中的“Tab Size”中输入4,选择“Auto Indenting”后,在Language中选择C。

其次,在上面的对话框中单击Project,则出现如图5.2.3所示的对话框。在这其中的“Default Language Suite”栏中选择CSS,单击OK后,则不会出现前面的现象。

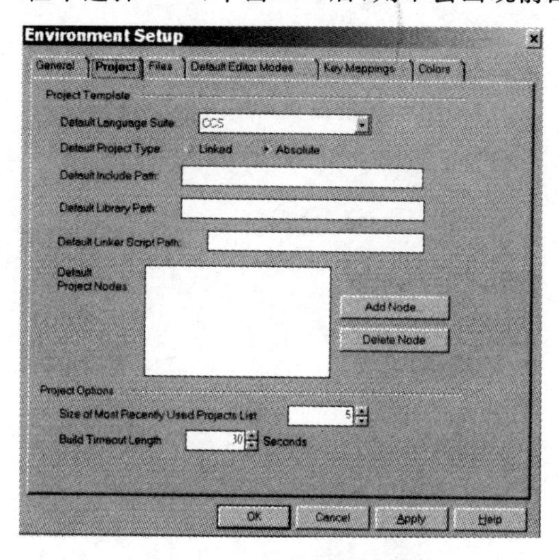

图5.2.3 工程的缺省设置

5.3 main函数

main函数是在程序设计时必有的函数,而且是唯一的。程序开始执行时首先自动地执行它。我们从经编译后形成的汇编语言中可以看到其是如何执行的。

例5.3.1为编译正常结束的最简单的程序。

例5.3.1 最简单的程序

```
#include <16f84a.h>
void main()
{
}
```

对其进行编译后,形成的汇编语言文件如例5.3.2所示。

例5.3.2 编译结果

```
CCS PCM C Compiler, Version 3.084, 13827
      Filename: D: ¥MPLAB¥C_EXE¥SAMPLE01¥SAMPLE1.LST
      ROM used: 8 (1%)
            Largest free fragment is 1016
```

```
    RAM used: 2 (3%) at main() level
              2 (3%) worst case
    Stack:    0 locations
 *
0000: MOVLW     00
0001: MOVWF     0A              //切换到 page0
0002: GOTO      004             //到 main 前面
0003: NOP
....................
.................... #include <16f84a.h>
.................... // Standard Header file for the PIC16F84A device
.................... #device PIC16F84A
.................... #list
....................
.................... void main()
.................... {
0004: CLRF      04
0005: MOVLW     1F
0006: ANDWF     03,F            //指定 page0
.................... }
....................
0007: SLEEP
```

从编译结果中可以看出，从0地址执行命令后，首先将页面切换到了0页，之后执行GOTO命令跳转到了main的首地址。在PIC单片机电源接入和复位时，一定会从0地址开始执行程序，这时必定执行转移命令到main的位置，然后从main函数开始执行。

此外，在main函数的最后部分，有一个SLEEP命令。如字义所示，在main一旦执行完毕后，紧接执行SLEEP命令，使PIC单片机处于休眠状态，即成为停止运行状态。因此，这种情况下的main函数仅执行一次。

如果不只执行一次，而是需要继续执行时，则在main函数中不要脱出程序，而是要在其中形成循环处理。循环的方法有多种，简单的方法，可如例5.3.3所示，使用while(1)语句。这样，就会在while语句中形成无限循环。(关于while语句请参照8.3的while语句和do while语句)。

例5.3.3　main内的循环

```
#include <16f84a.h>
#fuses HS, NOWDT, PUT, NOPROTECT

void main()
{
    while(1)
```

```
        {
        }
    }
```

编译结果如例 5.3.4 所示，main 的最后一行在 GOTO 的语句的作用下返回程序的开始部分,形成了反复执行程序的状态。

例 5.3.4 编译结果

```
CCS PCM C Compiler, Version 3.092, 13827
        Filename: D:¥MPLAB¥C_EXE¥MAIN02¥MAIN02.LST
        ROM used: 9(1%)
                  Largest free fragment is 1015
        RAM used: 2 (3%) at main() level
                  2 (3%) worst case
        Stack:    0 locations
 *
0000: MOVLW    00
0001: MOVWF    0A                  //切换到 page0
0002: GOTO     004                 //到 main 前
0003: NOP
.................... #include <16f84a.h>
.................... // Standard Header file for the PIC16F84A device
.................... #device PIC16F84A
.................... #list
....................
.................... #fuses HS, NOWDT, PUT, NOPROTECT
....................
.................... void main()
.................... {
0004: CLRF     04
0005: MOVLW    1F
0006: ANDWF    03,F                //指定页面 page0
....................    while(1)
....................    {
....................    }
0007: GOTO     007                 //转移到自身,无限循环
.................... }
....................
0008: SLEEP
```

如上所示,编译后就可将源程序变为汇编语言。这样,就可以在程序调试时,在汇编语言的层次上进行详细的调试。从这一意义上讲,有必要大致了解一下 PIC 单片机的汇编语言。

第6章
首先上手试一试

本章将使用C语言，开始PIC单片机的程序设计。前几章仅是最低阶段的描述，在这里，首先上手试一试为好。应用通用单元A、B，按照例题进行练习。

6.1 设备指定与配置

在前几章中，我们对C语言程序的基本结构进行了说明。根据该结构，在PIC单片机程序中，最基本的是设备指定、系统配置和main函数。

所谓设备指定就是指定PIC单片机的种类。据此，编译器才能够知道存储器的构成、输入/输出端口。配置是为了给PIC单片机决定其内部硬件的工作模式，在将程序写入PIC单片机时，所做的配置数据将一同被写入PIC单片机内部。因此，首先要指定好配置的条件。指定这些内容的记述方法，如例6.1.1所示，即通过2个预处理程序＃include和＃fuses就完成了设备的指定和配置。下面，将详细说明。（关于预处理，请参阅第7章。）

例6.1.1 设备指定和配置

```
///// sample01 //////
#include <16f84a.h>
#fuses HS, NOWDT, PUT, NOPROTECT
void main()
{
}
```

6.1.1　设备指定和＃include

为了进行设备指定，如前所述，可以使用＃include 预处理程序将与 PIC 的种类对应的标准头文件包含到程序中。

所谓包含，是指用＃include 预处理程序，将 PIC 的标准头文件（例如：16f84a,h）追加至源文件中。因此，标准头文件中所记述的内容由于自动被读入，用户可省略一些记述。

CCS 公司的编译器中，均备有各种 PIC 的标准头文件，例如，可以用如下所列的文件名调用。

PIC 名	头文件名
PIC16F84A	16f84a. h
PIC16F873	16f873. h
PIC16F877	16f877. h
PIC16C74A	16c74a. h

这些标准头文件在安装了 PCM 后的目录下的 D：\picc\devices 中，记述着如下的内容。（设备指定因各自的环境而可能会有所不同。）

- ＃include 指定（PIC 的类别指定）。
- ＃fuses 的参数符号说明（WDT、NOWDT 等）。
- 输入/输出端口的符号定义（PIN_AO 或 PIN_B2 等）。
- 内置模块的功能设定用符号定义（A/D 转换或定时器等）。

因此，这些内容用户无须每次都进行定义，只须包含相应的标准头文件即可。

在标准头文件中，不仅有定义，也有说明，用文本编辑器打开阅读一下为好。例 6.1.2 为一个标准头文件的实例。通过阅读该例即可了解＃fuses 用参数、各输入/输出端口符号、外围模块设置所需的参数等。

例 6.1.2　PIC16F84A 标准头文件的一部分

```
//////// Standard Header file for the PIC16F84A device ////////////////
#device PIC16F84A
#nolist
//////// Program memory: 1024×14 Data RAM: 68 Stack: 8
//////// I/O: 13 Analog pins: 0
//////// Data EEPROM: 64
//////// C Scratch area: 0C ID Location: 2000
//////// Fuses: LP, XT, HS, RC, NOWDT, WDT, NOPUT, PUT, PROTECT, NOPROTECT
////////////////////////////////////////////////////////////////// I/O
// Discrete I/O Functions: SET_TRIS_X(), OUTPUT_x(), INPUT_x(),
//                         PORT_B_PULLUPS(), INPUT(),
//                         OUTPUT_LOW(), OUTPUT_HIGH(),
//                         OUTPUT_FLOAT(), OUTPUT_BIT()
// Constants used to identify pins in the above are:
```

```
#define PIN_A0    40
#define PIN_A1    41
#define PIN_A2    42
#define PIN_A3    43
#define PIN_A4    44

#define PIN_B0    48
#define PIN_B1    49
#define PIN_B2    50
#define PIN_B3    51
#define PIN_B4    52
#define PIN_B5    53
#define PIN_B6    54
#define PIN_B7    55

/////////////////////////////////////////////////////////////////// Useful defines
#define FALSE 0
#define TRUE 1

#define BYTE int
#define BOOLEAN short int

#define getc getch
#define fgetc getch
#define getchar getch
#define putc putchar
#define fputc putchar
#define fgets gets
#define fputs puts

/////////////////////////////////////////////////////////////////// Control
// Control Functions: RESET_CPU(), SLEEP(), RESTART_CAUSE()
// Constants returned from RESTART_CAUSE() are:
#define WDT_FROM_SLEEP     0
#define WDT_TIMEOUT        8
#define MCLR_FROM_SLEEP    16
#define NORMAL_POWER_UP    24

/////////////////////////////////////////////////////////////////// Timer 0
```

```
// Timer 0 (AKA RTCC) Functions: SETUP_COUNTERS() or SETUP_TIMER0(),
//                               SET_TIMER0() or SET_RTCC(),
//                               GET_TIMER0() or GET_RTCC()
// Constants used for SETUP_TIMER0() are:
#define RTCC_INTERNAL      0
#define RTCC_EXT_L_TO_H    32
#define RTCC_EXT_H_TO_L    48
#define RTCC_DIV_1         8
#define RTCC_DIV_2         0
#define RTCC_DIV_4         1
#define RTCC_DIV_8         2
#define RTCC_DIV_16        3
#define RTCC_DIV_32        4
#define RTCC_DIV_64        5
#define RTCC_DIV_128       6
#define RTCC_DIV_256       7

#define RTCC_8_BIT         0
// Constants used for SETUP_COUNTERS() are the above
// constants for the 1st param and the following for
// the 2nd param:
////////////////////////////////////////////////////////////////// WDT
// Watch Dog Timer Functions: SETUP_WDT() or SETUP_CONTERS() (see above)
//                            RESTART_WDT()
//
#define WDT_18MS       8
#define WDT_36MS       9
#define WDT_72MS       10
#define WDT_144MS      11
#define WDT_288MS      12
#define WDT_576MS      13
#define WDT_1152MS     14
#define WDT_2304MS     15
////////////////////////////////////////////////////////////////// INT
// Interrupt Functions: ENABLE_INTERRUPTS(), DISABLE_INTERRUPTS(),
//                      EXT_INT_EDGE()
//
// Constants used in EXT_INT_EDGE() are:
```

```
#define L_TO_H              0x40
#define H_TO_L              0
// Constants used in ENABLE/DISABLE_INTERRUPTS() are:
#define GLOBAL              0x0B80
#define INT_RTCC            0x0B20
#define INT_RB              0x0B08
#define INT_EXT             0x0B10
#define INT_EEPROM          0x0B40
#define INT_TIMER0          0x0B20

#list
```

6.1.2 配置与#fuses

使用另外一个预处理程序#fuses,可进行PIC的配置位指定。

该配置位用于设定不同的PIC内的硬件,它不能用程序进行设定,而是在对PIC进行编程时写入。这种配置也可以用手动方式进行,但用#fuses预处理程序处理的话,MPLAB中的控制程序就可以自动地写入PIC中。这样,就不会忘记一些必要的手动操作,使用起来非常方便。

该#fuses预处理程序的参数因设备不同而有所不同。欲了解有什么样的参数时,可以用文本编辑器打开并阅读每个设备的标准头文件,在文件的开始部分有记述。将该记述与PIC的数据表进行比较,就可以理解。

表6.1.1为具有代表性的PIC的配置位的参数实例。

表6.1.1 具有代表性的PIC的配置位

(a) PIC16F84A的#fuses参数一览

参数名称		含 义
时钟振荡方式的指定	LP	200 kHz以下的外部振荡源
	XT	4 MHz以下的外部振荡源
	HS	4 MHz以上的外部振荡源
	RC	内部RC振荡方式
监视定时器	NOWDT	不使用监视定时器(一般情况下)
	WDT	使用监视定时器
功率开启定时器	NOPUT	不使用功率开启定时器
	PUT	使用功率开启定时器(一般情况下)
代码保护	PROTECT	保护代码
	NOPROTECT	不保护代码(一般情况下)

续表 6.1.1

(b) PIC16F84A 系列的 #fuses 参数一览		
参数名称		含　义
时钟振荡方式的指定	LP	200 kHz 以下的外部外部振荡源
	XT	4 MHz 以下的外部振荡源
	HS	4 MHz 以上的外部振荡源
	RC	内部 RC 振荡方式
监视定时器	NOWDT	不使用监视定时器(一般情况下)
	WDT	使用监视定时器
功率开启定时器	NOPUT	不使用功率开启定时器
	PUT	使用功率开启定时器(一般情况下)
代码保护	PROTECT	保护代码
	PROTECT_5%	仅保护 5%
	PROTECT_50%	仅保护 50%
	NOPROTECT	不保护代码(一般情况下)
持续低电压复位	NOBROWNOUT	不进行持续低电压复位
	BROWNOUT	进行持续低电压复位(一般情况下)
低电压程序	LVP	编译低电压程序
	NOLVP	不编译低电压程序(一般情况下)
程序存储器写入	CPD	允许程序存储器写入
	NOCPD	禁止程序存储器写入(一般情况下)
EEPROM 数据保护	WRT	保护 EEPROM 数据
	NOWRT	不保护 EEPROM 数据(一般情况下)

配置位

PIC 的配置位是决定 PIC 硬件工作方式的重要设定,不能以程序进行设定,须写入 PIC 中具有特殊地址的存储器中。因此,对 PIC 进行编程,同时进行指定并写入。

关于配置位的内容,每个 PIC 均不同,因此,必须进行必要的设定。下面,将对具有代表性的配置位予以说明。

1. PIC16F84A的配置位

图6.1.1表示14位的各个内容。在该PIC中，有多种时钟振荡方式，特别在是*RC*振荡（通过电阻与电容产生的振荡）的情况下，可以将OSC2端口作为通用的输入/输出端口。

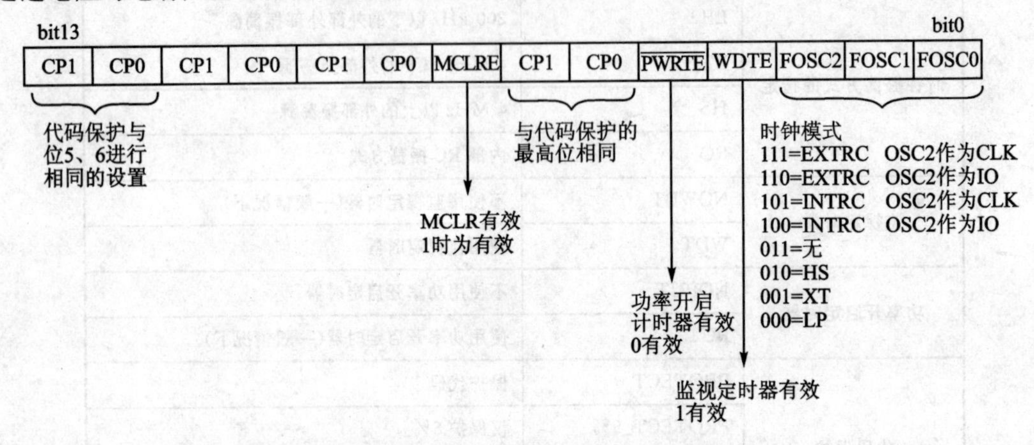

图6.1.1　PIC16F84A配置位的内容

代码保护是通过在程序上加载扰码器，以此致使无法读取代码。即使用PIC程序读取，也无法对代码进行解析。

监视定时器是监视程序异常的定时器。

因此，通常做如下的设置。

时钟模式	:HS
WDTE	:Disable (OFF)
PWRTE	:Enable(ON)
代码保护	:OFF
MCLRE	:Enable

2. PIC16F87X系列的配置位(见图6.1.2)

多功能的PIC16F87X系列，其配置也为多功能。特别是可以通过ICD进行调试，因此，在一般情况下，要将CEBUG位置于无效状态。另外，可通过低电压对程序存储器重写。但在一般情况下，也须使之为无效状态。

因此，在一般情况下设置如下。

时钟模式	:HS	WDTE	:Disable
PWRTE	:Enable	代码保护	:OFF
BODEN	:Enable	LVP	:Disable
CPD	:Disable	WRT	:Disable
DEBUG	:Disable		

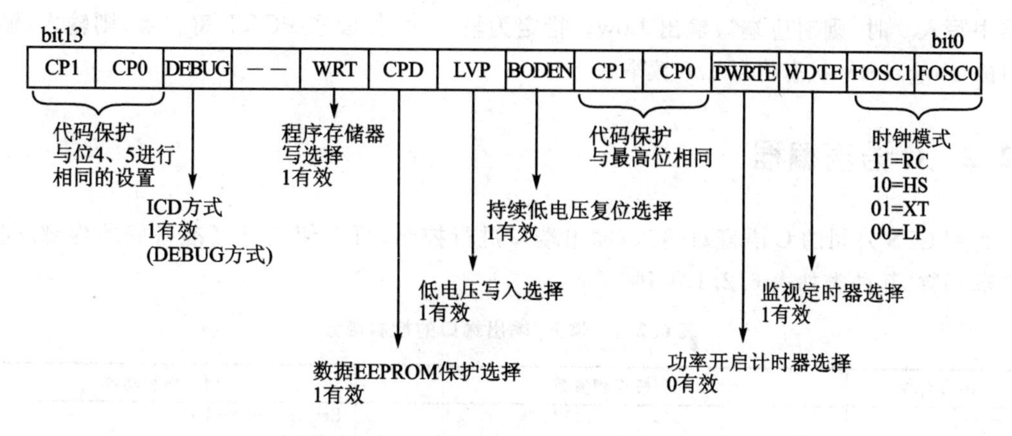

图 6.1.2　PIC16F87X 系列配置位的内容

6.2　输入/输出端口的控制

PIC 工作时，最基本的控制是对输入/输出端口的控制。在 PIC 中，IC 的引脚用于输入/输出端口，可直接驱动发光二极管的亮灭和控制开关的输入。

在此，将对这一最基本的输入/输出方法予以说明。

6.2.1　PIC 的输入/输出端口

在 PIC 中，有几组输入/输出端口。它以 8 位为一个单位，称之为端口寄存器，该寄存器的 1 位对应着一个输入/输出引脚。各端口均可配置为输入或输出端口。决定该输入/输出方式的也有一个寄存器，被称之为 TRIS 寄存器。此关系如图 6.2.1 所示。

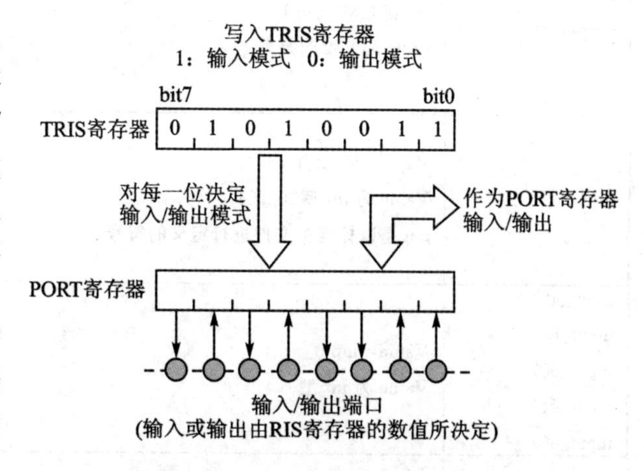

图 6.2.1　输入/输出端口与寄存器的关系

如图 6.2.1 所示，首先对 TRIS 寄存器设定输入/输出方式，以决定各端口是输入还是输出状态。在指定为输出的情况下，对 PORT 寄存器中写入 1 时，则对应端口输出 High；对 PORT 寄存器中写入 0 时，则对应端口输出 Low。指定为输入时，如读取 PORT 寄存器，则输入/输出端口的 High/Low 状态将以 1/0 读取。

6.2.2 C 语言编程

为用 CCS 公司的 C 语言对输入/输出端口进行控制，可以使用已经准备好的内部函数。该内部函数，其种类如表 6.2.1 所列。

表 6.2.1 输入/输出端口的控制函数

函数名称	格式和参数	使用实例和功能
set_tris_a() set_tris_b() set_tris_c() set_tris_d() set_tris_e()	Set_tris_x(value) Value 是 8 位整数	Set_tris_b(oxoF) 对 TRISx 寄存器设定 Value 数值。 各位对应各端口。 0:输出方式 1:输入方式
output_low()	Output_low(pin) pin 是以标准头文件进行定义的符号	Output_low(PIN_AO) 将指定输出端口作为 Low
output_high()	Output_high(pin) pin 是以标准头文件进行定义的符号	Output_high(PIN_BI) 将指定输出端口为 High 输出
output_float()	Output_float(pin) pin 是以标准头文件进行定义的符号	Output_float(PIN_AO) 将指定端口为输出方式
output_bit()	Output_bit(pin,value) pin 是以标准头文件进行定义的符号;value 为 0 或 1	Output_bit(PIN_AO,I) 将 0 或 1 输出至指定端口
output_a() output_b() output_c() output_d() output_e()	Output_x(value) value 为 8 位的整数	Output_b(oxFo) 将指定数据输出至指定通道(port) 可同时输出 8 位

input()	Value＝input(pin)
	Value 为 int 型,0 或 1。
	pin 是以标准头文件进行定义的符号
		If(input(PIN－AO)
		{
		输入指定端口
		如为 Low 则为 0(FALSE)
		如为 High,则返回 1(TRUE)

input_a() input_b() input_c() input_d() input_e()	Value＝input_x( ) Value 为 int 型	Data＋input_b( ) 从指定通道同时读入 8 位,以 int 返回
port_b_pullups()	port_b_pullups(value)	连接(TRUE)或不连接(FALSE) PORTB 的上拉电阻

该输入/输出函数的实际应用实例如例6.2.1所列。在该例中，使用通用单元A，将PORTA的开关状态输入，又以此作为控制发光二极管从PORT B的输出。由于是一个无限循环程序，所以如果操作开关，则发光二极管就会与其同步闪烁。

但是，在通用单元A中，开关只有2个，而发光二极管有4个。没有开关动作时将是什么状况呢？如果从PORT A读入数据，则第0位和第1位的状态被输入，但剩下的位由于打开而不稳定。在实际情况下，多被识别为Low。因此，PORT的第3位和第4位的发光二极管将被点亮。

例6.2.1　端口的输入/输出控制实例1

```
/////   inout1   /////
///// use unit A /////
#include <16f84a.h>
#fuses HS, NOWDT, PUT, NOPROTECT
///// 主函数
void main()
{
    while(1)                        //无限循环
    {
        output_b(input_a());        //将A口传输给B口
    }
}
```

另一种用别的方法实现同样的功能的程序如例6.2.2所示。在该例中，由于只输入了2个开关的状态，所以在4个发光二极管中，第3位和第4位发光二极管不会被点亮。

例6.2.2　端口的输入/输出控制实例2

```
/////   inout2   /////
///// use unit A /////
#include <16f84a.h>
#fuses HS, NOWDT, PUT, NOPROTECT
///// 主函数
void main()
{
    while(1)                        //无限循环
    {
        output_bit(PIN_B0, input(PIN_A0));
        output_bit(PIN_B1, input(PIN_A1));
    }
}
```

如上处理,就可以进行基本的输入/输出端口的控制。大家也许就可以理解"以非常简单的函数来进行记述"这一编程思路。

但是,这些输入/输出内部函数只执行向输入/输出端口的输入/输出。在一般情况下,无须设定输入/输出方式。这是因为编译器自动追加了设定输入/输出方式的命令。

也就是说,用CCS公司的C编译器使用输入/输出函数时,如果为缺省值,则自动追加输入/输出设定的汇编程序命令。

例6.2.2中的编译结果如例6.2.3所示。如该例中的注释所示,在各个位输入/输出前或输入/输出之后,都要切换存储页面,设定TRIS寄存器。

例 6.2.3　编译结果


```
0000:  MOVLW   00
0001:  MOVWF   0A              //指定为 page 0
0002:  GOTO    004
0003:  NOP
....................
.................... ////// inout2 /////
.................... ////// use unit A /////
.................... #include <16f84a.h>
.................... /// Standard Header file for the PIC16F84A device ///
.................... #device PIC16F84A
.................... #1ist
....................
.................... #fuses HS, NOWDT, PUT, NOPROTECT
....................
.................... void main()
.................... {
0004:  CLRF    04
0005:  MOVLW   1F
0006:  ANDWF   03,F            页面 0
....................            while(1)
....................            {
....................                output_bit(PIN_B0, input(PIN_A0));
0007:  BSF     03.5            ;切换到页面 1
0008:  BSF     05.0            ;设置 TRISA 的第 1 位为输入模式
0009:  BCF     03.5            ;切换回到页面 0
000A:  BTFSC   05.0            ;输入是否 0
000B:  GOTO    00E
000C:  BCF     06.0            ;PORTB 的第 1 位为输出
000D:  GOTO    00F
000E:  BSF     06.0            ;PORTB 第 1 位 1 输出
```

```
000F:  BSF     03.5          ;切换至页面 1
0010:  BCF     06.0          ;设置 TRISB 第 1 位为输出
....................            output_bit(PIN_B1, input(PIN_A1));
0011:  BSF     05.1          ;设置 TRISA 第 2 位为输入
0012:  BCF     03.5          ;切换至页面 0
0013:  BTFSC   05.1          ;PORTA 第 2 位是否为 0
0014:  GOTO    017
0015:  BCF     06.1          ;PORTB 第 2 位输出 0
0016:  GOTO    018
0017:  BSF     06.1          ;PORTB 第 2 位输出 1
0018:  BSF     03.5          ;切换至页面 1
0019:  BCF     06.1          ;设置 PORTB 第 2 位为输出
001A:  BCF     03.5          ;切换至页面 0
....................         }
001B:  GOTO    007           ;无限循环
....................}
....................
001C:  SLEEP
....................
```

PIC 输入/输出端口的电路结构

PIC 具有可以由程序方便地设定端口，使其具备输入或输出的功能。并且，由于这些输入/输出端口有寄存器控制，因此，每 8 个引脚称之为一个输入/输出通道。

这些输入/输出端口的其中 1 个端口的电路结构如图 6.2.2 所示。

在图 6.2.2 中，TRIS Latch 是决定输入/输出方式的 TRIS 寄存器。该 Latch 在 Q=1 时为输入方式，Q=0 时则为输出方式。

当为输入方式时，输出驱动的互补型(并协型)MOS 晶体管 P 和 N 均关闭，此时与端口呈高阻状态。在这种情况下，可通过 TTL 缓冲器读入 1/0pin 的数据。并且，通过“RD-PORT”的定时序信号可将输入的数据锁存在锁存器中，必要时可通过数据总线读入到 PIC 内。

当为输出方式时，数据总线(Data Bus)的 1、0 由“WR PORT”的时序锁存到“Data Latch”中。根据其输出情况，如果 Data 是 1，则晶体管 P 导通，V_{dd}电压输出至 1/0pin，向负载供给电流；如果 Data 是 0，则输出晶体管 N 打开，作为输出电压 V_{ss}被输出至 1/0pin，从负荷吸取电流。

下面，以具体实例进行说明。例如：在欲读入开关的 ON/OFF 状态时，按如图 6.2.3 所示进行连接。电路设定为输入方式，如①所示，通过 TTL 电路开关状态被读入。此时的情况是：在开关打开时，电压为 V_{dd}，是 High 电平，作为“1”输入；在开关闭合时，电压为 V_{ss}，是 Low

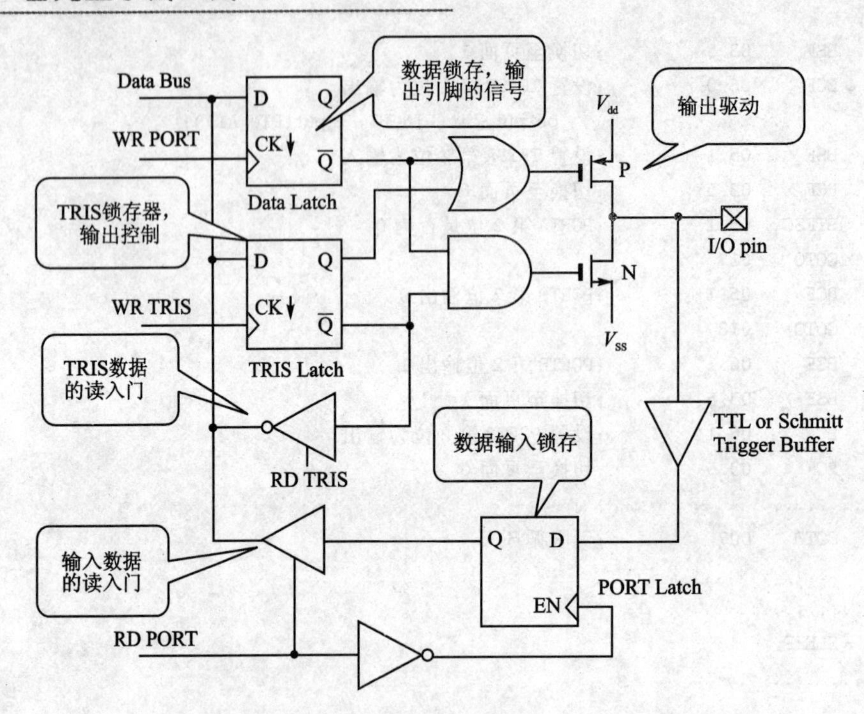

图 6.2.2　输入/输出端口的电路结构(Microchip Technology 公司用户手册)

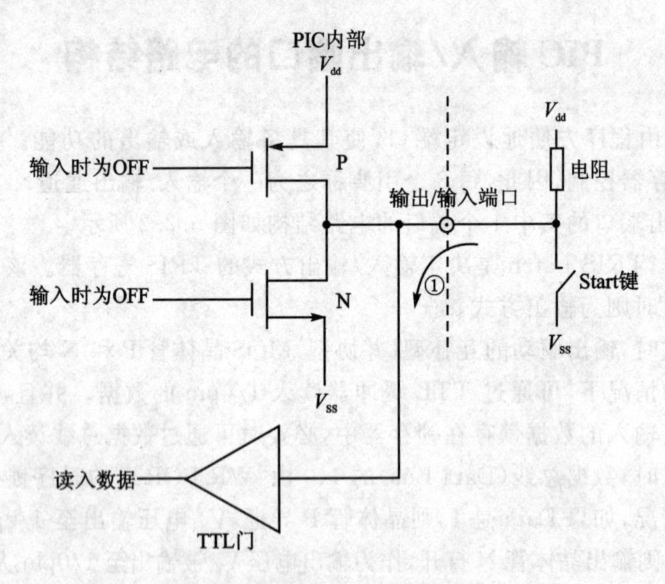

图 6.2.3　输入端口的输入动作

电平，作为“0”输入。

用 PIC 对发光二极管进行控制时，可按图 6.2.4 所示进行连接。输出数据的 1、0 变化时，流向发光二极管的电流的方向将为②和③。

当电流方向为②时，发光二极管的两端均为 V_{dd} 电平，因此不会有电流流动，故发光二极管处于熄灭状态；而当电流方向为③时，电流从 V_{dd} 流向 V_{ss}，发光二极管点亮。这就是说，通过 ON、OFF 控制，可以控制发光二极管亮灭。

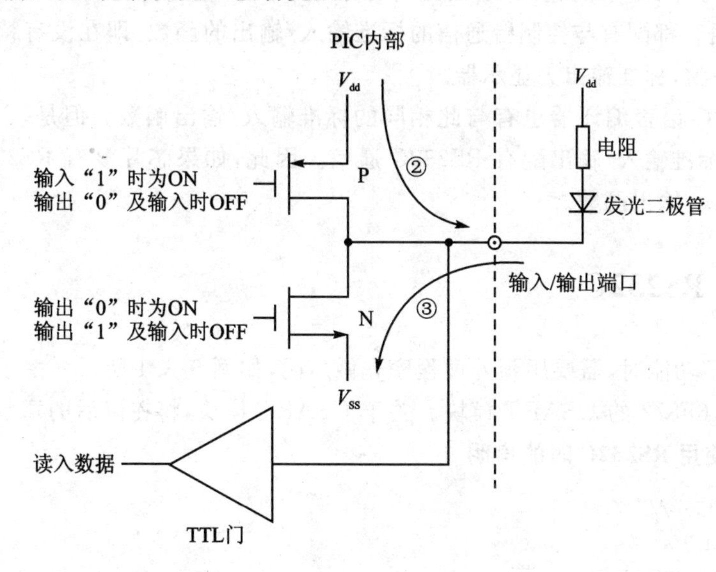

图 6.2.4　输入/输出端口的输出动作

用程序实际进行该控制时，如图 6.2.5 所示，可以通过向寄存器写入来实现，即如果用程序从 W 寄存器向相当于输入/输出通道的寄存器写入，则可以实现输出控制。

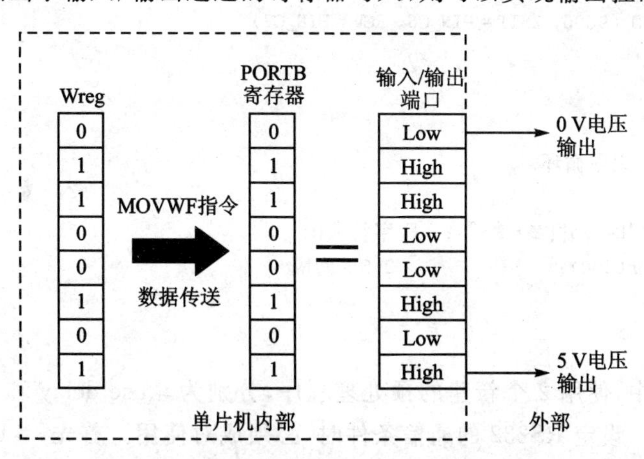

图 6.2.5　输入/输出和寄存器间的关系

6.3 标准输入/输出函数的使用方法

在C语言程序中,基本的输入/输出是对标准输入/输出设备的操作。作为标准的输入/输出,一般的C语言都配有与控制台通信的标准输入/输出的函数,即在没有特别指定的情况下,标准输入为键盘,标准输出为显示器。

CCS公司的C语言编译器也有与此相同的标准输入/输出函数。但是,PIC一般没有控制台,因此,作为标准输入/输出配有RS232C通信。因此,如果芯片没有RS232C通信口,则不能使用标准输入/输出函数。

6.3.1 掌握RS232C

使用RS232C功能时,需要用预处理程序先做声明,如例6.3.1所示。由于使用通用单元B,因此使用PIC16F872的USART模块。关于USART模块,将在以后的章节中详细说明。

例6.3.1 使用RS232C时的声明

```
/////  printf1  /////
///// use unit 3 /////
#include <16f873.h>
#fuses HS, NOWDT, ONPROTECT, PUT, BROWNOUT, NOLVP
///// RS232C使用声明
#use delay (CLOCK = 20000000)
#use rs232(BAUD = 9600, XMIT = PIN_C6, RCV = PIN_C7)
///// 主函数
void main()
{
    while(1) // 无限循环
    {
        printf("Hello!!¥r¥n");     字符输出
        delay_ms(500);             0.5 s间隔
    }
}
```

在该实际使用中,使用2个新建的预处理程序,分别为#use delay和#use rs232。其功能如表6.3.1所列。设定RS232的通信条件时,必须成对使用。首先,#use delay的作用是设定PIC内部定时器的时钟频率,再以此为基础计算延迟时间。

#use rs232预处理程序则为设定RS232C通信的处理程序。其设定通信速度或校验等通信条件、使用的通信端口等,使之可能进行通信。

表 6.3.1　串行通信用预处理程序

预处理程序格式	功能、其他
#use delay(CLOCK=speed) speed 为常数 1～100000000	对于编译器，给出时钟速度的标准。决定内部延迟函数、通信速度等的参数。 对 speed 设定时钟频率，可在 1 Hz 到 100 MHz 范围内进行指定，根据硬件进行指定。 必须放于 #use rs232 函数前。 通过该预处理程序，可利用以下函数。 delay_cycles(count)……count 循环的延迟 delay_ms(time)…………time(msec)的延迟 delay_Us(time)…………time(μsec)的延迟

#use rs232(BAUD=baud)
XMIT=pin,RCV=PIN…
	进行使用 USART 的声明和参数设定。参数有如下种类。用逗号(comma)数组并指定。
	BAUD=x:指定通信速度。
	(x 可在 200～152000 范围内指定)注
	XMIT=pin:指定发送端口(限定为 RC6)。
	RCV=pin:指定接收端口(限定为 RC7)。
	(如指定为 RC6、RC7 以外的端口，则不使用 USART)
	INVERT:反转信号的极性。
	PARITY=x:指定设备，X 为 N、E、C 其中之一。
	BITS=x:数据位长(x 为 5～9)。
	FLOAT_HIGH:在 High 侧固定 Float 状态。
	ERRORS:保存发生的错误。保存于 RS232_ERRORS。
	BGH1OK:忽视波特率设定错误。
	ENABLE=pin:将发送中的 pin 作为 High。
	上述设定的缺省设定为
	数据长=8 位
	STOP 位=1 位
	校验=无

注：如果在使用指定时钟的内部设定中，指定速度的设定无法保持在 3%以内的误差，则编译器出现错误。

因此，在表 6.3.1 的实例中，时钟设定为 20 MHz，通信条件设定为：

通信速度：9 600 bps；

发送端口：PORTC 的 RC6 端口；

接收端口：PORTC 的 RC7 端口；

其他通信条件为缺省值，如下所示：

数据：8 位；

校验：无；

停止位：1 位；

流程控制:无;

该例为标准输入输出函数,使用 printf 函数发送输出“Hello”。在＃use delay 中,可使用延迟函数,经 500 ms 延迟后,再次循环发送。“Hello”后面的\\表示复位换行的文字代码。因此,用 RS232C 连接的微机使用超级终端(Hyper Terminal)后,结果如例 6.3.2 所示。

例 6.3.2　执行结果

```
Hello!!
Hello!!
Hello!!
Hello!!
....
```

6.3.2　printf 函数

带格式的标准输出函数为 printf,指定有各种格式,是输出时非常方便的函数,基本格式如下:

Printf(string):输出单纯字符串。

printf(cstirng,value,value…):用 cstring 指定的格式输出 value 值。

Cstring 为字符串常数,单纯地以字符串输出。仅％这一字符须特殊使用,可以用“％wt”的格式指定变量输出格式。输出变量有多个时,根据％格式的顺序,变量的分布列按顺序输出。该“％wt”格式如表 6.3.2 所列。

表 6.3.2　printf 格式的指定％wt 详细内容

％wt 的项目	格式指定的详细内容
w 输出字符数指定	1～9 的 1 个字符…………………指定输出字符数 01～09 的 2 个字符………………指定无消零的字符数 1.1～9.9 的小数点……………浮点形式(整数部分位数,小数部分位数)
t 输出形式	C………字符 S………字符串或字符 u………无符号整数 x………十六进制(小写) X………十六进制(大写) d………带符号十进制 e………实数的指数形式 f………浮点的实数 LX……… long 型的十六进制(小写) LX……… long 型的十六进制(大写) lu……… long 型的无符号整数十进制 ld……… long 型的带符号整数十进制 ％………％字符

该 printf 有各种使用方法,如例 6.3.3 所示。

例 6.3.3 printf 的使用实例

```
/////  printf2  /////
///// use unit B /////
#include <16f873.h>
#fuses HS, NOWDT, NOPROTECT, PUT, BROWNOUT, NOLVP
///// RS232C 使用声明
#use delay(CLOCK = 20000000)
#use rs232(BAUD = 9600, XMIT = PIN_C6, RCV = PIN_C7)
///// 主函数
void main()
{
    int x  = 100;
    long y = 1000000;

    while(1)                        //无限循环
    {
        printf("Hello!!¥r¥n");
        printf("int x = %u %2X¥r¥n",x,x);
        printf("long y = %1u %4LX¥r¥n,y,y);
        x++;                        数据更新
        y++;
        delay_ms(500);              0.5 s 间隔
    }
}
```

在该例中,输出“Hello!!”后,int 型的整数 x 和 long 型的整数 y,以十进制和十六进制输出。并且,x 和 y 分别加 1 后,则进行循环。在连接的微机中,所显示的内容如例 6.3.4 所示。关于数据型,将在后章中详细进行说明。

例 6.3.4 输出结果

```
.......
Hello!!
int   x = 200  C8
long  y = 17060  42A4
Hello!!
int   x = 201  C9
long  y = 17061  42A5
Hello!!
int   x = 202  CA
```

```
long  y = 17062  42A6
Hello!!
int   x = 203  CB
long  y = 17063  42A7
Hello!!
int   x = 204  CC
long  y = 17064  42A8
Hello!!
int   x = 205  CD
long  y = 17065  42A9
Hello!!
int   x = 206  CE
long  y = 17066  42AA
.......
```


微机超级终端

使用C语言的标准输入/输出函数从PIC输出时，就会从PIC的串行口输出。将PIC与微机连接时，微机须安装有通信软件。为此，Windows中具有超级终端通信程序。

测试PIC时，使用该超级终端进行确认。超级终端的启动与设定方法按下述顺序进行。

(1) 启　动

启动Windows后，单击"程序→附件→通信→超级终端"进行首次启动。从第2次启动开始，须启动赋予了特定名称的终端。

(2) 设定连接

启动超级终端后，首先出现如图6.3.1所示的连接设定对话框。输入"terminal"等适当的名称，单击OK。

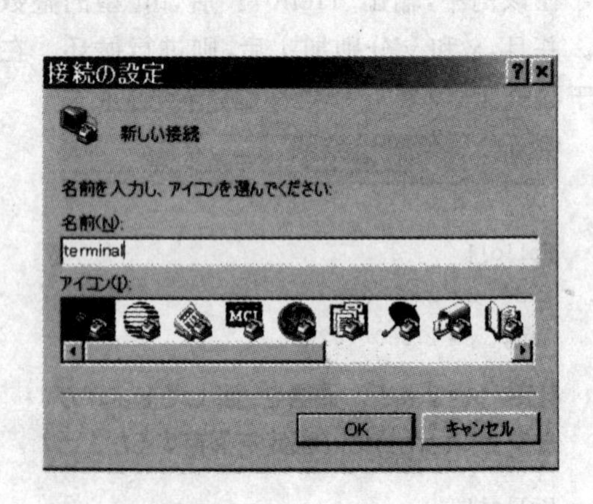

图6.3.1　连接设定

在接下来打开的图6.3.2中，指定COM端口(port)，一般选择COM2，由于不使用电话，单击OK即可。

然后，变为图6.3.3所示的对话框，在此设定通信条件，这里设定的通信条件应与#users232预处理器设定的内容吻合；如不一致，则无法正常通信。

单击OK，通信准备工作完成，开始通信。

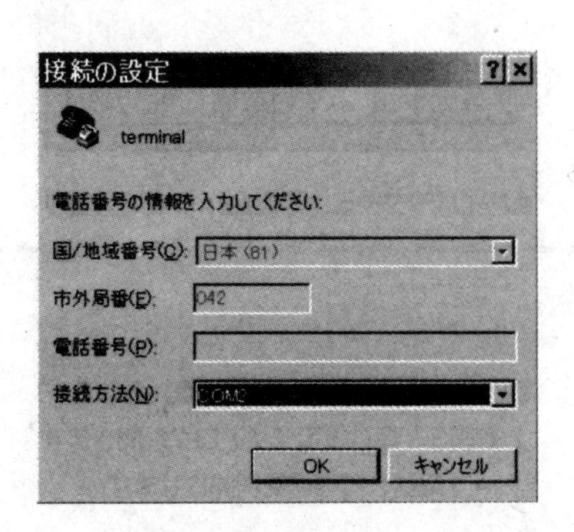

图 6.3.2 通信口 COM 设定

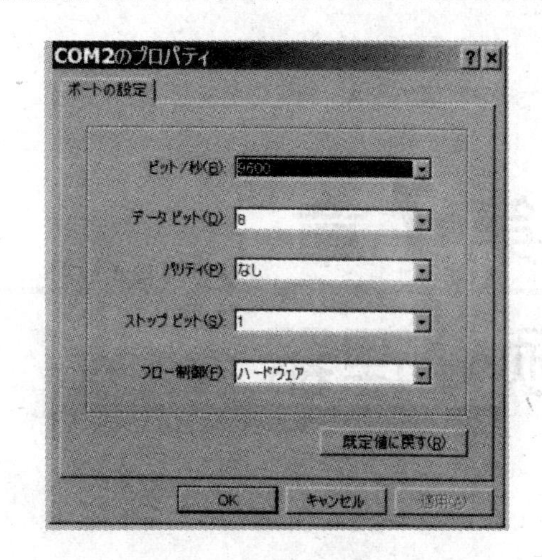

图 6.3.3 通信条件的设定

(3) 结　束

关闭超级终端时，会询问"是否关闭?"，单击"是"后，如图 6.3.4 所示，会询问"是否保存通话(session)tarminal 的设置?"，由于以后仍要使用相同的设置，因此单击"是"。

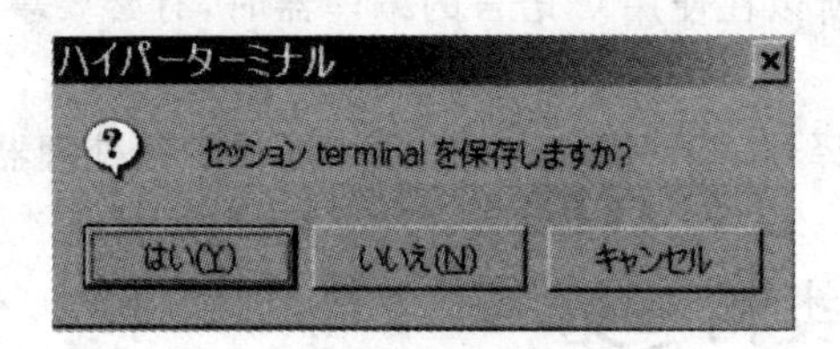

图 6.3.4 保存指定

从下一次启动开始，如启动超级终端的 tarminal，则按照与这次设置相同的内容启动。

(4) 设定内容的更改

在以后使用过程中更改设置内容时，单击"通信→关闭"，关闭通信，然后单击"文件→设备"，与图 6.3.3 相同，设置对话框打开。

设置完毕后，单击"通信→电话"，再次打开通信。

第7章 预处理器

在C语言中,包含称为预处理器的面对编译器的特殊指示命令。

预处理器控制编译器的格式和设备指定,是加工源文件的程序。与执行语句不同的是:其在前面的阶段进行处理,故称之为预处理器。

预处理器不是直接的C语言,在每个微机使用的编译器中,都包含有专用的功能,故每个编译器的特点都不一样。所以在使用C语言的编译器时,有必要事先清楚预处理器的功能和特点。

本章对PIC的专用编译器,即CCS公司的C编译器的预处理器进行说明。

7.1 预处理器分类和一览

预处理器不是执行语句,是对编译器进行控制指示的处理语句。每个编译器的内容都不一样,有必要大致了解其功能。特别是在CSS公司的C编译器中,PIC专用的内部函数很多,用于这些内部函数的预处理器非常多,一眼看起来非常复杂。但是这些预处理器使用起来非常方便,所以下面要对其进行大致说明。

对CSS公司编译器内部的预处理器进行分类整理如表7.1.1所列。可以发现预处理器以#符号开始,其不是执行语句,仅对编译器进行指示,语句末尾没有分号。

以下对经常使用的预处理器进行说明。但是关于(F)中用于内部函数的预处理器,将在内部函数的使用方法章节进行说明。没有说明的预处理器请参照CSS公司的帮助文件或参考手册。从CSS公司的网页可以任意下载最新版的帮助文件和参考手册。

表 7.1.1 预处理命令一览

(A) C标准预处理器	
书写方式	意　义
#DEFINE id text	将 id 定义为 text
#IF 条件式 #ELSE #ELIF #ENDIF	只有当条件为真的情况下，将其后直到#ELSE 的内容追加到源文件；为伪的情况下，将#ELSE 到#ENDIF 的内容追加到源文件。#ELSE 以后可省略
#ERROR	编译错误输出
#IFDEF id #ELSE #ELIF #ENDIF	如果事先定义 id，则追加在#ELSE 之前的内容到源文件；若未定义，则将源文件追加到#ELSE 与#ENDIF 之间
#INCLUDE "filename"	包含指定文件。先从根目录查找，没有的话从指定的目录查找
#INCLUDE <filename>	包含指定文件，从指定的目录查找
#LTST	指定编译展开的列表输出
#NOLIST	禁止编译展开的列表输出
#PRAGMA cmd	将 cmd 作为新的预处理器
#UNDEF id	令符号 id 为未定义
(B) 用于编译器控制的预处理器	
#CASE	区分大小写的指定
#OPT n	最合适的级别为 n。PCB、PCM、PCH 用级别 5 固定
#PRIORITY ints	指定中断的优先顺序
#ORG	指定程序存储器的起始地址
(C) 特殊常数定义	
DATE	指定日期 31-JAN-02
DEVICE	指定器件型号
FILE	表示编译中的文件名
LINE	表示编译中的行号
PCB	定义 PCB 编译器
PCM	定义 PCM 编译器
PCH	定义 PCH 编译器
TIME	时间表示 hh:mm:ss

续表 7.1.1

(D) 用于设备指定的预处理器	
#DEVICE chip option	PIC的设备指定和和选择指定
#ID number	ID字段中写入 number
#ID "filename"	ID字段中写入指定文件内容
#ID checksum	ID字段中写入校验数
#FUSES options	配置位的设置
#TYPE type=type	定义数据类型
(E) 修饰函数的预处理器	
#INLINE	紧接其后的函数被调用时必定在那里复制展开,但不共用
#INT_DEFAULT	紧接其后的函数在检出没有中断因素时作为执行函数
#INT_GLOBAL	紧接其后的函数作为调度中断函数和标准的内部函数相置换
#INT_xxx	紧接其后的函数作为 xxx 中断处理函数
#SEPARATE	指示紧接其后的函数分离配置
(F) 用于内部函数的预处理器	
#USE DELAY CLOCK	时钟频率的指定和说明 Delay 内部函数的使用
#USE FAST_IO	不追加 TRIS 寄存器的设置命令时指定实行输入/输出
#USE FIXED_TO	在每个输入/输出命令时指定 TRIS 寄存器设定作为指定固定值
#USE I^2C	I^2C 通信组件的使用说明
#USE RS232	RS232C 通信组件的使用说明
#USE STANDARD_IO	在每个输入/输出命令时指定追加 TRIS 寄存器设置命令
(G) 用于存储控制的预处理器	
#ASM #ENDASM	说明从#ASM到#ENDASM之间为汇编语言
#BIT id=address. bitno	对指定地址存储的指定位起个 id 的名称
#BIT id=var. bitno	对指定变量 var 的指定位起个 id 的名称
#BYTE id=address	对指定地址的数据起个名称
#BYTE id=var	指定变量 var 的名字为 id
#LOCATE id=address	在指定地址内定义变量 id,禁止编译器使用此地址
#RESERVE	禁止编译器使用指定范围的数据存储
#ROM	在指定地址内写入指定数据。EEPROM 也能够指定
#ZERO_RAM	程序执行前所有的寄存器清零

7.2　符号定义和文件包含

表述程序时，有时处理数据存储的地址等数值。原样处理数值时，不但不易阅读，还容易产生错误。给这些地址数据起个符号，用这些符号进行处理，不但容易明白意思内容，程序也一下子变得容易阅读。

7.2.1　符号定义的预处理器

符号定义的预处理器有以下几个：

```
#define   #bit   #byte
```

1. #define 预处理器

#define 预处理器的书写方式如例 7.2.1 所示，有两种表述方式。

一种是单纯地作为符号的对应于字符列的定义。

另外一种是作为参数的有变量的书写方式，符号的函数置换为字符列，变量也一同置换。利用这种形式，则单纯的单词转换为有含义的执行语句。这种使用方法称为宏功能。

例 7.2.1　#define 的书写方式和例子

书写方式

```
#define  符号 字符列
#define  符号(参数表) 字符列
```

例子

```
#define PORTB  5
#define ALL_OUT  0
#define ALL_IN  0xff
set_tris_b(ALL_OUT);          //PORT B 全部为输出模式
set_tris_a(ALL_IN);           //PORT A 全部为输入模式
宏定义
#define hi(x)  (x << 4)
a = hi(a);                    //等价于 a = (a << 4);
```

这样用符号代替定义常量时，通常使用大写字母。C 语言程序基本上用小写来表述。这样在表示常量的符号中，使用大写字母的为特别的符号。

2. ＃bit 预处理器

＃bit 预处理器具有对特定数据存储的指定位定义符号功能。书写方式如例 7.2.2 所示。

例 7.2.2　＃bit 的书写方式和例子

```
#bit id = x.y
    id 为定义符号
    x 为存储地址或定义结束后的变量符号
    y 在比特的位置上 0 到 7 的任意的常量
    x 和 y 的区别因为是周期，故请注意。
```

例子

```
#bit T0IF = 0xb.2
        ⋮
T0IF = 0;

int result;
#bit result_odd = result.0
        ⋮
if (result_odd)
        ⋮
```

3. ＃byte 预处理器

＃byte 预处理器具有对特定数据存储地址的数据定义符号的功能，书写方式如例 7.2.3 所示。

例 7.2.3　＃byte 的书写方式和例子

```
#byte id = x
    id 为定义符号
    x 为存储地址或定义结束后的变量符号
```

例子

```
#byte status = 3
#byte port_b = 6
```

7.2.2　文件包含

在编译前面使用＃include 预处理器，并从有＃include 的行开始，可以插入指定的文件。通常这样追加的文件，称为头文件，扩展名为[h]，书写方式如例 7.2.4 所示有两种，其区别是从哪个目录中寻找指定的文件。

例 7.2.4　#include 的格式

```
#include <filename.h>
```

从预先作为工程设定的目录中找，没有时输出错误信息

```
#include "filename.h"
```

首先从根目录中找，找不到时从工程设定的目录中找

为什么头文件非常必要呢？这是因为在编程时，制作大的程序时，变量定义和符号定义部分结构也变大，很多人同时项目开发时，任意进行定义，非常不方便。因此集中变量和符号的定义部分，制作成独立通用的文件。这就是头文件。而且，在使用特定的 LSI 情况下，给内部的寄存器和指定位等起个名称也容易理解，但是使用 LSI 时，每次都要进行定义，非常麻烦，也容易产生错误。因此将定义文件独立，仅加以包含就非常方便。

在前面章节已进行说明，在 CSS 公司的编译器中，事先准备有每个 PIC 的标准头文件。如表 7.2.1 所列，通过文件名称就可以进行调用。在标准的头文件中，有以下记述形式：

- #device 指定(PIC 类别指定语句)；
- #fuses 参数符号说明(WDT、NOWDT 等)；
- 输入/输出引脚的定义符号 (PIN－AO、PIN－B2 等)；
- 用于内置组件功能设定的定义符号(A/D 转换或定时器等)。

表 7.2.1　PIC 的标准头文件

PIC 名	标准头文件名
PIC16F84A	16f84a.h
PIC16F873	16f873.h
PIC16F877	16f877.h
PIC16C74A	16c74a.h

如上所述，同 LSI 的定义一样，用户没有必要每次个个都进行定义，仅通过包含标准头文件就可以完成任务。

7.3　条件编译

预处理器的重要功能中有一个为条件编译功能。简单地说，根据某种指定条件的成立或不成立，来决定源文件的内容是否发生改变，使编译后的源文件成为不同的文件的功能。

在为达到这样的目的，在预处理器中预备有 #if 和 #ifdef。下面分别对其使用方法进行说明。

7.3.1　#if 语句的用法

根据条件式的成立或不成立，#if 拥有将源文件的内容进行切换的功能。如表 7.3.1 所

列,有3种书写方式。

表7.3.1 ＃if语句的格式

方式1	方式2	方式3
＃if 条件 执行语句1; ＃endif	＃if 条件 执行语句2; ＃else 执行语句3; ＃endif	＃if 条件1 执行语句4; ＃elif 条件2 执行语句5; ＃elif 条件3 执行语句6; ⋮ ＃else 执行语句n; ＃endif

现以具体的例子进行说明。例如,有一条仅在程序调试的时候想要插入的执行语句,而实际执行时又不想用这些用于调试的执行语句,如例7.3.1所示。

例7.3.1 调试语句的插入

```
头文件内
#define DEBUG TRUE                    //在头文件中定义
执行模块内
#if DEBUG == TRUE
    printf("Value = %d¥n",data);  //输出data变量
#endif
```

这样的话,printf语句仅在DEBUG常量为TRUE的时候才作为源文件被插入。想去掉执行语句时,则在头文件的最初行做如下定义。

```
#define DEBUG FALSE
```

即使有很多printf语句到处插入,如上例所述,只要使用＃if语句,就可以一下子去掉所有的用于调试的执行语句。

根据条件语句想要切换源文件的内容时,如表7.3.1中的方式2所示,使用＃else语句,能够切换两种执行语句的程序段。在这种情况下,条件为真的时候,执行语句2被插入,为假的时候,执行语句3被插入。

而且还可以根据复合的条件,在切换一些执行语句程序段时,如表7.3.1中的方式3所示,使用＃elif(就是＃else if),使之成为复合的条件。在这种情况下,例如条件1成立时则执行语句4被插入,条件1是假时而条件2成立,则执行语句5被插入。

7.3.2 ＃ifdef 语句的使用

不以符号常量的值进行切换，仅以符号常量本身作为切换的条件也是可以的，这时使用＃ifdef 语句。

＃ifdef 语句的格式和＃if 语句一样，有如表 7.3.2 所列的种类。

表 7.3.2 ifdef 语句

方式 1	方式 2
＃ifdef 符号常量 执行语句 1； ＃endif	＃ifdef 符号常量 执行语句 2； ＃else 执行语句 3； ＃endif

如上述的用法，就能够和前面的例题一样表述同样的功能。在定义符号常量时使用＃define 语句。使用的例子如例 7.3.2 所示。在这种情况下，想去掉 DEBUG 语句时，仅去 除＃define 语句即可。

例 7.3.2 ifdef 用例

```
头文件内
#define DEBUG              //在头文件中定义
执行模块内
#ifdef DEBUG
    printf("Value = %d¥n",data);
#endif
```

作为＃ifdef 语句的派生，也可以使用下述的预处理器。

```
#if  defined(条件)
```

和＃ifdef 有完全一样的功能，仅仅是表述形式不一样。但是，因为在这种场合下能够代替符号常量表述条件，所以可以设定更加复杂的条件。

```
#ifndef   符号常量
```

这个和＃ifdef 的条件相反，其条件为符号常量没有被定义。其格式和＃ifdef 完全一样。

7.3.3 ＃error 语句的使用方法

对于编译器，＃error 语句是输出任意信息的指令。仅仅在编译进行状况的确认或条件判定等的正常性确认等场合使用。＃error 语句格式如下所示：

```
#error text      ; text 为任意信息
```

实际的使用例子如例 7.3.3 所示。

例 7.3.3 ＃error 语句的使用例子

```
源文件的任意位置
....
#if BUFFER_SIZE > 16
    #error Buffer size is too large
#endif
....
```

7.4 设备特有的控制用预处理器

预处理器中具有在使用的设备中表述设定条件的功能。

PIC 编译器也像其设备结构一样，具有一些癖好一样的东西；PIC 编译器也有一些预处理器具有将其覆盖的功能。在此就对具有设备特有的控制用预处理器进行说明。

7.4.1 页面和程序配置

PIC 将用于程序的存储器分割为每个为 2K 字大小的页面。通常在用汇编语言进行程序设计时，必须意识到页面的存在以进行程序配置，但在 C 语言时作为编译结果，程序的大小尚不能确定，事先决定程序的配置是比较困难的。

所以，PIC 用的编译器在编译器内部自动进行页面判断，对作为编译结果的程序进行自动配置。CSS 公司的 C 编译器也具有这项功能，没有必要意识页面的问题。

但是也有特别的想要指定存储器配置的情况。例如，有时需要在程序存储器中存放数据表，有时还需要将常数放在特定的页面，在这种情况下，可使用＃org。这时有称为＃org 能够指定程序存储器配置的预处理器。＃org 预处理器的书写方式如表 7.4.1 所列。

表 7.4.1 ＃org 的书写方式

书写方式	意义及内容
＃org start，end	以下的函数和数据的容纳从地址 start 开始，到地址 end 为止
＃org segment	在先前定义的＃org 的地址 start 以后进行配置
＃org start，end{}	指示编译器从地址 start 开始到地址 end 之间的存储器禁止使用
＃org start，end auto＝0	RAM 区域和 main 的数据相重合，从函数来的返回值不能返回时追加 auto＝0

使用＃org 就能够对指定函数在特定的存储器地址进行配置，具体的例子如例 7.4.1 所示。

例 7.4.1 #org 的使用例子

```
/////  org01  /////
/////  use unit B /////
#include <16f873.h>
#fuses HS, NOWDT, NOPROTECT, PUT, BROWNOUT, NOLVP
#use fast_io(B)
#org 0x05, 0x200 {}                     //定义存储区
#org 0xB00, 0xBFF                       //配置
void myfunc1()
{ output_low(PIN_B0); }
#org 0xB00                              //与前同在一个段内
void myfunc2()
{ output_low(PIN_B1); }
#org 0x300, 0x3FF                       //配置
void myfunc3()
{ output_low(PIN_B2); }
void main()                             //main 函数
{
    set_tris_b(0);
    myfunc1();
    myfunc2();
    myfunc3();
}
```

作为例题的编译结果如例 7.4.2 所示。首先配置指定的各函数按照指定的地址展开，其次为确保从 0x05 到 0x200 的存储空间，main 函数配置在 0x201 之后。这样就能够将存储器配置在指定的空间。从 0 地址也能够跳转(jump)到 main 函数。

例 7.4.2 例题的编译结果

```
CCS PCM C Compiler, Version 3.092, 13827

        Filename: D:¥MPLAB¥C_EXE¥ORG01¥ORG01.LST

        ROM used: 32 (1%)

                 Largest free fragment is 1024

        RAM used: 5 (3%) at main() level

                 5 (3%) worst case

        Stack:   1 locations
```

```
 *
0000:  MOVLW    00
0001:  MOVWF    0A
0002:  GOTO     201
0003:  NOP
.................... ///// org01 /////
.................... ///// use unit B /////
.................... #include <16f873.h>
.................... //////// Standard Header file for the PIC16F873
device ////////////////
.................... #device PIC16F873
.................... #list
....................
.................... #fuses HS, NOWDT, NOPOROTECT, PUT, BROWNOUT, NOLVP
.................... #use fast_io(B)
....................
.................... #org 0x05, 0x200 {}
....................
.................... #org 0xB00, 0xBFF
.................... void myfunc1()
.................... { output_low(PIN_B0); }
 *
0B00:  BCF      06.0
0B01:  BCF      0A.3
0B02:  GOTO     20E(RETURN)
....................
.................... #org 0xB00
.................... void myfunc2()
.................... { output_low(PIN_B1); }
0B03:  BCF      06.1
0B04:  BCF      0A.3
0B05:  GOTO     211(RETURN)
....................
.................... #org 0x300, 0x3FF
.................... void myfunc3()
.................... {outpdut_low(PIN_B2); }
 *
0300:  BCF      06.2
0301:  BCF      0A.3
```

```
0302: GOTO    213(RETURN)
....................
.................... void main()
.................... {
 *
0201: CLRF    04
0202: MOVLW   1F
0203: ANDWF   03,F
0204: MOVLW   0F
0205: BSF     03.5
0206: MOVWF   1F
0207: BCF     03.5
....................  set_tris_b(0);
0208: MOVLW   00
0209: BSF     03.5
020A: MOVWF   06
....................  myfunc1();
020B: BCF     03.5
020C: BSF     0A.3            //到页面 1
020D: GOTO    300
020E: BCF     0A.3            //返回页面 0
....................  myfunc2();
020F: BSF     0A.3            //到页面 1
0210: GOTO    303
0211: BCF     0A.3            //返回页面 0
....................  myfunc3();
0212: GOTO    300
.................... }
....................
0213: SLEEP
```

7.4.2　#inline 和 #separate

对于编译器，有对编译结果的展开方法进行事先指示的预处理器。

1. #inline 预处理器

#inline 预处理器对于紧接其下的函数，发现执行部分后，就会在其场所中直接展开，指示作为共用函数不必汇总。

这样使用的话，就不必子程序化，而是直接在其场所复制展开。由于此做法，就不用使用堆栈以达到节约堆栈的目的，又因为不用因子程序化而增加的多余的命令，而使执行速度也就能够加快。不过，额外消耗了程序存储器，实际的例子如例7.4.3所示。

例7.4.3 ＃inline的例子

```
inline
swapbyte (int &a, int &b)          //指定地址
{
    int t;                         这些指令每次都直接复制展开
    t = a;
    a = b;
    b = t;
}
```


2. ＃separate 预处理器

＃separate预处理器和＃inline预处理器相反，对于紧接其下的函数必须作为共用函数，指示编译器在适当的场所进行配置。所以调用该函数时作为子程序被调用(CALL)，虽然消费了栈式存储器，但是节约了整体程序存储器。

如果先前编译器不作任何指示，则函数尽可能以共用方式展开。也就是说，缺省的设定值为＃separate。但是栈式存储器被全部使用后，就不能在共用函数上展开，则自动在INLINE上展开。

特别是在超过8K字大小的程序时，有时进行INLINE展开，展开后的程序尺寸变大，因为超过2K字大小，有时页面的自动配置功能不能很好发挥，编译器则输出下面的错误信息：

```
Out of ROM, A segment or the program is too large
```

当出现错误时，本来是通过编译器输出Call Tree List进行判断，也可以以下面的方法进行解决。

(1) 在整体仅使用1次函数被INLINE展开后，在该函数的正前面追加＃separate预处理器行，明确指示进行SEPARATE展开。这样INLINE展开减少，减少了超过页面的概率。

(2) 以INLINE方式展开的比较大的函数的前面追加＃separate。通过这样的追加，明确指示进行SEPARATE展开。

想要知道哪个函数被INLINE展开，看Call Tree List就可知道。这个表(List)的文件名的扩展名为tre，在项目的目录中生成。

尝试上述的两种方法，就可以使程序正常。需要注意的是在函数的前面追加＃separate时，该函数的原形说明行的前面也有必要追加＃separate。如果不追加就会出现编译错误，输出下面的信息：

```
Function definition defferent from provious definition
```

7.4.3 页面和变量的配置

PIC的数据存储器具有特殊的结构，以128字节为模块分割为一个个的页面，而且其低位地址为特殊寄存器，不可通用。

用汇编语言进行表述时，是在考虑配置、页面的切换后才开始读/写的。在C语言的情况下，编译器自动进行配置和切换，不需要操心，只有一点，那就是因为存储器容量的限制，必须充分认识到使用的变量的数和数组的指针是有上限的。

第 8 章

程序结构和流程控制函数

在设计程序时，根据条件经常想要改变流程。在 C 语言中预备有一些控制流程的函数。由于使用方法的不同，程序可能容易阅读，也可能难于阅读。为使程序容易阅读，也为了以后容易改进，充分认识到程序结构的合理性是十分重要的。

为能够制作易于理解和改进的程序，可以考虑进行结构化程序设计。在本章就对结构化的程序设计方法进行说明。

8.1 3 种基本结构

在使用程序流程控制函数之前，为能够制作出流畅和易于理解的程序，有必要遵守以下 3 种基本结构。本节就对这 3 种基本结构进行说明。

这 3 种基本结构如图 8.1.1 所示，可分为直线型、分支型、循环型。也就是说仅由这 3 种类型就可以构成整个程序。

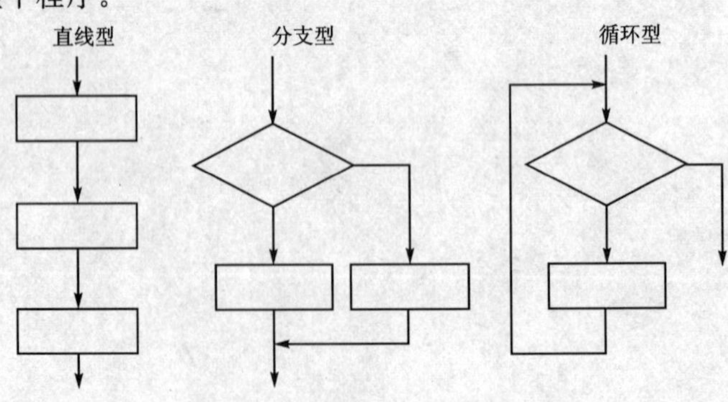

图 8.1.1 程序的 3 种基本结构

这样就可以得到仅有1个入口和1个出口流程的程序。程序的流程清晰，没有多余的流程，即使在测试确认时也方便。当然由于错误减少，能够写出品质优良的程序。

如果遇到程序分支问题可用goto语句，但由于goto语句无论在何处都能够转移(jump)，所以经常生成多个入口和多个出口的混乱程序。因此在3种基本程序结构中，为能够忠实地表述程序，在C语言中预备有流程控制函数。

CSS公司的编译器中预备的流程控制函数与一般的C语言相同，如表8.1.1所列。

表8.1.1　流程控制函数

函数名称	书写方式	功能和表述实例

while语句	While(式)
	{
	　执行语句
	}
		当式的条件为真时，则重复执行语句块中的语句
		while (get_rtcc()!=0)
		　putc('n');

do while语句	do
	{
	　执行语句
	} While(式)
		当式的条件为真时，则重复执行语句块中的语句，而且在条件判定之前必执行一次语句块中的内容
		do
		{
		　putc(c=getc());
		}while (c!=0);

for语句	For(式1;式2;式3)
	{
	　执行语句
	}
		仅按照指定次数循环执行
		for (i=1, i<=10; ++i)
		　printf("%u¥r¥n",i);

if语句	If(式)
	{执行语句;}
	else
	{执行语句;}
		根据式的真假进行分支并改变执行内容
		if (x==25)
		　x=1;
		slse
		　x=x+1;

switch语句	Switch(式)
	{
	　case 常量;执行语;
	　case 常量;执行语;
	　……
	　……
	　default;执行语
	}
		根据表达式的值形成多分支并改变执行内容
		switch (cmd)
		{
		　case 0: printf("cmd 0");
		　　break;
		　case d1: printf("cmd 1");
		　　break;
		　default: printf("bad cmd");
		　　break;
		}

续表 8.1.1

函数名称	书写方式	功能和表述实例
return 语句	return(data)；	作为函数的返回值返回数值
break 语句	Break；	从循环语句块中强制跳出
continue 语句	Continue；	在循环的中途强制跳转到现在循环的最后

下面，说明一下如何使用这些函数，并且仅用 3 种基本结构来实现编程。

大括弧的使用方法

使用流程控制函数，程序会变得复杂。在这种情况下，使用缩进也是重要的表述形式之一。

关于{}(大括弧)的位置表述问题，有几种方法。虽然 C 语言的表述规范中没有明确规定，但作为大括弧的常用使用方法有下述的 2 类。

1. 书写方式 1

大括弧在前的书写方式：

```
for(i = 0; i<10; i++)
{
    data = buffer[i] * 100;
    printf("data = %d¥n", data);
}
```

2. 书写方式 2

大括弧位于最初的语句之后的书写方式：

```
for(i = 0; i<10; i++){
    data = buffer[i] * 100;
    printf("data = %d¥n",i);
}
```

虽然如何才能容易理解，因人而异，但如书写方式 1 所示，从流程控制函数下面一行的大括弧开始一直到最先碰上的封闭大括弧，就可以明确判断其间的内容为处理的语句。

为什么能得到如此明确的判断？如下所述，通过文字缩进从括弧的位置开始，文字从右开始表述，起始和终点都很明确。

```
oooooooooooo
{
  oooooooooo
  ooooo
  ⋮
  ooooo
}
```

此外，还有如下所述的大括弧本身缩进的书写方式，但是概括的范围不明确，容易看漏语句，应予以避免。

```
for (i = 0; i<10; i++)
    {
      data = buffer[i] * 100;
      printf("data = %d¥n", i);
    }

for (i = 0; i<10; i++)
    {
    data = buffer[i] * 100;
    printf("data = %d¥n", i);
    }
```


8.2 if 语句的使用方法

在流程中需要产生分支时可使用 if 语句。指定分支产生的条件，就能够做出各种各样的流程。作为基本原则，应设计可返回原流程入口，且出口只有 1 个的程序，这样才能写出错误较少的程序。

8.2.1 if 语句的格式

根据条件的结果是真(0 以外)或假(0)而改变执行内容时使用 if 语句，表述格式如表 8.2.1 所列。当条件为真也就是成立时，执行 if 语句正下面的语句块。当条件为假也就是不成立时，执行 else 语句以下的语句块。

当条件不成立，什么也不执行也可以时，可以省略 else 语句以下的部分。

不管在什么情况下，执行语句只有 1 行时，可以使用省略{ }(大括弧)的省略型。

表 8.2.1　if 语句的书写格式

	基本书写方式(IF TNEN ELSE 型)	else 省略型(IF TNEN 型)

基本形	If(条件)
	{
	执行语句;
	执行语句;
	注:条件为真时执行
	}
	else
	{
	执行语句;
	执行语句;
	注:条件为假时执行
	}
		If(条件)
		{
		执行语句;
		执行语句;
		注:条件为真时执行
		}

省略型(执行语句只有 1 行时)	if(条件)
	执行语句;
	else
	执行语句;
		if(条件)
		执行语句;

由 if 语句实现的流程用流程图表示时,如图 8.2.1 所示,根据 else 语句的有无分为两种。

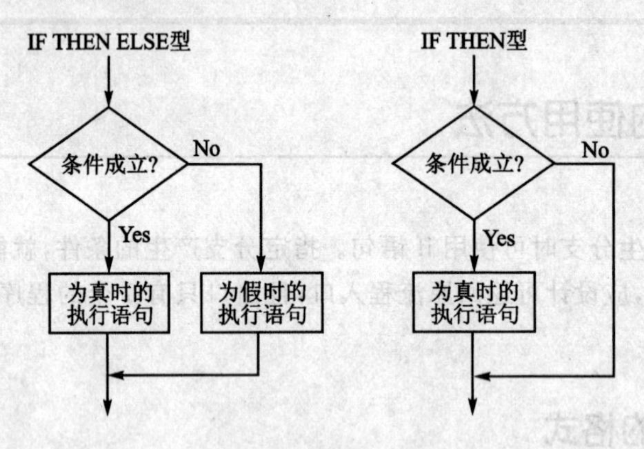

图 8.2.1　if 语句的流程

例 8.2.1 为实际 if 语句的例子,平常为 4 个二极管闪亮,按下开关后 4 个发光二极管熄灭。

例 8.2.1　if 语句的例子

```
/////   if01   /////
///// use unit A /////
```

```
#include <16f84a.h>
#fuses HS, NOWDT, PUT, NOPROTECT
///// 主函数
void main()
{
    while(1)                    //无限循环
    {
        if (input(PIN_A0))      //RA0 输入
            output_b(0);        //LED 亮
        else
            output_b(0xFF);     //LED 灭
    }
}
```


8.2.2　if 语句的嵌套

嵌套就是在 if 语句中又包含 if 语句,实现复数条件的 AND 和 OR 条件,以实现多分支。如例 8.2.2 所示,条件 A 和条件 B 形成 AND 条件,成为多分支形式。

嵌套的书写格式利用文字缩进使嵌套的部分显示明确,这样就不会产生额外的错误,程序变得易于理解。

例 8.2.2　由嵌套实现的多分支

```
if (条件 A)
{
    if (条件 B)
        执行语句 1;            //条件 A AND 条件 B
    else
        执行语句 2;            //条件 A AND (NOT 条件 B)
}
else
{
    if (条件 B)
        执行语句 3;            //(NOT 条件 A) AND 条件 B
    else
        执行语句 4;            //全部为假
}
```

上述例子的流程如图 8.2.2 所示,这样就能实现多分支。

这个 if 语句嵌套的实际例子如例 8.2.3 所示。2 个开关中任意一个按下时,仅对应的 1

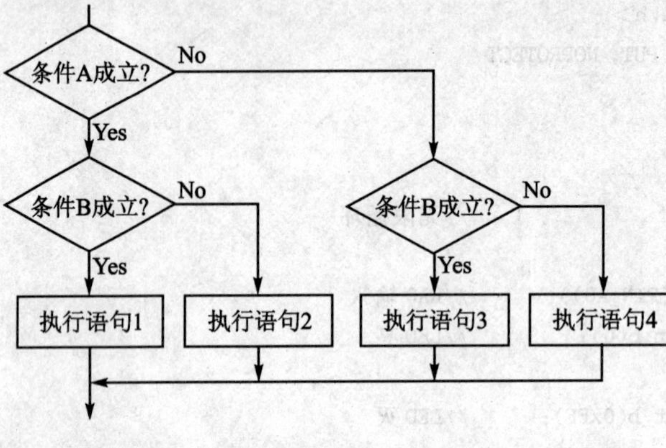

条件A成立?
No
Yes
条件B成立?
No
Yes
条件B成立?
No
Yes
执行语句1
执行语句2
执行语句3
执行语句4

图 8.2.2　if 语句的嵌套和多分支

个发光二极管亮。2 个开关同时按下时，4 个发光二极管同时亮。双方的开关都 OFF 时发光二极管熄灭。

例 8.2.3　if 语句的嵌套

```
/////   if02  /////
///// use unit A /////
#include <16f84a.h>
#fuses HS, NOWDT, PUT, NOPROTECT
///// 主函数
void main()
{
    while(1)                                //无限循环
    {
        if (input(PIN_A0))                  //SW0 关
        {
            if (input(PIN_A1))              //SW1 关
                output_b(0xFF);             //全灭 LED
            else
                output_bit(PIN_B1, 0);      //点亮 LED1
        }
        else                                //SW0 开的情况下
        {
            if (input(PIN_A1))              //SW1 关
                output_bit(PIN_B0, 0);      //点亮 LED0
            else
                output_b(0);                //点亮全部 LED
        }
    }
}
```

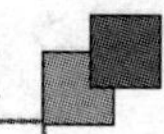

8.2.3　条件的表述方法

if 语句等必要条件使用运算符号进行表述。条件的结果值在假的情况为 0，真的情况下为非 0。所有的条件都遵守相同的规则。

if 语句和 while 语句等条件中经常使用的运算符号中有比较运算符号。表 8.2.2 所列的为具有代表性的比较运算符号种类，可以看出其使用方法和意义。

表 8.2.2　比较运算符号

运算符号	意　义	举　例
<	a 比 b 小	a<b
>	a 比 b 大	a>b
<=	a 比 b 小或相等	a<=b
>=	a 比 b 大或相等	a>=b
==	a 与 b 相等	a==b
!=	a 与 b 不相等	a!=b

在键盘上，没有数学上使用的≤和≥符号，如表中所示用＜和＞符号和＝符号的组合起来表示，不等号≠也没有，用!＝来表示。

在这其中需要特别注意的是在表示相等的运算符号为＝＝，而不是＝符号。当误用为＝符号时，也不会产生编译错误，而且会成为条件一致的结果，这是很难发现的错误。

比较运算符号的使用例子如例 8.2.4 所示。在该函数中参数 n 值为 0～9 时，LED - SEG 在 PORT B 输出；不是这样时，在 PORT B 输出 0。

例 8.2.4　比较运算符号的使用例子

```
void display_segs(int n)
{
    if ((n>9) || (n<0))
        output_b(0);                //not decimal then no display
    else
        output_b(LED_SEG[n]);       /drive segment
}
```

8.2.4　复合条件的表述方法

在单纯的条件以外，也可以使用指定复数条件的 AND 条件或 OR 条件的复合条件，在这种场合使用的逻辑运算符号如表 8.2.3 所列。

需要注意的是逻辑运算符号 && 和||与算术运算符号 & 和|意义不同，而且 && 之间请不要插入空白，否则会出现编译错误。

多个组合也可以组成 2 个以上的组合，但要注意 1 行不要过长。

表 8.2.3 逻辑运算符号

运算符号	意 义	举 例
&&	逻辑 AND,满足所有的条件	((a<b)&&(a>c))则 c<a<b
||	逻辑(OR),满足其中一个条件	((a<b)||(a>c))则 a<b 或 a>c
!	否定(NOT),条件否定	! (a<b) 则 a<b 不成立

其他运算符号在第 9 章中予以说明,请参考第 9 章。

在条件中利用逻辑运算符号的例子如例 8.2.5 所示,功能和例 8.2.3 完全一样,但是由于在条件中利用 AND 等运算符号,所以用的行数会更少,整个流程也易于理解。只是每个 if 行作为每次的命令生成条件的部分,所以程序尺寸会变大。

例 8.2.5 条件运算符号的使用例子

```
/////  if03  /////
///// use unit A /////
#include <16f84a.h>
#fuses HS, NOWDT, PUT, NOPROTECT
///// 主函数
void main()
{
    while(1)
    {
        if ((!input(PIN_A0)) && (!input(PIN_A1)))
            output_b(0);
        if ((input(PIN_A0)) && (input(PIN_A1)))
            output_b(0xFF);
        if ((!input(PIN_A0)) && (input(PIN_A1)))
            output_bit(PIN_B0, 0);
        if ((input(PIN_A0)) && (!input(PIN_A1)))
            output_bit(PIN_B1, 0);
    }
}
```

8.3 while 语句和 do while 语句

在处理数据时经常使用进行反复处理的程序,可以利用 while 语句或 do while 语句就可以实现反复执行同一个程序的目的。

指定的条件只要成立就反复执行，当条件不成立时，就终止反复执行，往下执行其他语句。

while 语句和 do while 语句的不同在于循环语句是否必须执行一次或不需执行。

如图 8.3.1 所示，通过流程图可以看出其差别。

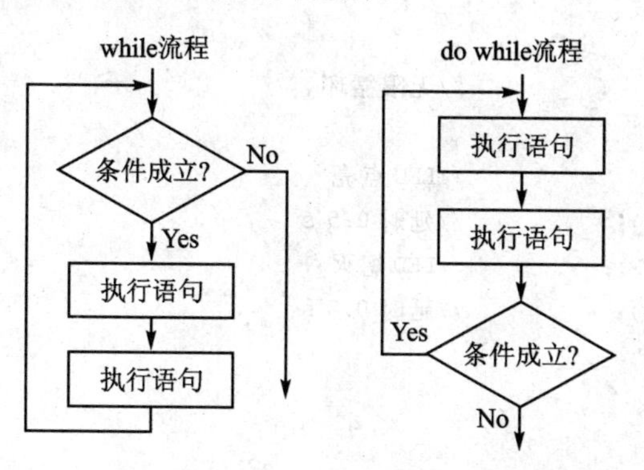

图 8.3.1　while 语句和 do while 语句的流程差别

从流程图中可以看出，while 语句首先判断条件，条件成立则执行语句，根据情况有可能一次也不执行。与此相对，do while 语句在执行语句后进行条件的判断，条件成立后反复执行语句，语句必定被执行一次。

8.3.1　while 语句

while 语句的基本书写格式如例 8.3.1 所示。当条件为真时反复执行语句。

例 8.3.1　while 语句的书写格式

```
while(条件)
{
    执行语句;
                    这其间的语句反复执行
    执行语句;
}
```

当条件为假时值为 0，条件为真时值为 0 以外的数值。如例 8.3.2 所示，使用 while(1)语句，则执行语句中的内容永远反复执行。在该程序中，以 0.5 s 的间隔发光二极管永远反复亮灭。

例 8.3.2　无限循环

```
/////  while1  /////
///// use unit A /////
```

```
#include <16f84a.h>
#fuses HS, NOWDT, PUT, NOPROTECT
#use delay(CLOCK = 20000000)
//// 主函数
void main()
{
    while(1)                    //无限循环
    {
        output_b(0);            //LED 点亮
        delay_ms(500);          //延时 0.5 s
        output_b(0xFF);         //LED 熄灭
        delay_ms(500);          //延时 0.5 s
    }
}
```


8.3.2 do while 语句

do while 语句的书写格式如例 8.3.3 所示，首先执行语句，其后判断条件，当条件为真时，执行循环语句。

例 8.3.3 do while 语句的书写格式

```
do
{
    执行语句;┐
      ⋮     │在此间循环
    执行语句;┘
} while(条件);
```

在表述格式中，最后表述 while 语句和条件，请注意在条件括弧的后面必须有分号；，不可忘记。

通过以上叙述，用户就能够理解如何使用 while 语句进行循环。在实际的程序设计中，因为即使 while 语句和 do while 语句在相同条件下也一样能够进行表述，所以在很多情况下，不太使用 do while 语句，仅使用 while 语句进行表述。

例 8.3.4 为应用 do while 语句的实际例子，在该例中，4 个发光二极管以从 0 开始到 F 的顺序以 0.5 s 的间隔，计数完了点灯。到 F 以后又返回 0 进行循环。

while 语句的结束是通过变量 counter 的 0 进行判断，当 counter 大于 1 时从 Ox10 开始，先取 1 控制输出判定是否为 0。这样从 F 开始到 0 依次控制输出。

这个程序的关键点在于发光二极管在 Low 时点亮，作为程序的计数器(counter)，必须从

F 开始进行减法计数。

例 8.3.4　do while 语句的例子

```
/////   dowhile1   /////
///// use unit A /////
#include <16f84a.h>
#fuses HS, NOWDT, PUT, NOPROTECT
#use delay(CLOCK = 20000000)                    //设定时钟
///// 主函数
void main()
{
    int position;
    while(1)                                    //无限循环
    {
        position = 0x10;                        //初始化
        do                                      //循环
        {
            position = position - 1;            //减法运算
            output_b(position);                 //向 B 口输出
            delay_ms(500);                      //延时 0.5 s
        } while(position>0);                    //结束?
    }
}
```

8.4　for 语句的使用方法

for 语句和 while 语句一样，是为实现循环的流程控制函数，但它是在循环次数确定的情况下使用。

for 语句的格式如例 8.4.1 所示。其特点是条件的表述方法。

例 8.4.1　for 语句的格式

```
for(式 1;条件 2;式 3)
{
    执行语句;      条件 2 为真时,循环执行
    执行语句;
}
    式 1:在进入循环前执行
    条件 2:实际的循环条件,当为真时循环执行
```

式 3：每次改循后，在执行语句的后面被执行

如上所示，在 for 语句的条件括弧内表述了 3 个式子。首先式 1 为在 for 语句块执行前仅执行一次的式子，通常为设定条件的初始值。

条件 2 是决定实际循环的条件，结果为真时大括弧内的执行部分循环执行。

式 3 为循环执行的语句在每次执行时的状况变量，是最后执行的表达式，通常为条件的参数等的更新。请注意在式 3 的后面不加分号。for 语句用流程图表示时如图 8.4.1 所示。式 1 和式 2 的位置为关键点。

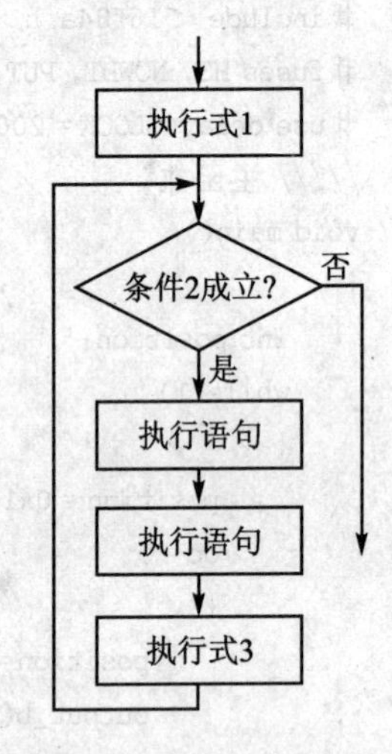

图 8.4.1　for 语句的流程

for 语句中 3 个式子中任何一个不必要时都可以省略，但是分号不能省略。所以在条件的括弧内必定有 2 个分号。如例 8.4.2 所示，因为没有 for 语句的条件，就不能判断终了，和 while(1)语句同样成为无限循环。

例 8.4.2　无限循环

```
for (;;)                //无限循环
{
    执行语句            //反复
}
```

以实际的例子来观察一下 for 语句。例 8.4.3 中 4 个发光二极管进行计数显示。从 0 开始到 F 为至计数输出，实际的发光二极管在 0 时点灯，表现的是减法计数。for(;;)时会无限循环。

例 8.4.3　for 语句的例 1

```
/////   for01   /////
///// use unit A /////
#include <16f84a.h>
#fuses HS, NOWDT, PUT, NOPROTECT
#use delay(CLOCK = 20000000)                              //设定时钟
///// 主函数
void main()
{
    int i;
    for(;;)                                               //无限循环
    {
        for (i = 0; i<0x10; i++)                          //从 0 到 F 反复循环
        {
            output_b(i);                                  //控制发光管
```

```
            delay_ms(500);                            //延时 0.5 s
        }
    }
}
```

for 语句的另外一个例子如例 8.4.4 所示。在这里 ASCⅡ编码从 0x20 到 0x7F 的数据，也就是从文字的空格开始到 DEL 为止以标准输出函数输出。此时每一个字符之间加入空格，而且每 8 个字符就进行换行。使用 for 语句进行范围指定和 8 个字符的指定。

例 8.4.4　for 语句的例 2

```
/////  for02 /////
///// use unit B /////
#include <16f873.h>
#fuses HS, NOWDT, NOPROTECT, PUT, BROWNOUT, NOLVP
///// RS232C 使用 RS232 声明
#use delay(CLOCK = 2000000)
#use rs232(BAUD = 9600, XMIT = PIN_C6, RCV = PIN_C7)
///// 主函数
void main()
{
    int i, j;
    for (i = 0x20; i<0x7F; i = i + 8)             //从 0x20 到 0x7F 反复循环
    {
        for (j = 0; j<8; j++)                     //每 8 个字符的循环
            printf(" %C", i + j);                 //字符输出
        printf("¥r¥n");                           //每 8 个字符的换行
    }
}
```

执行结果在超级终端(hyper terminal)上的表示，如例 8.4.5 所示。

例 8.4.5　执行结果

```
 ! " # $ % &´
( ) * + , - . /
0 1 2 3 4 5 6 7
8 9 : ; < = > ?
@ A B C D E F G
H I J K L M N O
P Q R S T U V W
X Y Z [ ¥ ] ^ -
` a b c d e f g
```

```
h i j k l m n o
p q r s t u v w
x y z { | } ~
```

8.5 switch 语句的使用方法

switch 语句用于根据条件语句的多分支的场合。switch 语句的格式如例 8.5.1 所示。

例 8.5.1　switch 语句的格式

```
switch (式)
{
    case 常数 1: 执行语句 01;  ┐式子为常数 1 时执行
                 执行语句 02;  ┘
                 break;
    case 常数 2: 执行语句 11;  ┐式子为常数 2 时执行
                 执行语句 12;  ┘
                 break;
                     ⋮
    case 常数 3: 执行语句 31;  ┐式子为常数 3 时执行
                 执行语句 32;  ┘
                 break;
    default:     执行语句 n1;  ┐式子为其他时执行
                 执行语句 n2;  ┘
}
```

switch 语句的内容用大括弧{}围住,使之范围明确。

在式子中,只能使用整数或表示文字的变量。因为不是条件,比较运算符号等不能使用,可以使用代入式。

用流程图表示 switch 语句的格式如图 8.5.1 所示,从图中可以看出其多分支性。

case 语句的格式如例 8.5.1 所示,为"case 常量表达式:执行语句",常量表达式的后面有冒号:,以区分段落。

在这其后的执行语句,即使为复数的执行语句也没有关系。在执行语句的后面,为 break 语句。有了 break 语句,在这之后的 case 语句就不会被处理,而从 switch 语句中跳出。

当执行语句是复数时的表述方法如例 8.5.2 所示,推荐 case 语句以下也用大括弧围住,使 case 语句范围明确。

当 case 语句的最后,应有 default 语句。在 default 语句的后面由于没有 case 语句,所以

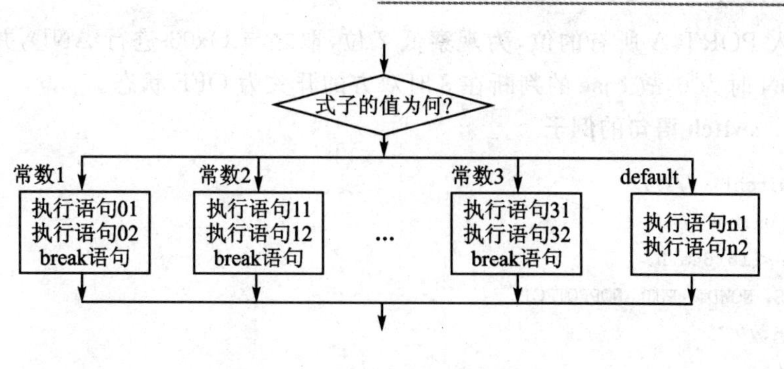

图 8.5.1　switch 语句的流程图

break 语句可以省略。

例 8.5.2　用大括弧围住

```
switch (式)
{
    case 常数 1:
    {
        执行语句 01;┐
        执行语句 02;│式子为常数 1 时执行
        break;      ┘
    }
          ⋮
    case 常数 3:
    {
        执行语句 31;┐
        执行语句 32;│式子为常数 3 时执行
        break;      ┘
    }
    defult:
    {
        执行语句 n1;┐式子为其他时执行
        执行语句 n2;┘
    }
}
```

以下观察一下 switch 语句的使用实例。

例 8.5.3 为使用 switch 语句的简单例子，实现和 if 语句同样的功能。也就是说，仅按下 SW0 开关时，发光二极管 LED0 亮，仅按下 SW1 时，LED1 亮。按下双方的开关时，从 LED0 到 LED3 的 4 个 LED 同时为 ON 状态。哪个开关也没有按下时，所有的 LED 都熄灭。开关的状况为：输入PORT A所有的位，为观察低2位，取之与Ox03进行AND，并将高位屏蔽。开关状态在ON时为0，故case的判断在3时双方的开关为OFF状态。

例8.5.3　switch语句的例子

```
/////  switch1  /////
///// use unit A /////
#include <16f84a.h>
#fuses HS, NOWDT, PUT, NOPROTECT
///// 主函数
void main()
{
    while(1)                              //无限循环
    {
        switch (input_a() & 0x03)         //口A输入
        {
            case 3:                       //RA0,RA1输入
                output_b(0xFF);           //全灭
                break;
            case 2:                       //RA0开
                output_bit(PIN_B0, 0);    //LED0亮
                break;
            case 1:                       //RA1开
                output_bit(PIN_B1, 0);    //LED1亮
                break;
            case 0:                       //RA0,RA1开
                output_b(0);              //全亮
                break;
            default:                      //无操作
                break;
        }
    }
}
```

在例8.5.4中，串行通信输入1个字符，返回反应后，如果文字编码为数字的话，和其相同的数字表示于2位数的段式LED的上位数。没有数字时，段式LED熄灭。通过case语句判断各数字，和数字相对应的分段数据在PORT B输出。这时的段式LED仅为1位表示，故为静态驱动。也就是说，位驱动PORT C的PIN-C5在High处控制，并持续下去。在这个例子中，虽然case语句是由1行复数文字表述，但阅读起来很方便，也易于理解。

例 8.5.4 switch 的例子

```
/////  switch2  /////
///// use unit B /////
#include <16f873.h>
#fuses HS, NOWDT, NOPROTECT, PUT, BROWNOUT, NOLVP
///// 使用 RS232C 声明
#use delay(CLOCK = 20000000)
#use rs232(BAUD = 9600, XMIT = PIN_C6, RCV = PIN_C7)
///// 主函数
void main()
{
    char cmd;
    output_high(PIN_C5);                                  //第 1 位连续亮
    while(1)                                              //无限循环
    {
        cmd = getc();                                     //等待输入命令
        putc(cmd);                                        //错误输出
        switch (cmd)                                      //分析指令与分支
        {
            case '0': output_b(0x7E); break;
            case '1': output_b(0x0C); break;
            case '2': output_b(0xB6); break;
            case '3': output_b(0x9E); break;
            case '4': output_b(0xCC); break;
            case '5': output_b(0xDA); break;
            case '6': output_b(0xFA); break;
            case '7': output_b(0x0E); break;
            case '8': output_b(0xFE); break;
            case '9': output_b(0xCE); break;
            default: output_b(0);     break;              //数字以外熄灭
        }
    }
}
```

8.6 break 语句和 continue 语句

在循环语句中使用的有 break 和 continue 语句。虽然其拥有便利的功能，但是由于使用方法的不同，有时程序流程变得难于理解，故使用时请予以注意。

下面，就对其功能分别进行说明。

8.6.1 break 语句

break 语句在 switch 语句、for 语句、while 语句、do while 语句的循环处理程序段内使用，执行 break 语句后，在这之前的语句就可以不管，从循环处理程序段跳出，转为执行下一个程序段。

也就是说，break 语句的有无对执行流程有很大改变。特别是没有 break 语句时，在这之前的所有执行语句每次都要执行，执行速度变慢。

但是也有反向利用的方法。例如 case 语句的使用方法中 2 个以上的常量进行相同的处理时，如例 8.6.1 所示，省略 case 语句的 break 语句，则下一个 case 语句也能够执行，这样 2 个以上常量就可以在一个处理中表述。

也就是说在例 8.6.1 中通过连接的超级终端，从键盘上按下从 0 到 9 的数字，在 0、1、2 的情况下没有 case 执行语句，故执行 3 的 case 语句，在发光二极管上表示为 3，则 3 时表示为 3，4 时表示为 4，5 和 6 的场合表示为 6。从 7 到 9 的场合全都没有 break 语句，故从这以后到 default 所有语句，CSS 的编译器将之作为执行语句连续执行。结果都表示为 9，最后执行 default 语句，0.5 s 后熄灭。7 和 8 的表示由于仅为一瞬间，所以眼睛看不见。

例 8.6.1 case 语句的省略

```
/////  break1  /////
///// use unit B /////
#include <16f873.h>
#fuses HS, NOWDT, NOPROTECT, PUT, BROWNOUT, NOLVP
///// 使用 RS232C 声明
#use delay (CLOCK = 20000000)
#use rs232(BAUD = 9600, XMIT = PIN_C6, RCV = PIN_C7)
void main()
{
    char cmd;
    output_high(PIN_C5);              //上位开
    while(1)
    {
        cmd = getc()                  //数字输入
        putc(cmd);                    //发送错误信息
        switch (cmd)                  //数字显示
        {
```

```
            case '0':
            case '1':
            case '2':
            case '3': output_b(0x9E); break;
            case '4': output_b(0xCC); break;
            case '5':
            case '6': output_b(0xFA); break;
            case '7': output_b(0x0E);
            case '8': output_b(0xFE);
            case '9': output_b(0xCE);
            default: delay_ms(500); output_b(0);
        }
    }
}
```


8.6.2 continue 语句

与 break 相似的使用方法有 continue 语句。功能虽然相似，但 continue 语句是在嵌套循环中使用，且执行 continue 语句后，continue 语句只是转到某个循环体的首部，不会像 break 那样强制跳出它所在的语句。也就是说，continue 语句主要用于结束并跳出复数个的嵌套内侧循环的情况中。

在实际中与 break 语句不同，continue 语句似乎一般不太使用。

在例 8.6.2 中表示的是 continue 语句和 break 语句在使用方法上的具体差异。例 8.6.2 的执行结果如例 8.6.3 所示。通过连接的计算机超级终端键盘输入，串行通信输出的文字是数字时，数值在 sum 处进行加法运算，以 sum＝方式表示结果。在数字以外时，continue 语句跳转到 while 的首部，不输出合计表示。

但是文字是 c 时，将 sum 的合计值清零，从 if 语句中跳出，执行 printf 语句，表示为 sum＝0。而且在文字是 e 时，因为 break 语句的作用，从 while 处理中跳出，最后执行 printf 语句，输出 End 后立即进入 Sleep 状态。

最后的 End 输出，在 USART 的缓冲中还留有 nd 文字时，因为 PIC 首先进入 Sleep 状态，所以仅显示为 E 状态。

例 8.6.2 break 语句和 continue 语句的差异

```
/////  continue  /////
///// use unit B /////
#include <16f873.h>
#fuses HS, NOWDT, NOPROTECT, PUT, BROWNOUT, NOLVP
```

```
///// 使用 RS232C 声明
#use delay(CLOCK = 2000000)
#use res232(BAUD = 9600, XMIT = PIN_C6, RCV = PIN_C7)
///// 主函数
void main()
{
    char data;
    int sum;
    sum = 0;                                    //合计值的初始化
    while(1)                                    //无限循环
    {
        printf("¥r¥n");                         //换行
        data = getc();                          //字符输入
        putc(data);                             //错误输出
        if ((data<'0') || (data>'9'))
        {
            if (data == 'e')                    //如果是 e 就结束
                break;                          //强制从 while 中挑出
                else
            {
                if (data == 'c')                //如果是字符 c 则清零合计值
                    sum = 0;
                else
                    continue;                   //至 while 的开头
            }
        }
        else                                    //数字的情况下
            sum = sum + (data - '0');           //加法运算
        printf(" sum = %u", sum);               //结果显示
    }
    printf("End");                              //结束信息
}
```

例 8.6.3 执行结果

```
1  sum = 1
2  sum = 3
3  sum = 6
4  sum = 10
c  sum = 0
```

```
t
y
4  sum = 4
5  sum = 9
6  sum = 15
7  sum = 22
c  sum = 0
4  sum = 4
5  sum = 9
4  sum = 13
eE
```


结构化程序设计

1960 年末荷兰的 E. W. 达依斯涛提倡的程序设计方法，有下面的 2 种基本方法。

1. 限制使用 GOTO 语句

尽可能限制使用 GOTO 语句，以免使流程中断。

2. 分阶层结构设计，模块化

将程序全体分成各种功能模块，随后各种功能模块分成更加小的功能模块，这样形成分阶层结构，以至最后的功能模块为 C 语言的函数。

在通常的程序设计中，基本和必要的执行语句按顺序一个个执行，根据条件的不同有时跳转到首部，或符合某个条件时，返回原处循环执行。

在 C 语言以前的语言中，在这种情况下，当符合某个条件跳转到所定的场所时，使用称为 if-goto 的命令。但是如果有较多 if-goto 时，程序流程难于理解和控制，在开发大型程序时，特别是在修改时很麻烦。流程也显得很混乱，以至形容为又细又长意大利面条式的程序设计。

在 C 语言中为避免出现这样的混乱状况，预备有以下 3 个语句。

(1) if-then-else 语句

根据事先设定的条件，进行不同的处理。

(2) while 和 do-while 语句

符合某个条件时，进行相同的重复处理。

(3) for 语句

仅根据一定的次数进行重复处理。

利用以上语句，程序变成一个个语句块，分成符合条件执行的语句块和不符合条件时执行的语句块，或者重复执行的语句块，极其清楚明了。

使用这样的语句写成的程序，称为结构化程序设计，人们非常容易理解。在 C 语言以外，在开发 PASCAL 语言时，也采用了这个概念。目前，曾不是结构化的 FORTRAN、COBOL、BASIC 等语言中也采用了这个概念，基本上所有流程式的语言都采用了结构化设计。

流程图和 PAD 图

在进行程序设计时，用图来表现程序的流程可以使人们容易理解。在本书中也经常使用这种流程图。

在表述程序的整体流程时，这种易于表述的流程图经常被使用。但是这种流程图也有一定的局限，当表现流程的细微部分时，就会发现这种流程图的局限。这是因为流程图从开始必须沿一定的顺序前进，分支方向会有所限制。

为了弥补这个缺点，采用了 PAD(Problem Analysys Diagram)图表述方法。用 PAD 图，复杂的流程也能够正确地表现出来。但是必须记住一些规则，故没有上面的流程图普及。

图 8.7.1 所示的是 PAD 流程结构 3 要素。

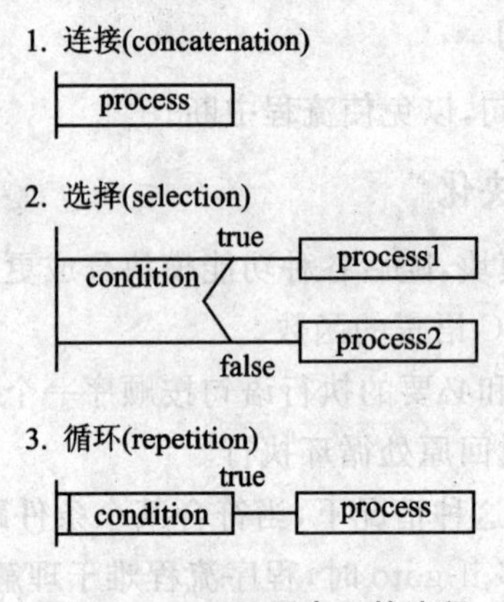

图 8.7.1 PAD 图表示的流程

第 9 章

数据类型和运算符

在 C 语言中处理的数据根据其种类预备有各种数据类型。在标准 C 语言中处理的数值是由很多字节数构成,能够包含很大的数值。但是在 PIC 单片机 C 语言编译器中基本上所有数据大小都有所限制。在此就对 CCS 公司的 PIC 单片机 C 语言编译器中提供的数据类型和使用方法进行说明。

9.1 数据类型的种类和格式

C 语言中处理的数据分为常量和变量两种类型。

常量:程序执行前就被确定的数值,程序执行后也不会改变的数值。

变量:用符号标志来区别信息处理的一个存储单元。该单元内的值随着程序的执行发生各种改变。

9.1.1 数值常量的格式

CSS 公司的 C 编译器中能够用来表述数值常量的格式,如表 9.1.1 所列。

表 9.1.1 数值常量的格式

书写方式	内容意义	举 例
789	十进制数	123 255 134.5 0.5 18.0 实数情况下小数点以下也可以
0256	八进制数	0117 03777

续表 9.1.1

书写方式	内容意义	举　例
0xa2f	十六进制数	Ox12fd　OxAF 大写小写都可以，通常情况下为小写
0b0010	二进制数	0b11100100 0b01 可以为任意位数，但不超过数据类型中位数最多的
176.54E12	指数型	12.35e3 35E-6 E大写小写都可以

9.1.2　变量和数据类型

在C语言中处理的变量有各种各样的形式和大小，将其总括规定为数据类型。在标准的C语言中，数据类型有以下的分类。

(1) 整数型(有符号和没有符号的)：char、short、int、long 等。

(2) 实数型(有符号)：float、double 等。

与此相对照，在 CSS 公司的 C 语言编译器中预备的数据类型如表 9.1.2 所列。比标准 C 处理的位数少，也省略了如 double 等类型位数较多的数据。

这是因为在如 PIC 这样的单片机上，首先不会处理这样大小的数值。实际上因为基本不会处理这样大小的数值，所以一般也不会产生问题。

还有一种称为 void 的空值类型，用来确定函数无值返回。

表 9.1.2　数据类型一览表

种　类	数据类型	内　容
整　型	int1	1 位数值
	short	
	int8	8 位整数值，有 signed/unsigned(符号/无符号)两种
	int	
	int16	16 位整数值有 signed/unsigned(符号/无符号)两种
	long	
	int32	32 位整数值有 signed/unsigned(符号/无符号)两种
字符型	char	8 位字符数据和整数型
实　型	float	32 位浮动小数点数，有符号
	double	不支持
无类型	void	无类型

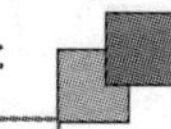

对于上面数据类型，还分别有各种修饰语句，如表9.1.3所列的种类。

表9.1.3 数据的修饰语

修饰语句	内 容
unsigned	确定为没有符号的数值，省略后也和指定的具有相同的意义
signed	确定为具有符号的数值，float(浮点量)经常为signed(有符号量)
const	确定为禁止更换内容的常量，成为图表(table)化处理
typedef	定义为新的类型

对各种数据类型，可使之成为带有signed的符号类型或带有unsigned的无符号类型。CSS公司的编译器也使用这些类型。什么也不带有的情况下为无符号类型。但是实数(float)经常带有符号。

有符号的情况下，最高位为符号位，处理数值的绝对值为unsigned的无符号类型的1/2。

例如int型处理数值的范围如表9.14所列，可以看出各种类型和取值范围。

表9.1.4 类型和取值范围

类 型	有无符号	取值范围
int1,short	没有或为unsigned	仅0、1为取得值
	signed	
int8,int	没有或为unsigned	0～255
	signed	－128～＋127
int16,long	没有或为unsigned	0～65535
	signed	－32768～32767
int32	没有或为unsigned	0～4294967295
	signed	－2147483648～2147483647
float	恒为signed	绝对值为1.0的－38次方～1.0的＋38次方
char	没有或为unsigned	作为数值处理时为0～255
	signed	作为数值处理时为－128～127

附加const后，作为不会改变的常量处理，在程序中作为常数定义。例如："const int i=5;"的情况下，如果写为i=10，则编译时就会产生错误。而且在常量的排列中附加const后，编译器会自动将其处理成列表。关于排列在以后的章节中进行说明。

使用typedef型能够重新定义类型。但是使用类型的本身仅为表9.1.4中定义的范围。

例子：

```
typedef int byte;              //将 byte 型作为 int 型定义
typedef short bit;             //将 bit 型作为 short 型定义
          ↓
byte a;                        //int a;
bit b;                         //short b;
```

9.1.3　变量的声明格式

在C语言中使用变量时，使用变量之前必须对符号(变量名称)和类型进行声明。声明的书写方式如下所述，将类型和变量名称并排声明。

数据类型　变量名称[,变量名称，变量名称，…];

(变量名最多为 32 个字符)

如上所示，在有几个相同类型的变量时，用逗号来区别一个个变量名称。

变量名可以用字母数字和下划线，最大为 32 个字符。大写和小写在默认值时不会区别，通过预处理器能够区别。但是相同的名字用大写和小写分别使用时，容易造成混乱，所以不建议这样使用。

使用和C语言的关键字相同的名称时，会产生编译错误，请务必不要使用相同的名称。

而且与声明同时用＝符号代入数值时，可以设定初始值。具体的声明方法请参看实际的例子。实际的例子如例 9.1.1 所示，通过 printf 表述的常量确定格式后输出，所连接的计算机表示如例 9.1.2 所示。

例 9.1.1　数值的书写例子

```
/////  constant  /////
///// use unit B /////
#include <16f873.h>
#fuses HS, NOWDT, NOPROTECT, PUT, BROWNOUT, NOLVP
///// RS232C 使用声明
#use delay(CLOCK = 20000000)
#use rs232(BAUD = 9600, XMIT = PIN_C6, RCV = PIN_C7)
///// 主函数
void mian()
{
    short           st = TRUE,          //short 型
                    sf = FALSE;
    signed int      a = 123,            //int 型
                    b = -56,
```

```
                    c = 0123,
                    d = 0x7F,
                    e = 0b10010111;
    signed long     la = 25000,          //long 型
                    lb = 0xA76D,
                    lc = 0223344;
    float           fa = 10.5,           //float 型
                    fb = 1244.447,
                    fc = 16.7755e6;
    ////
    printf("¥r¥n¥r¥nshort   %u   %u¥r¥n", st, sf);
    printf("int    %d %d %d %2X %2X¥r¥n", a, b, c, d, e);
    printf("long   %4LX   %4LX   %4LX¥r¥n", la, lb, lc);
    printf("float   %5.6f   %5.6f   %5.6f¥r¥n", fa, fb, fc);
}
```

例 9.1.2　执行结果

```
short    1   0
int      123  -56 83 7F 97
long     61A8   A76D   26E4
float    10.499999   1244.446977   16775498.539209
```

short 型的常量因为在标准头文件中定义 TRUE 和 FALSE 的常量名,所以能够使用。TRUE 为 1,FALSE 为 0。整数型和 long 整数型虽然不存在什么特别的问题,但在 float 格式的输出时,确定小数点以下的位数而后输出,故不会是和代入值完全一样的值。这叫做舍入误差,在用有限的位数表示实数时,就会出现最低位的误差。

当运算重复进行后,舍入误差会一步步变大,请予以注意。

9.1.4　文字编码和 char 型

char 型为字符数据类型。就是处理 ASCⅡ(American Standard Code for Information Interchange)文字编码的数据类型。不但是文字编码,而且也能进行和 INT 型同样的处理,所以也能处理 8 位的整数。

ASCⅡ编码的世界标准就是将每个字母、数字等字符分成特定的 8 位的编码。标准的 ASCⅡ编码如表 9.1.5 所列,表的观察方法为十六进制 2 位数将字符确定,横列为高位位数,纵列为低位位数。这样,十六进制 2 位数就能够确定字符编码。例如:0 为 0x30,A 为 0x41。

从表中可以看出,最上位经常是 0,故实际上是用 7 位来区别。

表 9.1.5 ASCⅡ编码表

下 位	上 位							
	0	1	2	3	4	5	6	7
0	NUL	DLE	SP	0	@	p	p	
1	SOH	DC1	!	1	A	Q	a	q
2	EXT	PC2	″	2	B	R	b	r
3	EOT	DC3	#	3	C	S	c	s
4	EOT	DC4	$	4	D	T	d	t
5	ENQ	NAK	%	5	E	U	e	u
6	ACK	SYN	&	6	F	V	f	v
7	BEL	ETB	′	7	G	W	g	w
8	BS	CAN	(	8	H	X	h	x
9	HT	EM	)	9	I	Y	i	y
A	LF	SUB	*	:	J	z	j	z
B	VT	ESC	+	;	K	[	k	{
C	FF	FS	,	<	L	\	l	|
D	CR	GS	-	=	M	]	m	}
E	SO	RS	.	>	N	^	n	~
F	SI	US	/	?	o	_	o	DEL

对 ASCⅡ编码进行扩展，最上位的位在 1 编码部分上，追加半角假名文字，则确定为 JIS 标准字符编码。这就是日本的 JIS 标准字符编码。(习惯上还一起称为 ASCⅡ编码。)

日本 JIS 标准字符编码如表 9.1.6 所列，计算机和液晶显示器通过这个编码就能够处理文字。从表中可以看出，ｱ为 0xB1，ﾝ为 0xDD 等等。

但是 CSS 公司的 C 编译器不能处理日本语，直接通过片假名不能指定片假名，故通过 0xB1、0xD4 等的十六进制数进行指定。

两个编码表中从 0x00 到 0x1F 的编码为控制编码，应用于数据通信、画面控制、打印机控制等方面。

控制用编码因为在 C 语言程序上表述为数据，作为特殊的文字编码，称为撤取用字符。本来是用 ESC 编码来区别，但是 C 语言难于处理 ESC 编码，所以使用了￥符号。组合￥字符表现的特殊文字编码如表 9.1.7 所列。

表 9.1.6 ASCⅡ编码表(JIS版)

下 位	上 位															
	0	1	2	3	4	5	6	7	8	9	A	B	C	D	E	F
0	NU	DL	SP	0	@	p	`	p				ー	タ	ミ		
1	SH	D1	!	1	A	Q	a	q			。	ア	チ	ム		
2	SX	D2	″	2	B	R	b	r			「	イ	ツ	メ		
3	EX	D3	#	3	C	S	c	s			」	ウ	テ	モ		
4	ET	D4	$	4	D	T	d	t			、	エ	ト	ヤ		
5	EQ	NK	%	5	E	U	e	u			•	オ	ナ	ユ		
6	AK	SY	&	6	F	V	f	v			ヲ	カ	ニ	ヨ		
7	BL	EB	′	7	G	W	g	w			ア	キ	ヌ	ラ		
8	BS	CN	(	8	H	X	h	x			ィ	ク	ネ	リ		
9	HT	EM	)	9	I	Y	i	y			ウ	ケ	ノ	ル		
A	LF	SB	*	:	J	Z	j	z			エ	コ	ハ	レ		
B	VT	EC	+	;	K	[	k	{			ォ	サ	ヒ	ロ		
C	FF	FS	,	<	L	¥	l	|			ャ	シ	フ	ワ		
D	CR	GS	—	=	M	]	m	}			ュ	ス	ヘ	ン		
E	SO	RS	.	>	N	^	n	‾			ョ	セ	ホ	゛		
F	SI	US	/	?	O	_	o	DL			ッ	ソ	マ	゜		

表 9.1.7 撤取用字符

ESC文字	十六进制	意 义	功 能
¥0	00	NULL	通常不认识字符
¥a	07	BEL	蜂鸣器响
¥b	08	BS	返回(back space)(返回1字符前)
¥f	0C	FF	Form feed(下一页,并到下一页的前面)(下一页)
¥n	0A	LF	换行
¥r	0D	CR	回归(到行的前面)
¥t	09	HT	水平列表
¥v	0B	VT	垂直列表
¥¥	5C	¥	表示为¥和\
¥?	31	?	表示为?
¥'	27	'	表示为'
¥"	22	"	表示为"

例子：

```
printf("¥tvalue = %3d¥n", data);
```

9.1.5 字符型数据的书写方式和文字排列

在程序内表述字符编码时，使用如表9.1.8所列的书写方式。

表9.1.8 字符数据的书写方式

书写方式	内 容	例
'x'	字符数据	'a' 'A'半角片假名不能使用
'¥030'	八进制字符数据	'¥0101' '¥061' ¥0有必要用、符号围住(不常使用)
'¥xA5'	十六进制字符数据	'¥x30' '¥xC0'片假名和控制编码为此表述
'¥n'	撤取用字符	'¥a' '¥b'
"abcdggg"	字符列	确保字符列，最后追加NULL
"abc"空白文字"xyz"	连续字符列	认为之间没有空白，和"abcxyz"同样意义

在C语言中字符和字符列的区别是很明确的，字符编码为基本数据的一种，但字符列并不包含在基本数据中，对于字符列的运算符号也没有；仅作为字符排列的常量表述。

但是这样就很不方便，所以预备了处理字符列运算的标准函数，通过函数处理字符列。其详细情况请参照标准函数的章节。

字符列的书写方式如表9.1.8所列，仅用二重包含符围住。这个字符列的表述内容为文字编码的排列以及最后追加的NULL(Ox00)编码。因为用NULL判定结束，所以字符列的字数没有限制。作为字符列字符中的一个，撤取用字符escape也能够处理。

在表述较长字符列的时候，分为复数行表述，这样容易理解。如表9.1.8最后的书写方式所列，在拆分开的字符串间插入空格或换行，也会被作为一个连续的字符串处理。

让我们看一下实际的例子。通过printf语句，各种书写方式的字符列输出如例9.1.3所示。实际的执行结果如例9.1.4所示。

例9.1.3 字符列的书写方式

```
/////  string1  /////
///// use unit B /////
#include <16f873.h>
#fuses HS, NOWDT, NOPROTECT, PUT, BROWNOUT, NOLVP
///// RS232C声明
```

```
#use delay (CLOCK = 20000000)
#use rs232(BAUD = 9600, XMIT = PIN_C6, RCV = PIN_C7)
///// 主函数
void main()
{
    printf("¥r¥n¥r¥nvalue¥r¥n");
    printf("¥rWelcom to here!¥n");
    printf("¥"Double Quotation¥"¥r¥n");
    printf("Hello!!¥tNew Data "
           "is sum of A and B¥r¥n");
}
```

最初的 Value 因为在前后有新行，所以换行后输出，之后又换行。在下一行的 Welcome 之前有缩进符，故插入 8 个字符。接下来只换行而不归到行首。再接下来就是有""的输出形式。最后 2 行执行后的输出形式为 1 行。

例 9.1.4 执行结果

```
value
    welcom to here!
                "Double Quotation"
Hello!!  New Data is sum of A and B
```


9.2 运算符号的使用方法

C 语言与汇编语言相比预备了很多运算符。将其分类后，如下所示。

- 算术运算符；
- 关系运算符、等值运算符、逻辑运算符；
- 增量、减量运算符；
- (bit)位运算符、移位(shift)运算符；
- 其它(代入运算符、条件运算符、逗号运算符、sizeof(求字节转换运算符)、类型转换运算符(cast)。

下面分别对其进行说明。

9.2.1　算术运算符和自动类型变换

进行算术运算的运算符有表9.2.1所列的种类。

在运算时要注意的是参与运算各项的数据类型不同。在不同类型的情况下，编译器自动将其变换为高位的数据类型后再执行运算，结果的数据类型相同。

这称为自动类型转换。CSS公司编译器的转换规则如下所述。float为最高位，int1为最低位。

表9.2.1　算术运算符的一览表

符号	功能	举例
+	加法	a+b　a加上b
−	减法	a−b　a减去b−b和−1×b的意义相同
*	乘法	a*b　a乘以b
/	除法	a/b　a除以b
%	求余	a%b　a除以b后值的余数

```
float←signed int32←unsigned int32←signed int16 (long)
  ←unsigned int16 (long)←signed int (char)←unsigned int (char)
  ←int1 (short)
```

此外还有一些需要注意的地方，总结如下。

(1) 字符型的运算要转换为整数型后进行。最高位的位为1时，不作为没有符号的正整数处理，就会产生编译错误。

例如：`¥xB0´+1，结果为`OxB1´；

`A´+1结果为`B´；

`G´−1结果为`F´。

(2) 所有整数项的运算结果也为整数类型，小数点以下舍弃。

例如：5/3，结果为1(小数点以下舍弃)；

5%3，结果为2。

(3) 当含有小数点的常量为某一项时，全部作为实数处理。相反将所有整数的运算结果代入实数的变量时，代入作为整数的运算结果。

例如：5/3，结果为1.000000(结果代入实数类型时)；

5/3.0，结果为1.666666。

9.2.2　关系运算符和逻辑运算符

关系运算符(包含等值运算符)的作用是比较2个数值，真时为1，假时为0。同样，逻辑运算符是进行逻辑运算的符号，经常与关系运算符组合起来产生条件。

关系运算符和逻辑运算符有表9.2.2所列的种类。

表 9.2.2　关系运算符和逻辑运算符

区　分	符　号	功　能	举　例
关系运算符	<	小于	a<b 则 a 小于 b 为真
	>	大于	a>b 则 a 大于 b 为真
	<=	小于等于	a<=b 则 a 在 b 以下为真
	>=	大于等于	a>=b 则 a 在 b 以上为真
等值运算符	==	相等	a==b 则 a 和 b 相等为真
	!=	不相等	a!=b 则 a 和 b 不相等为真
逻辑运算符	&&	逻辑与(AND)	(a>3)&&(a<10)则 3<a<10 为真
	||	逻辑或(OR)	(a≥3)||(b≤10)则 a≥3 或 b≤10 为真
	!	否定(NOT)	!(a==b)则 a 和 b 不一样为真

9.2.3　增量和减量运算符

增量和减量运算符有表 9.2.3 所列的种类。

表 9.2.3　增量和减量运算符

符　号	功　能	举　例
++	增量	a++ ++a 有前缀和后缀形式
--	减量	a-- --a 有前缀和后缀形式

增量运算符和减量运算符为单纯的增量和减量，因为可以直接转换为汇编程序命令的增量和减量命令，所以有比使用算术运算符执行速度高的优点。二者都有变量的前缀和后缀两种形式。

前缀型为在包含运算符号的语句执行前，先进行增量和减量运算。与此相对应，后缀型为在语句执行后，进行增量和减量运算。所以如下面的例子结果也不同。

例子：

```
int m, n;
n = 3;
m = n++ ;                              //代入到 m 后 n+1
printf(" %d  %d", m, n);              //结果为 3,4

int m, n;
```

```
n = 3;
m = ++n;                                  //执行n+1后代入m
printf(" %d   %d", m, n);                 //结果为4,4
```

9.2.4 位运算符和移位运算符

位运算符是对各数据的每个位进行 AND 和 OR 逻辑运算的符号，通常适用于整数型和字符型数据。运算位的幅度根据数据类型确定。

移位运算符是将操作的位数列向左右仅按移动的位数移位。

位运算符和移位运算符有表 9.2.4 所列的种类。

表 9.2.4 位运算符和移位运算符

区 分	符 号	功 能	举 例
位运算符	&	位与(AND)	a&b,aANDb
	|	位或(OR)	a|b,aORb
	^	位异或(XOR)	a^b,aXORb
	~	1的补数	~a，对a按位求反
移位运算符	<<	左移位	a<<n,将a左移n位
	>>	右移位	a>>n,将a右移n位

位运算的例子如下所示。

例子

```
int port, sense;
sense = ! (port & 0x0F);      //port
if (sense)
    ⋮
```

移位运算的对象仅为整数型和字符型。移位和用 2 进行乘法和除法有同样的作用。也就是说，每向左移 1 位为以前的 2 倍，向右移 1 位为以前数值的 1/2。如果很好地利用这一点，就能够实现高速运算。具体的例子如下所示。由于移位可能会删除位，故在运算代用时，要注意位长度。

例子：

b 是 int 型(整型)Ox38，b 存储内容为：

```
0011 1000      //十进制为56
```

b<<2 结果为：

```
1110 0000       //低位补充 0
                //十进制为 224,为 56 的 4 倍
```

b>>2 结果为：

```
0000 1110       //OxOE 高位补充 0
```

同样 b 是 int 型(整型)Ox3A，b 存储内容为：

```
0011 1010       //十进制为 58
```

b<<2 结果为：

```
1110 1000       //低位补充 0
                //十进制为 232,58 的 4 倍
```

b>>2 结果为：

```
0000 1110       //OxOE 高位补充 0,十进制为 14,58 的 1/4 位的整数部。
```


9.2.5 其他运算符

此外还有代入运算符、条件运算符、逗号运算符、sizeof(求字节转换运算符)等。

1. 赋值运算符

在 C 语言中给变量赋值时，不使用赋值语句，而使用赋值运算符。赋值运算符有表 9.2.5 所列的种类。

表 9.2.5 赋值运算符的种类

符号	功能	举例
=	赋值	a=b,将 b 赋值给 a
+=	加并赋值	a+=b,将 a+b,并赋值给 a
-=	减并赋值	a-=b,将 a-b,并赋值给 a
*=b	乘并赋值	a*=b,将 a 乘以 b 并赋值给 a
/=	除并赋值	a/=b,将 a 除以 b 并赋值给 a
%=	求余并赋值	a%=b,将 a 除以 b 的余数并赋值给 a
<<=	左移位并赋值	a<<b,将 a 左移 b 位
>>=	右移位并赋值	a>>b,将 a 右移 b 位
&=	位 AND 并赋值	a&b,将 a&b 并赋值给 a
^=	位 XOR 并赋值	a^b,将 a^b 并赋值给 a
|=	位 OR 并赋值	a|b,将 a|b 并赋值给 a

例如,在两个以上的变量输入相同的数值时,使用赋值运算符,如下所示:

```
a = b = c = 3;
```

2. 条件运算符

根据条件的结果取2个数值中的1个时,使用条件运算符。书写格式如下所示:

```
条件式?  式1;式2
```

条件为真时(0以外),采用1,假(0)时采用2式。

例子:

```
result = x<y ? y : x ;
```

x比y小时结果为y,x比y大时结果为x,也就是说根据x和y的大小决定取出。

3. 逗号运算符

将表达式相连书写时使用的运算符号为逗号运算符。其在一般只能写一个表达式,而为了表述多个表达式时使用。

例子:

```
for (i = 0, j = 0; i<10; i++, j++) {…
```

在该例中,for语句式1中i=0,j=0;为多语句表达式,但可将其看作为一个整体来描述。

4. sizeof

此操作符功能是返回数据类型或结构体在存储领域的字节数。一般在编译时计算这种存储领域的大小。书写方式如下所示:

```
Sizeof(类型名)
```

例子:

```
sizeof (int)            //int型大小
sizeof (float)          //float型大小4
sizeof (struct data)    //结构体大小
sizeof (array)          //数组的大小
```

5. 类型转换运算符

在数据类型转换时使用类型转换运算符。如前所述,C语言在不同类型的数据运算时自动进行类型转换。根据类型转换运算符指明类型变换。书写方式如下所示:

```
(类型名)  式
```

例如,变量 a、b、c 如下所示声明:

```
int a;  float b;   longc;
```

变量间的代入,使用类型转换运算符后,可正常执行如下所示:

```
b = (float) a;
a = (int) c;
c = (long) b;
```

例如,实际的数值如下所示:

```
b = 123.45;
b = b * 10.0;
c = (long)(b * 10.0)
c = (long)b * 10
```

9.2.6 运算符的优先级

在 C 语言中,运算符的优先级有一定的规则;而且即使在相同优先级的运算符号排列时,是从左到右,还是从右到左进行运算也有一定的规则。CSS 公司的 C 编译器的运算符优先级如表 9.2.6 所列。表的上部优先级高,相同优先级的运算符,则左边的优先级高。

表 9.2.6 运算符的优先级

优先级	运算符(左边优先级)	并列时的顺序
1	()	从左到右
2	! ~ ++n n++ --n n--	从右到左
3	类型转换 间接的 * 地址的 & sizeof(型)	从右到左
4	乘法的 * / %	从左到右
5	+ -	从左到右
6	<< >>	从左到右
7	< <= > >=	从左到右
8	== !=	从左到右
9	位运算的 &	从左到右
10	^	从左到右
11	|	从左到右
12	&&	从左到右
13	||	从左到右
14	条件运算的!?:	从右到左
15	= += -=	从右到左
16	*= /= %=	从右到左
17	>>= <<= &=	从右到左
18	^= |=	从右到左

由于运算符的优先级，不小心就可能得不到期待的运算结果，从而增加麻烦。为了顺利进行运算，可以使用最高优先级的圆括弧()来确定顺序。

由于优先级而使运算结果不同的例子如下所示：

a＝b＝c＝0，运算从右到左，最先将0赋值给c。

a＊b－p/q，首先a＊b，其次计算p/q，然后两个数值相减。和(a＊b)－(p/q)结果一致。

a&&b＝＝c，因为＝＝运算符优先级高，所以为a&&(b＝＝c)。

下面，用例子确认一下实际中如何使用运算符。例9.2.1为各运算符的使用例子，例9.2.2为执行结果。

例9.2.1 运算符的使用例子

```
/////  sanjutu1  /////
///// use unit B /////
#include <16f873.h>
#fuses HS, NOWDT, NOPROTECT, PUT, BROWNOUT, NOLVP
///// RS232C使用声明
#use delay(CLOCK = 20000000)
#use rs232(BAUD = 9600, XMIT = PIN_C6, RCV = PIN_C7)
///// 主函数
void main()
{
    int i, j, k;
    float fa, fb;
    ///// 算术运算符
    i = '0xB1' + 1;
    j = 'A' + 1;
    k = 'G' + 1;
    printf("¥r¥nchar = %C  %C  %C¥r¥n", i, j, k);
    printf("int = %u  %u¥r¥n", 5 / 3, 5 % 3);
    fa = 5/3;
    fb = 5.0/3.0;
    printf("float = %f  %f¥r¥n", fa, fb);
    /////增量运算符
    i = 3;
    j = i++;
    printf("¥r¥na++ =  %d  %d¥r¥n", i, j);
    i = 3;
    j = ++i;
    printf("++a =  %d  %d¥r¥n", i, j);
    /////位移运算符
```

```
    i = j = k = 0x38;
    printf("¥r¥nshift = %2X  %2X  %2X¥r¥n", i, j<<2, k>>2);
    i = j = k = 0x3A;
    printf("shift = %2X  %2X  %2X¥r¥n", i, j<<2, k>>2);
    delay_ms(100);              //等待输出结束
}
```

首先,字符列的运算作为正整数运算处理。所有整数的运算结果为整数,小数点以下舍弃。含有实数常量的运算结果为实数。相反,整数之间的运算结果作为实数代入时,因为作为整数的运算结果要变换为实数类型,所以数值小数点以下舍弃。由运行结果可知,前置和后置增量的差异和移位的结果。

例 9.2.2 执行结果

```
char = T  B  H
int = 1  2
float = 1.000000  1.666666

a++ = 4  3
++a = 4  4

shift = 38  E0  0E
shift = 3A  E8  0E
```

第 10 章

模块化和函数

C 语言程序由函数的集合构成。函数制作得如何，将与 C 语言程序是否容易理解、维护管理是否方便有着极大的关系。

本章对将程序分层并使之模块化的方法以及具体的函数制作方法予以说明。

10.1 程序的模块化

简单的程序内部结构是比较容易理解的，可以一边对整体进行把握，一边制作程序。但是随着程序变大并复杂起来，经过一段时间再重新阅读程序时，程序是否便于阅读并易于理解则取决于如何将程序整体的功能怎样分解。这种分解方法称为模块化，也是结构化程序设计方法中最重要的因素。

10.1.1 结构化程序设计方法

程序稍微变大时，就会发现程序的整体流程变得复杂且难于处理。但是这样的程序在大多数情况下能以功能单位分割成几部分。在分割功能群体的上面添加统一管理的处理，根据要求的功能进行分支处理。在必要时，进一步对每一部分的处理进行分割，直至以每一个功能单位进行细分化处理。如图 10.1.1 所示，可以看出分成了几个层次的构造。

这种分层化构造称为模块化结构，各功能单位的处理称之为模块。从中可以看出上一层次的模块（处理）利用下一层次的模块。这种模块化和阶层化称为结构化程序设计的方法。

制作程序时，分析应解决的问题（目的），按照上面所述的方法将其中包含的内容和功能进行模块化分割，形成分层构造。这个阶段是很费时间并很辛苦的，但形成清晰的结构就能够明

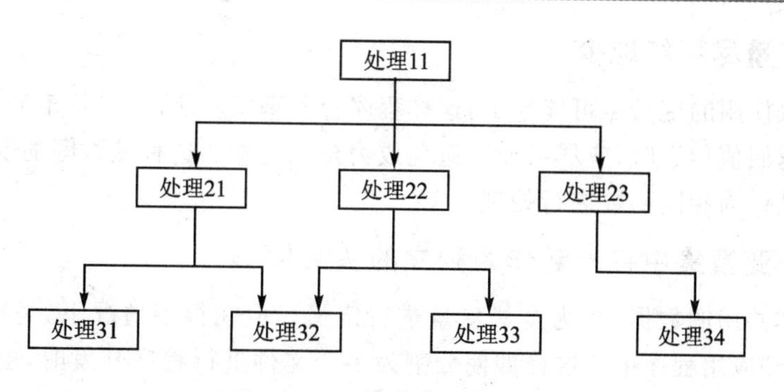

图10.1.1 结构化和模块化

确地把握全体的流程，消除遗漏和错误，内部结构也清晰明了。在程序制作阶段，对前一阶段生成的各部分模块构造制作程序方框图，能够使处理内容清晰明了。

在编码阶段使用程序语言对相对应的各程序方框图中的处理进行记述。这样各模块以C语言函数的形式表现。

以模块化的结构对应于程序各部分，程序也变得易于阅读。在C语言中通过这种结构化构造就能够清晰地表示程序。

10.1.2 什么是好的程序

模块化就是将一个程序按照每个功能进行分割，并且分别为独立的构成要素。也就是说，分割成各个模块，每个模块合成在一起就是程序。

分割时的关键在于，即使以后程序变更，只要更换特定的模块就可以了。为达到此项要求，分割时请注意以下几点。

- 每个模块的功能单纯明了。
- 模块间接口单纯明确。

为实现这些，入口和出口为一个地方并且应明确输入/输出数据的条件。这就是结构化程序设计的出发点。

C语言程序中，相当于模块的称为函数。为了更好地模块化，在C语言的程序设计中应注意以下几点。

1. 函数中实现的功能尽可能单纯

函数中进行多个不同的处理时，应在内部制作另外的函数。此时希望明确地生成不同的函数。

2. 函数入口、出口为一个

入口当然自动是一个，但出口多次利用return语句等时为多个出口。

3. 全局变量尽可能地少

由多个函数使用的变量尽可能地少，这样程序容易理解。所以，在特定的函数之间必要的变量以参数或返回值传送时，应尽可能地避免成为全局变量。这种函数间的变量较多时，其基本分离方法就是作为相同函数进行处理。

4. 将全局变量集中在一起作为独立的头文件

明确在全体共用的数据，作为全局变量进行定义。但在很多情况下，是写成独立的头文件，再将其嵌入到应用程序中。这样即使分割为多个文件进行程序开发时，由于共有头文件，也能够防止额外的错误。

10.2 函数制作方法

C语言的程序由函数的集合构成，作为一个个模块分别发挥其功能。在C语言中事先设置的标准函数作为库函数提供给用户使用。此外自己也能够自由制作函数，在此就对自己制作函数的方法进行说明。

10.2.1 函数的基本书写方式

自己制作函数时，因为有基本的函数格式，应根据此格式制作函数。函数的基本书写方式如例10.2.1所示。

例10.2.1 函数的基本书写方式

```
[记忆类别] 数据类型  函数名称 (类型 形式参数名, 类型 形式参数名…)
{
    局部变量的说明
    执行语句
    ⋮
    return data
}
```

记忆类别：指定函数的通用范围（在10.3节进行说明）。

static extern(不太使用)。

数据类型：函数的返回值拥有的数据类型或预处理器指定。

void　　　什么数值也不返回时。

类型名称　返回值的类型：int、long、float等。

separate 指示作为独立的共用函数进行配置。

inline 指示在此场合进行展开。

int_xxx 指定为 xxx 的中断处理函数。

函数名称:最大为 32 字符的字母数字和用下划线(under line)命名。名称最好为能够联想为内部内容的名称。

型:指定作为引数输入变量的类型。

形参(parameter)名:和函数名称同样,用逗号区分能够多个指定。

局部变量:仅在函数内部使用的临时变量。

return:作为返回值进行返回。data 型和函数的数据类型相同。

函数拥有返回值时,返回值的数据类型以函数的型进行指定。而且由于返回值是通过 return 语句进行返回,此 return 语句返回数据类型和函数类型有必要一致。

函数没有返回值时,使用 void 以明确没有返回值。

10.2.2 引数和返回值

程序模块化成为函数的情况下,向函数传递数据或从函数中取出结果。在这种场合使用的是函数的引数和返回值。

基本的引数和返回值的关系如例 10.2.2 所示。

例 10.2.2 函数引数的关系

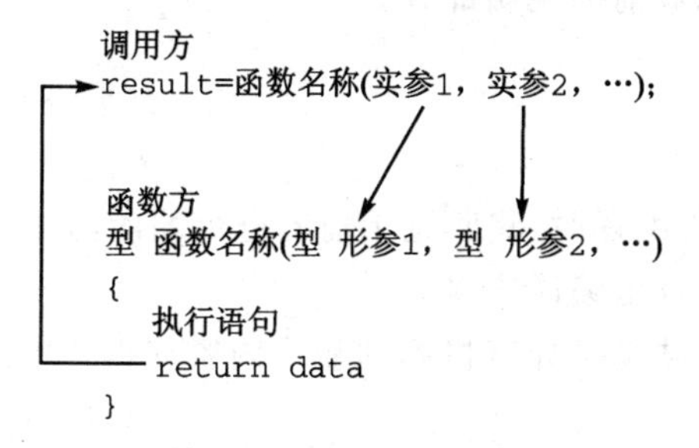

在各函数的( )符号中定义引数。由于此时函数的引数仅进行定义,故也称为形式参数(形参),仅表现类型定义和引数名称。函数内部的执行语句在此引数名下进行记述。当然由于类型说明有效,在函数内部有必要作为形式参数处理已说明类型的变量。

调用该函数的执行语句如下所述。

```
result = 函数名称(引数 1,引数 2,…);
```

函数名称的( )中记述实际传递的引数,这种情况下的引数为实际的数值,故称为实参(argument)。因为常量、变量、式都能够使用,故没有必要和形式参数的名称相符合。但是例 10.2.2 中的记述顺序和型有必要和形式参数相符合。

这样函数的形式参数每次调用时,实参被形式参数复制执行,故每次函数调用时执行的引数值都不一样。

被调用的函数结束,处理结果的数据返回调用侧并继续执行处理时,用下面的格式进行记述。

```
return(式);    ()能够省略
```

return 语句没有返回值时也可以省略。函数中有多少次的 return 语句都没有关系,但是违反结构化程序设计的出口为一个的原则时,则实际中的程序难于理解,故出口只能为一个,请务必牢记。

但是 return 语句作为返回值在( )内能够记述的只有一个。为此,这样返回由函数来的结果时变得非常困难。这时可以选用作为全局变量使用共用变量的方法或将函数综合起来为一个的方法,选用哪种方法请仔细考虑。基本原则为:请不要成为过于大的函数。

10.2.3 函数的原形说明

C 语言程序由多个文件构成,通过各种各样的模块使用函数。在此时拥有引数和返回值函数的情况下,将多个文件合成进行编译时,由于类型不一致有时会产生编译错误。

在将一个个文件进行编译时,为能够发现错误,使用共用的原形说明进行编译。这个原形说明也叫做原形化,仅定义函数的类型,位于 main 函数前的说明部分。

原形说明的书写格式如下所述。

```
数据类型 函数名称(类型  形参名,类型 形参名,…);
```

也就是说在函数格式的最初行带有分号。各文件编译时,将其置于前方进行编译,如果函数调用时的返回值和引数的类型不相符合,就能够检查出编译错误。

简单的函数执行例子如例 10.2.3 所示。其执行结果在计算机侧的显示内容如例 10.2.4 所示。

例 10.2.3 函数执行的例子

```
/////  function1  /////
///// use unit B /////
#include <16f873.h>
#fuses HS, NOWDT, NOPROTECT, PUT, BROWNOUT, NOLVP
///// RS232C 使用声明
#use delay(CLOCK = 20000000)
#use rs232(BAUD = 9600, XMIT = PIN_C6, RCV = PIN_C7)
float scale (long x);
```

```
/////主函数
void main(0
{
    long data;
    //每 0x41 反复
    for (data = 0; data<0x401; data = data + 0x40)  //到 3FF 前反复
        printf(" % LX = % 3.2f Degree ¥ r ¥ n", data, scale(data));
    printf("End ¥ r ¥ n");                        //结束
    delay_ms(100);                               //等串行输出结束
}

/////尺度转换函数
///// y = a x - b
float scale(long x)
{
    float y;
    //尺度转换
    y = (150.0 * x) / 1024 - 50.0;
    return(y);
}
```

例 10.2.4　执行结果

```
0000 = -49.99 Degree
0040 = -40.62 Degree
0080 = -31.24 Degree
00C0 = -21.87 Degree
0100 = -12.49 Degree
0140 = -3.12 Degree
0180 = 6.25 Degree
01C0 = 15.62 Degree
0200 = 24.99 Degree
0240 = 34.37 Degree
0280 = 43.74 Degree
02C0 = 53.12 Degree
0300 = 62.49 Degree
0340 = 71.87 Degree
0380 = 81.24 Degree
03C0 = 90.62 Degree
0400 = 99.99 Degree
End
```

此例中的scale函数为将10位的A/D转换的数据转换为从-50 ℃~100 ℃温度范围的函数。对于main函数的从0~0x3FF的10位数据,通过转换表的图像输出scale转换结果数值,数据以0x40步长增加,每次以实数表示转换结果。

在此例中在开始处追加scale函数。如果没有这样(在main使用scale函数),由于在此之前没有定义,编译程序并判断没有定义后则输出错误之处。

最后请注意此编译结果的Absolute Listing,如使用float进行浮动小数点运算,则程序尺寸一下子变得很大。所以在进行实数运算时,有必要注意程序的大小。

10.3 变量的记忆类别和有效范围

在C语言中,在对变量进行说明的情况下,全部拥有"记忆类别"。此记忆类别决定变量的有效范围和性质。

制作程序时定义变量,对于仅在函数内部使用的变量也全部确保固定的存储场所,则存储被浪费使用。因此,需要定义一个记忆类别,使得可以区别在函数内部暂时使用的动态变量和在全局可以使用的静止变量。

10.3.1 变量的性质和有效范围

根据记忆类别所定义的性质中,有寿命和有效范围之分。下面4种情况即决定了变量的性质,如表10.3.1所列。

```
auto  register  static  extern
```

实际上,由CCS公司的C编译器只可处理的记忆类别有auto和static,对此外的不做任何处理。

在使用记忆类别说明符方面,可在变量的类型指定前指定一种,如下所述进行记述。

```
auto int a;
Atatic float fp;
```

auto在函数或语句块内使用,对于连续变量在必要时刻自动保证记忆领域,使用结束后则释放记忆领域。省略记忆类别说明时,则按auto处理。

static指定在函数、语句块内、语句块外都可以使用,对于连续变量从程序的开始到程序的终止确保固定的领域。

表 10.3.1　记忆类别的内容

场　所	记　号	性　质	有效范围	寿　命
函数或语句块内(局部变量)	auto 没有	仅在必要时占用记忆领域,结束后则消失	函数或语句块内为局部	在此函数或语句块执行期间
	register(注)	和 auto 同样,但不使用存储器,使用寄存器		从程序开始到终止
	static	平常固定存在的变量		
	extern(注)	说明位于其他源文件中	仅说明位于其他场所	
语句块外(全局变量)	没有	平常固定存在的变量	程序的全部领域,文件的全部领域	从程序开始到终止
	static			
	extern(注)	说明位于其他源文件中	仅说明位于其他场所	

注:CCS 公司的编译程序中编译正常通过则什么也不执行。

10.3.2　局部变量和全局变量

如前所述,在实际的程序设计中,由于 auto 经常省略记述,结果仅 static 指定进行明确记述。其次如表 10.3.1 所列,即使在记忆类别没有明确说明的情况下,根据定义变量的场所也能够确定有效范围。这种关系如图 10.3.1 所示。

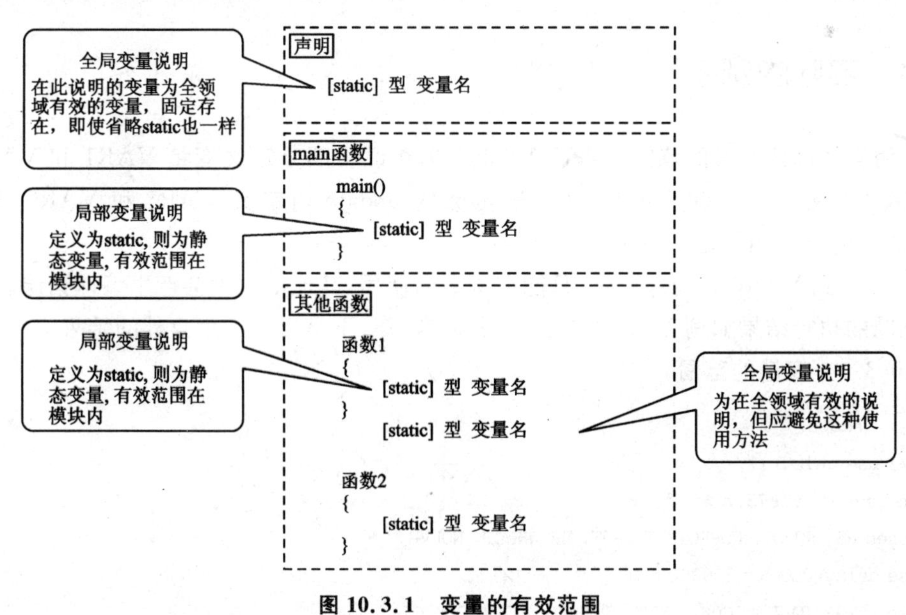

图 10.3.1　变量的有效范围

函数内也就是符号{ }内定义的变量作为局部变量的函数或仅在语句块内有效的变量进行处理。所以，其他的函数即使以相同名称的变量说明也作为另外的变量进行处理，不会产生编译错误。如需要的话，倒不如共同使用数据存储器最合适。

函数外也就是符号{ }的语句块外定义的变量作为全局变量，文件内所有的函数将其作为共同的变量都能够使用。

在符号{ }以外的任何地方都可以进行定义，但使用前必须进行说明。如果场所分散进行定义则容易产生错误，通常集中在一个地方，在程序开始的 main 函数前面，仅集中全局变量进行说明。

这样设置共同变量，任何一个函数都能够进行参照，函数的返回值只有一个，这样就覆盖了使用不便之处。

其次仅此说明部分作为头文件，由 # include 放入程序的最初部分的方法也经常被使用。

但是请注意全局变量的使用方法。这是因为会违背结构化程序设计的原则。也就是由于变量共用，在较大程序的情况下，哪个函数使用哪个共用变量变得复杂且难于理解，某个函数的改变将给其他函数带来不利的影响。

由于以上的理由，请勿多用全局变量，尽可能通过局部变量和函数的引数制作程序，以保证函数的独立性，程序也变得易于理解。

虽然如此，基本的数据集合(数据库)中的数据作为共同的全局变量明确地进行设计定义和使用。这是通过称为数组和结构体的方法将数据一并进行处理。关于数组和结构体在后面的章节中进行说明。

10.3.3　实际的例子

下面用实例确认变量的范围。在例 10.3.1 中在说明部分定义变量 VAR1 和 VAR2，在 main 函数内定义 VAR3 和 VAR4，在一般函数的 update 内定义 VAR5 和 VAR6，分别在 main 函数和 update 函数内一边+1，一边表示。

从 VAR3 到 VAR6 是局部变量，只能在函数内使用，其他场合则会产生编译错误。

此例题的执行结果如例 10.3.2 所示，让我们考虑一下是否会产生意外的结果。

例 10.3.1　变量的范围

```
/////   scope1  /////
///// use unit B /////
#unclude <16f873.h>
#fuses HS, NOWDT, NOPROTECT, PUT, BROWNOUT, NOLVP
#use delay(CLOCK = 20000000)
#use rs232(BAUD = 9600, XMIT = PIN_C6, RCV = PIN_C7)
```

```
///// Gobal variables
int var1 = 0;                              //全局变量
static int var2 = 0;                       //全局静态变量
///// prototyping
void update(void);
///// 主函数
void main()
{
    int i;
    int var3 = 0;                          //局部变量
    static int var4 = 0;                   //局部静态变量
    printf("¥r¥n v1  v2  v3  v4  v5  v6¥r¥n");
    for (i = 0; i<10; i++)
    {
        printf("%3u %3u %3u %3u ", var1, var2, var3, var4);
        update();                          //变量+1
        var1++; var2++; var3++; var4++;
    }
    delay_ms(100);                         等待串行输出结束
}
///// update function
void update()
{
    int var5 = 0;                          //全局变量
    static int var6 = 0;                   //全局静态变量
    printf("%3u %3u¥r¥n", var5, var6);
    var1++; var2++; var5++; var6++;
}
```

例 10.3.2 执行结果

v1	v2	v3	v4	v5	v6
0	0	0	0	0	0
2	2	1	1	0	1
4	4	2	2	0	2
6	6	3	3	0	3
8	8	4	4	0	4
10	10	5	5	0	5
12	12	6	6	0	6
14	14	7	7	0	7

```
16    16    8    8    0    8
18    18    9    9    0    9
```

下面对结果进行说明。

1. 全局变量(VAR1、VAR2)

由于作为全局变量进行定义的 VAR1、VAR2 无论有无 static 说明都一样作为静止变量进行处理,无论 main 函数还是一般函数内每+2 计数结束(count up)。

2. main 函数内局部变量(VAR3、VAR4)

在 main 函数内定义的 VAR3 和 VAR4 仅在 main 函数内进行处理。由于说明部分在最初仅执行一次,无论有无 static 说明一样继续执行计数结束,每+1 计数结束。

3. 一般函数内的局部变量(VAR5、VAR6)

一般函数内定义的 VAR5 和 VAR6 变量数值发生稍许改变。首先 VAR5 没有在函数内定义 static 说明,函数调用时每次重新定义,每次以 0 进行初始化。这样一直保持 0。VAR6 由于进行 static 说明,确保静止场所,即使从函数中取出也保持数值。其次函数被调用时的初始设定也仅在最初时刻执行,在第 2 次以后予以忽视。这样每+1 计数结束。

这样即使局部变量进行 static 说明,从函数中取出后也保持数值,函数再次被调用时,就能够参照这个保持数值。

第 11 章

标准函数和标准输入/输出函数

C 语言的编译程序中事先设置有许多函数。这些函数有当初编入的函数，也有作为标准程序库设置的函数。如使用这些标准库函数，必须将库函数包括在内。

CCS 公司的 C 编译程序中设置的标准库函数如下所示。标准的 C 语言格式中，如果要使用 getc、printf 等标准输入/输出函数，则 stdio. h 是必要的，但 CCS 公司的编译程序则没有这个必要。

(1) stdlib. h：标准的算术运算函数的程序库。

(2) string. h：字符串处理函数的程序库。

(3) math. h：特殊算术函数的程序库。

(4) ctype. h：大写、小写字符变换等的字符处理用函数的程序库。

(5) stdio. h：仅在 fprintf 函数有必要。

11.1 标准函数

ANSI 的标准 C 中，设置了很多称为标准函数的函数作为程序库。CCS 公司的 C 编译程序中也设置了很多相当于标准函数的函数。

11.1.1 标准函数表

CCS 公司的 C 编译程序中使用的标准函数如表 11.1.1 所列，从中可以看出设置了非常多的函数。关于这些函数的详细情况请参照 CCS 公司的参考手册和帮助文件。

11.1.2 CCS 公司的独自函数

CCS 公司自己独自设置了一些函数(在 ANSI 标准函数中并没有)，这些函数如表 1.1.2 所列。

表 11.1.1 CCS公司编译程序的标准函数一览表

函数名	格式与参数	返回值	功 能	程序库	举 例
(a) 标准算术函数					
abs()	value=abs(x); x为有符号的 int long int32 float 其中之一	与x同型	计算数值的绝对值	stdlib.h	signed int target, actual; ⋮ error=abs(target-actual);

labs()	result=labs(value);
	value为有符号 long
		有符号 long	绝对值的计算	stdlib.h	//上下限的监视
					if(labs(target_value-actual_value)>500)
					printf("Error is over 500 pointer¥r¥n);

acos()
asin()
atan()
cos()
sin()
tan()
	rad=acos(val);
	rad=asin(val);
	rad=atan(val);
	val=cos(rad);
	val=sin(rad);
	val=tan(rad);
		rad为$-2\pi\sim2\pi$的实数(float)
		val为$-1.0\sim1.0$的实数(float)
			基本的三角函数的计算	math.h	float phase;
					//输出一个周期的正弦波
					for (phase=0; phase<2＊3.141592; phase+=0.01)
					set_analog_voltage (sin(phase)+1);

ceil()	result=ceil(value);
	value为 float
		float型	计算 value 以上的最小整数值(小数部分进位)	math.h	//金额的小数部分进位
					cost=ceil(weight) ＊ Dollarsperpound;

floor()	resultd=floor(value);	float型	计算 value 以下的最大整数值(计算时把小数部分舍去)	math.h	//求余数
					frac=value-floor(value);

exp()	result=exp(value);
	value为 float
		float型	指数函数的计算	math.h	//x的y次方计算
					seg=exp(y ＊ log(x));

pow()	f=pow(x,y);
	x,y为 float
		float型	x的y次方计算,x不能为负	math.h	//体积的计算
					area=(size, 3.0);

log()	result=log(value); value为 float	float型	x的自然对数的计算	math.h	lnx=log(x);

log10()	result=log10(value);
	value为 float
		float型	以10为底数的对数的计算	math.h	//dB值得换算例
					db=log10(read_adc() ＊ (5.0/255)) ＊ 10;

sqrt()	result=sqrt(value); value为 float	float型	平方根的计算,value不能为负	math.h	//2点间距离的计算 distance=sqrt((x1-x2)^2+(y1-y2)^2);

续表 11.1.1

函数名	格式与参数	返回值	功　能	程序库	举　例
(b) 标准字符处理函数					

atoi()
atol()
atoi32()
	ivalue=atoi(string);
	lvalue=atol(string);
	i32value=atoi32(stirng);
	string 为字符
		int 型
		long 型
		int32 型
			将字符串变换为数值，字符串能够以十进制和十六进制表示	stdlib. h	x=atoi("123");
					y=atol("0xFE1");
					z=atoi32("10000456");

atof()	result=atof(string); string 为字符	float 型	将以浮动小数点表示的字符串变换为数值	stdlib. h	f=atof("123. 456");

tolower()
toupper()
	result=tolower(cvalue);
	result=toupper(cvalue);
	cvalue 为字符
		int 型	字母字符变换为小写、大写字符。对象为 a～z、A～Z，其他字符保持原样	不要	统一指令输入
					switch(toupper(getc())) {
					　case 'R': read_cmd(); break;
					　case 'W': write_cmd(); break;
					}

isalnum()
isalpha()
isdigit()
islower()
isspace()
isupper()
isxdigit()
	value=isxxxxx(datac);
	datac 为字符
		int 型	调查参数的字符种类，如果是真返回 1，如果是假返回 0
			数字或字母大小写
			字母大小写
			十进制数字
			字母小写字符
			空格(space)
			字母大写字符
			十六进制字符(大小写)
				ctype. h	//校验字符串
					char id[20];
					　⋮
					if(isalpha(id[0])) {
					　valid_id=TRUE;
					　for(i=1; i<strlen(id); i++)
					　　valid_id=valid_id && isalnum(id[i]);
					}
					else
					　valid_id=FALSE;

isamoung()	result=isamoung(value, cstring); value 为字符 cstring 为字符串常数	int 型	字符串 cstring 中的字符 value 即使只有一个也返回 1，没有返回 0	不要	char x; 　⋮ if (isamoung(x, 　"0123456789ABCDEFGHIJKLMNOPQRSTUVWXYZ")) 　printf("The character is valid");

续表 11.1.1

函数名	格式与参数	返回值	功　能	程序库	举　例
(c) 标准字符串处理函数					
strcat()	ptr=strcat(s1,s2);	链接后的指针	字符串 s1 连结字符串 s2		
strchr()	ptr=strchr(s1,c);	发现地方的指针	字符串 s1 内字符 c 的位置		
strrchr()	ptr=strrchr(s1,c);	发现地方的指针	〃(从后开始检索)		
strcmp()	cresult=strcmp(s1,s2);	int 型	字符串 s1 和 s2 相比较		
strncmp()	iresult=strncmp(s1,s2,n);	int 型	〃(从头开始比较 n 字节)		
stricmp()	iresult=stricmp(s1,s2);	int 型	〃(没有大小写区别)		

strncpy()	ptr=strncpy(s1,s2,n);	s1 的指针	从 s2 复制 n 字节到 s1	string. h	chr string1[10], strng2[10];
					strcpy(string1, "hi ");
					strcpy(string2, "there");
					strcat(string1, string2);
					printf("Length is %u¥r¥n", strlen(string1));
					(结果为 8)

strcspn()	iresult=strcspn(s1,s2);	开始指针	s1 中没有包含 s2 的字符		
strspn()	iresult=strspn(s1,s2);	一致地方的指针	s1 中仅检索包含 s2 的字符		
strlen()	iresult=strlen(s1);	int 型	s1 的字符数		
strlwr()	ptr=strlwr(s1);	指针型	s1 变换为小写		
strpbrk()	ptr=strpbrk(s1,s2);	一致地方的指针	s1 中检索包含在 s2 中的字符		
strstr()	ptr=strstr(s1,s2);	一致地方的指针	s1 中和 s2 相同之处的检索		

strtok()	ptr=strtok(s1,s2);	指针	S2 中检索分段的最前面的字符串,由 0 分割后返回对此字符串的指针	string. h	char string[30], term[3], * ptr;
					strcpy(string,"one, two, three;");
					strcpy(term,", ;");
					ptr=strtok(string, term);
					while(ptr!=0) {
					　　puts(ptr);
					　　ptr=strtok(0,term);
					}
					结果如下
					one
					two
					three

表 11.1.2　CCS 公司的独自函数

函数名	格式与参数	返回值	功　能	程序库	举　例
(a) 比特处理、字节处理函数					

shift_left()	shift_left(address, bytes, value);
	address 是存储地址指针
	bytes 是连接移位字节数
	value 是移位后进入值 0 或 1
		移出(shift out)位值 0 或 1	数组或结构体的全部位左移位	不要	//由时钟(PIN_A2)24 位数据串行输入(PIN_A3)
					byte buffer[3];
					for(i=0; i<=24, ++i) {
					while(!input(PIN_A2)
					shift_left(buffer, 3, input(PIN_A3));
					while(input(PIN_A2);
					}

shift_right()	shift_right(address, bytes, value);
	address 是存储地址指针
	bytes 是连接移位字节数
	value 是移位后进入值 0 或 1
		移出(shift out)位值 0 或 1	数组或结构体的全部位右移位	不要	//由时钟(PIN_A2)对结构体的全部移位输入(PIN_A1)
					struct{
					byte time;
					byte command : 4;
					byte source : 4;
					} msg;
					for(i=0; i<=16; ++i) {
					while(!input(PIN_A2));
					shift_right(&msg, 2, input(PIN_A1));
					while(input(PIN_A2));}

rotate_left()	rotate_left(address, bytes);
	address 是存储地址指针
	bytes 是连接移位字节数
		无	数组或结构体内位左转动	不要	//常量位旋转
					x=0x86;
					rotate_left(&x, 1);

rotate_right()	rotate_right(address, bytes);
	address 是存储地址指针
	bytes 是连接移位字节数
		无	数组或结构体内的位右转动	不要	//结构体右转动
					struct{
					int cell_1 : 4;
					int cell_2 : 4;
					int cell_3 : 4;
					}cells;
					rotate_right(&cells, 2);

续表 11.1.2

函数名	格式与参数	返回值	功 能	程序库	举 例

bit_clear()	bit_clear(var,bit);
	var 是变量,类型是 int、long、int32。
	bit 是从 0～31 的整数
		无	变量 var 的指定位变为 0	不要	int x;
					x=5;
					bit_clear(x, 2);

bit_set()	bit_clear(var,bit);
	var 是变量,类型是 int、long、int32。
	bit 是从 0～31 的整数
		无	变量 var 的指定位变为 1	不要	int x;
					x=5;
					bit_set(x, 3);

bit_test()	value=bit_test(var,bit); var 是变量,类型是 int、long、int32。 bit 是从 0～31 的整数	0 或 1	返回测试变量 var 的指定位结果	不要	// if(bit_test(x, 3) || !bit_test(x, 1))
swap()	swap(value); value 是 int 型	无	交换上位 4 位和下位 4 位	不要	x=0x45; swap(x);
(b) 存储处理关联函数					

memcpy()	memcpy(dest,sorc,n);
	dest,sorc 是存储器地址指针
	n 是 int 型字节数
		无	从 sorc 地址将 n 字节复制到 dest 地址	不要	memcpy(&structA, &structB, sizeof(structA));
					memcpy(arrayA, arrayB, sizeof(arrayA));
					memcpy(&structA, &databyte,1);

memset()	memset(dest,value,n);
	dest 是存储器指针
	value,n 是 int 型整数
		无	向 dest 的地址写入 n 字节的 value	不要	memset(arrayA, 0, sizeof(arrayA));
					memset(arrayB, '?', sizeof(arrayB);
					memset(&structA, 0xFF, sizeor(structA));

offsetof()	value=offsetof(stype,field); stype 是结构体名 field 是结构体成员	int 型	返回指定成员的字节单位的地址偏移值	不要	x=offsetof(time_structure, sec); x=offsetof(time_structure, daylight);
offsetofbit()	value=offsetofbit(stype, field);	int 型	返回指定成员的位单位的偏移值	不要	x=offsetofbit(time_structure, sec); x=offsetofbit(time_structure, daylight);

11.2　标准输入/输出函数

C 语言中作为标准的输入/输出，通常准备有与控制台进行输入/输出的函数。CCS 公司的 C 编译程序中也设置有这样的标准输入/输出函数，在 PIC 的情况下，标准输入/输出不但有控制台，还有 RS232C 通信参与其中。所以，如果不进行 RS232C 通信，则不可使用标准输入/输出函数。

为使用 RS232C，应事先说明使用 # use rs232 预处理器。详细情况请参考第 6 章和第 14 章相应的内容。以下以能够进行 RS232C 通信为前提进行说明。

11.2.1　标准输入/输出函数一览表

在 CCS 公司的 C 编译程序中能够使用的标准输入/输出函数如表 11.2.1 所列。

表 11.2.1　标准输入/输出函数一览

函数名	格式与参数	用　例
(a) 标准输入/输出函数一览(输入函数)		
getc() getch() getchar() 哪个式子也行	value=getc()；	等待从 RS232 的接收(RCV)引脚来的数据输入，如果有输入，则返回 1 字节的数据。 do{ 　　answer=getch()； } while(answer!='Y' && answer!='N')；
gets()	value=gets(string)； string 是字符数组指针	从 RS232 到 CR 编码输入为止，将字符串输入数组中，CR 编码输入后在排列最后追加￥0。 gets(string)； if(strcmp(string, password)) 　　printf("OK")；

kbhit()	value=kbhit()；	平常返回 FALSE(0)，但在 RS232 有输入则返回 TRUE(1)。在想要避免由于 getc()引起的永久等待状态时使用。
		if (kbhit())
		　　return(getc())；
		else
		　　return(0)；

续表 11.2.1

<table>
<tr><th>函数名</th><th>格式与参数</th><th>用　例</th></tr>
<tr><td colspan="3">(b) 标准输入/输出函数一览(输出函数)</td></tr>
<tr><td>putc()
putchar()
两者均可</td><td>putc(cdata); cddata 是 8 位的数据</td><td>从 RS232 的发送(XMIT)引脚以串行方式输出 cdata
putc('*');
for(i=0; i<10; i++)
　　putc(buffer[i]);
putc(0xD);</td></tr>
<tr><td>puts();</td><td>puts(string);
string 是字符串或字符数组</td><td>从 RS232 的 XMIT 引脚串行输出 string 的字符编码。终止由¥0 编码进行判定
puts("--------");
puts("|　HI　|");
puts("--------");</td></tr>
<tr><td>printf()</td><td>printf(string);
printf(cstring, string);
printf(fname,cstring,values...);
string 表示字符串常数或数组名
value 表示变量名
cstring 表示格式指定
fname 表示字符输出函数名</td><td>在 RS232 或 fname 顺序输出 string 的数据。输出格式根据 cstring 的内容确定。数据输出格式在 % wt 进行指定
(1) w 是下面指定输出字符数中的某一种形式
　1～9 的单字符:指定输出字符数
　01～09 的 2 字符:指定没有消零的字符数
　带有 1.1～9.9 的小数点:以浮动小数点形式的整数部位数、小数部位数
(2) t 是下面输出形式的某一种
　C:字符
　S:字符串或字符
　u:没有符号的整数
　x:十六进制数形式(小写)
　X:十六进制数形式(大写)
　d:有符号的十进制数形式
　e:实数的指数形式
　f:浮动小数点的实数
　Lx:long 型的十六进制数形式(小写)
　LX :long 型的十六进制数形式(大写)
　lu: long 型的没有符号的整数十进制数形式
　ld: long 型的带有符号的十进制数形式
　%: % 字符本身</td></tr>
<tr><td>set _ uart _ speed()</td><td>set_uart_speed(baud);
baud 是 100～115 200 的数值</td><td>改变内置 USART 的通信速度
switch(input_b() & 3) {
　case 0: set_uart_speed(2400);
　　　　break;
　case 1: set_uart_speed(4800);
　　　　break;
　default: set_uart_speed(9600);
}</td></tr>
</table>

11.2.2　putc 函数和 getc 函数

putc 函数和 getc 函数是进行最基本的单字符数据输入/输出的函数。

1. putc 函数

指字符输出函数,书写方式如下所示:

```
putc(cdata)
```

执行该函数后,则会从指定的 PIC 引脚输出串行数据的字符串 cdata,因为它已在 # use rs232 预处理器中以 XMIT(发送)来定义。这样在计算机侧就能够表示接收的字符。计算机侧使用超级终端等通信软件。

2. getc 函数

指字符输入函数,书写方式如下所示:

```
value = getc()
```

执行该函数后,则从指定的 PIC 引脚等待接收数据,接收完成后返回接收的数据。同样,这一功能也在 #use rs232 中用 RCV 定义。

如果使用此数据,使用计算机的通信软件就能够接收从键盘输入的字符数据。必须注意的是此函数一直到输入结束之前都处于永久等待状态。

putc 函数和 getc 函数的使用方法如例 11.2.1 所示。在此例中,一旦接收由计算机发送过来的数据则立即返还此数据。这样数据为数据字符 0～9 时,返回 number 并换行,在此以外时仅返回回车(光标到行首)。执行结果如例 11.2.2 所示,数字以外的情况下,会在同一显示数据处反复显示发送的数据。

例 11.2.1　putc 和 getc

```
/////   putget1   /////
///// use unit B /////
#include <16f873.h>
#fuses HS, NOWDT, NOPROTECT, PUT, BROWNOUT, NOLVP
///// RS232C 使用声明
#use delay(CLOCK = 20000000)
#use rs232(BAUD = 9600, XMIT = PIN_C6, RCV = PIN_C7)
///// 主函数
void main()
{
  char cmd;
```

```
    while(1)                                //无限循环
    {
        cmd = getc();                       //单字符输入
        putc(cmd);                          //回送输出
        if ((cmd>='0') && (cmd<='9'))
            printf("number¥r¥n");           //如果是数字则输出
        else
            putc(0xD);                      数字以外则回行输出
    }
}
```

例 11.2.2 执行结果

```
7number
8number
6number
5number
a
```

3. kbhit 函数

getc 函数由于永久等待接收数据，在不能够变为接收状态时执行 getc 函数，则成为搁置状态，如不进行复位则无法回复原状。在想要回避由于永久等待而成为搁置状态时，使用 kbhit 函数。书写方式如下所示：

```
value = kbhit()  value 是 int 型
```

此函数在接收的数据没有到达时，返回假(0)；数据接收准备完毕时，返回真(1)。

接收准备完毕时，如果 PIC 中没有内置 USART 模块，则 RCV 引脚处在通信起始位时返回真；而在内置 USART 模块时，则在传送完一个字符后返回真。

所以，通过 kbhit 函数检查输入后，由 getc 函数实际读入数据时，在使用 USART 场合时会立即读入，在没有 USART 的情况下通过 RS232 通信实现。这种情况下需等待全部位数传送完毕。

kbhit 函数的实际使用方法如例 11.2.3 所示。在此例中从计算机输入数据，如果是数字字符则在分段发光二极管表示该数字，在此以外则什么也不表示。而且如果数据输入约 5 s 间不存在时，则发送信号，催促进行输入。

例 11.2.3 kbhit 函数的举例

```
/////  kbhit1  /////
///// use unit B /////
#include <16f873.h>
```

```
#fuses HS, NOWDT, NOPROTECT, PUT, BROWNOUT, NOLVP
///// RS232C使用声明
#use delay(CLOCK = 20000000)
#use rs232(BAUD = 9600, XMIT = PIN_C6, RCV = PIN_C7)
///// 单字符输入函数
int timed_getc()
{
    long timeout;                          //时钟溢出计数器
    timeout = 0;                           //初始化
    while (!kbhit() && (++timeout < 50000))    //等待5 s
        delay_us(100);
    if (kbhit())
        return(getc());                    //有输入则返回数据
    else
        return(0xFF);                      //溢出则返回0xFF
}
///// 主函数
void main()
{
    char cmd;
    output_high(PIN_C5);                   //开启上一位
    while(1)                               //无限循环
    {
        cmd = timed_getc();                //数据输入
        if (cmd == 0xFF)                   //计时溢出?
            printf("Time Out, Go Next !¥r¥n");
        else
        {
            putc(cmd);                     //返回输出
            switch (cmd)                   //是数字则显示
            {
                case '0': output_b(0x7E); break;
                case '1': output_b(0x0C); break;
                case '2': output_b(0xB6); break;
                case '3': output_b(0x9E); break;
                case '4': output_b(0xCC); break;
                case '5': output_b(0xDA); break;
                case '6': output_b(0xFA); break;
                case '7': output_b(0x0E); break;
```

```
            case ´8´: output_b(0xFE); break;
            case ´9´: output_b(0xCE); break;
            default: output_b(0);   break;
        }
      }
   }
}
```

11.2.3　printf 函数的扩展

printf 函数为具有书写格式的输出函数,因为能够指定各种各样的书写方式,进行输出时是非常方便的函数。标准的使用方法在第 6 章中已进行了说明,CCS 公司的 C 编译程序的 printf 函数对于标准的 C 来说为扩展函数,是能够指定输出的设备函数。书写方式如下所示:


```
printf(fname,cstirng,value,value…)
```

用 cstirng 指定的格式由 fname 函数输出 value 值。

在此,fname 追加的部分为在 CCS 编译程序中扩充的部分。fname 单字符输出的设备用函数对其进行指定,则 RS232 以外的设备也能够自由地实现输出。

cstirng 是字符串常量,仅简单地字符串原样输出,但是 % 字符需要进行特别处理,通过 %wt的格式能够指定变量的输出方式。当输出变量为多个时,根据 % 格式的顺序变量依次输出。% 的书写方式和通常的标准书写方式处理完全一样。

此扩展函数的举例如例 11.2.4 所示。在此 lcd_data 是液晶显示器上的单字符显示输出函数,如进行使用,则通过指定的格式在液晶显示上能够非常简单地输出字符串或数据。

此单字符输出函数,作为函数怎么都可以,总之如果是由引数给予的单字符输出函数时,就能够自由进行指定。

例 11.2.4　扩展 printf 函数

```
printf(lcd_data, "Strart Logger C!");
printf(lcd_data, "Data = %4LX", data);
printf(lcd_data, Buffer);
液晶显示输出函数
void lcd_data(int asci)
{
   ⋮
}
```

11.2.4　puts函数和gets函数

puts函数和gets函数是能够直接处理字符串的函数，可以处理1行的数据。在内部重复循环puts函数和gets函数，字符串终止的判定是通过复原编码(0x0D)进行的。从结果上看，puts函数和没有指定格式的printf函数处理相同，只是经常追加复原编码进行输出。实际中puts函数不经常使用，而经常使用printf函数。

puts函数和gets函数的实际使用方法如例11.2.5所示。在此例中作为password登录的"toosu换行"输入则输出OK，输入其他不同的编码时则输出NG。因为puts最后追加复原换行编码，所以没有必要在最后追加换行编码。

例11.2.5　puts函数和gets函数

```
/////  putsgets  /////
///// use unit B /////
#include <16f873.h>
#fuses HS, NOWDT, NOPROTECT, PUT, BROWNOUT, NOLVP
#include <string.h>
///// RS232使用声明
#use delay(CLOCK = 20000000)
#use rs232(BAUD = 9600, XMIT = PIN_C6, RCV = PIN_C7)
///// 主函数
void mian()
{
    char string[30];
    char password[30] = "toosu";
    while(1)                                    //无限循环
    {
        printf("password: ");                   //导向信息
        gets(string);                           //1行输入
        if(!strcmp(string, password))
        {
            puts("¥r¥n**************");          //正确时的输出
            puts("*        OK       *");
            puts("**************");
        }
        else
            puts("NG");                         //错误时的输出
    }
```

```
}
```

strcmp 函数比较 2 个字符编码，相同时返回 0，不一样则返回 0 以外的数据。使用此函数必须包含字符串处理函数库 string.h。此例的执行结果如例 11.2.6 所示。在此例中由于没有回响测试(echoback)输出，所以没有任何输入数据表示。

例 11.2.6　执行结果

```
password: NG
password: NG
password: NG
password: NG
password:
**************
*     OK     *
**************
password:
```


以 get 进行输入时，是以换行表示输入完成，换行符不会作为字符被识别，但以￥0 代之。

第 12 章 数组和指针

对C语言中相同种类的数据,以相同的类型集中在一起并进行处理时使用数组。由于能够以1个变量名称处理许多数据,所以使用起来非常方便。

12.1 什么是数组

数组在相同种类的数据以相同的类型集中起来并进行处理时使用。也就是说数组是相同类型的集合,许多数据集中起来进行一次说明,在程序中处理起来也变得很简单。

12.1.1 数组的格式

数组是多个相同类型数据的集合,数组名以已说明的变量名称方式进行处理。数组名的说明格式如例12.1.1所示。

例 12.1.1 数组定义

```
数据类型  数组名[元素数];              //1维数组的情况
数据类型  数组名[元素数][元素数];      //2维数组的情况
```

例子:

```
int data[8];
int table[5][5];
```

对于上面已说明的数组,在实际中使用时的指定方法以例12.1.2所示的格式表述。

例 12.1.2　数组的指定

```
数组名［元素号］                    //元素号为 int 型
数组名［元素号］［元素号］
```

例子：

```
data[2] = 18;
table[1][2] = 10;
for (i = 0; i<8; i++)
  data[i] = value * i;
```

如上所述，通过元素个数来说明有多少个相同类型的变量。在实际中使用时，由元素号码确定为第几个变量(也称为指针)。元素号码只能使用 int 类型。

在此，需要注意的是由于元素位号是从 0 开始，与元素个数相比要少 1。也就是说：用 int data[5]对 5 个元素的数组进行说明时：

data[0]、data[1]、data[2]、data[3]、data[4]

为其中的各元素。

设定数组的初始值时，以例 12.1.3 所示的格式。二维数组的初始化是在{ }之中，仅第 2 个元素数定义初始值，仅第 1 个元素数重复进行定义。各元素用逗号区分，最后必须有分号。

例 12.1.3　数组的初始化

```
数据类型  数组名[元素数] = {常数,常数,…,常数}
数据类型  数组名[元素数][元素数] =
    {
        {常数,常数,…,常数}
        {常数,常数,…,常数}
                  ⋮
        {常数,常数,…,常数}
    };
```

例子

```
int data[10] = {
                10, 11, 12, 13, 14,
                15, 16, 17, 18, 19
           };
int table[3][3] = {
                {1, 2, 3},
                {4, 5, 6},
                {7, 8, 9},
           };
```

这样一维数组和二维数组在内存中的存储顺序如图 12.1.1 所示。首先一维的情况如图 12.1.1(a)所示，按照元素从小到大的顺序在内存中的地址依次存储。此时元素 0 在最小的地址中进行配置，然后元素依次存储。

二维数组的场合如图 12.1.1(b)所示，第 1 个元素是为 0 的元素，第 2 个元素按照地址顺序在内存中依次存储，另外，第 1 个元素存放的是 1，以此类推。无论在哪种情况下，如果取得数组名的元素记号[ ]，仅表现数组名称时，这种情况下，即表示的就是指向数组的首地址的指针，即存储器地址。指针的概念将在下一章进行说明。

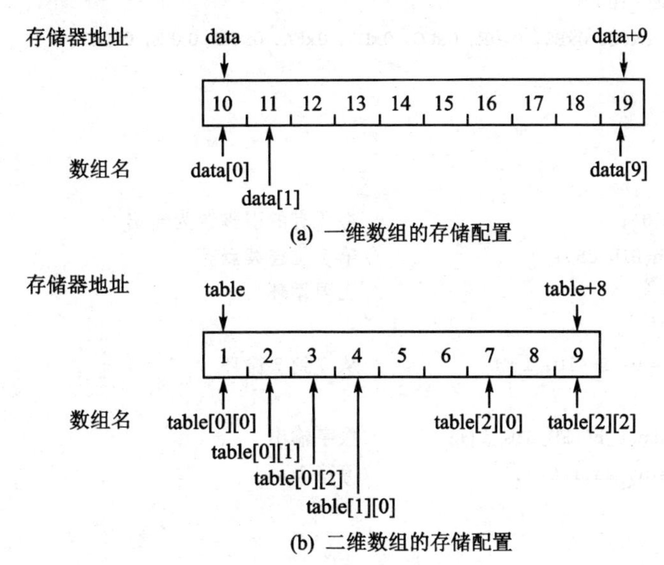

图 12.1.1 数组的存储顺序

12.1.2 数组的使用方法

使用数组时，如果元素位号是变量，由增量运算符等对元素位号变量进行＋1 运算，则能够依次取出数组中的内容，在循环程序中处理就变得简便起来。

但是需要注意的是在通过元素号码确定程序中数组时，不检查数组位号。也就是说即使指定了数组元素数以上的数组号码也不进行检查，只不过是取出内存上数组下面一个数据，因此有必要自行检查上限。

数组的实际使用方法如例 12.1.4 所示。在此例中从数值到分段数据的变换表作为 LED_SEG 数组常量进行说明。对应于数组初始值 0～9 的数值的分段数据进行定义。这样在 main 函数中，对应于由整数 i 指定数值的分段数据，从 LED_SEG 中取出并在端口 B 输出表示。等待 1 s 后，对 i 进行＋1，以表示下一个数值。i 在 0～9 之间这样循环重复表示数值。

例 12.1.4 数组的使用例子

```
/////   segment2  /////
///// use unit B /////
#include <16f873.h>
#fuses HS, NOWDT, NOPROTECT, PUT, BROWNOUT, NOLVP
#use delay(CLOCK = 20000000)
///// BCD码到7段显示码的变换表
int const LED_SEG[10] =
        {0x7E, 0x0C, 0xB6, 0x9E, 0xCC, 0xDA, 0xFA, 0x0E, 0xFE, 0xCE};
///// 主函数
void main()
{
    int i, j;
    set_tris_b(0);                          //将所有的引脚置为输出
    output_high(PIN_C5);                    //第1位连续点亮
    while(1)                                //无限循环
    {
        for (i = 0; i<10; i++)              //从0到9循环
        {
            output_b(LED_SEG[i]);           //数字输出
            delay_ms(1000);                 //等待1 s
        }
    }
}
```

在此的数组常量 LED_SEG[10]带有 const 型的修饰符号。它本来是表示作为静态的数据类型来保护数据的，但是在 CCS 公司的 C 编译程序情况下，增加 const 后，就会依 PIC 的编译指令 RETLW 生成数组。这样就能够以最小的内存保存数据。

在此例中的 LED_SEG[10]的部分编译结果如例 12.1.5 所示，可以确定 RETLW 命令返回 10 个排列的常量。

例 12.1.5 LED_SEG[10]的编译结果

```
.....................///// BCD码到7段显示码的变换表
..................... int const LED_SEG[10] =
..................... {0x7E, 0x0C, 0xB6, 0x9E, 0xCC, 0xDA, 0xFA, 0x0E, 0xFE, 0xCE};
 *
0004:  BCF  0A.0
0005:  BCF  0A.1
0006:  BCF  0A.2
```

```
0007： ADDWF02,F
0008： RETLW7E
0009： RETLW0C
000A： RETLWB6
000B： RETLW9E
000C： RETLWCC
000D： RETLWDA
000E： RETLWFA
000F： RETLW0E
0010： RETLWFE
0011： RETLWCE
```

12.2 字符串的处理

在C语言中通过char数据类型能够非常容易地处理1个字符，但是无法处理字符排列起来的字符串数据类型。因此，字符串是放入数组之中进行处理。也就是作为char型的数组进行处理。而且能够以和初始化相同的格式确保字符串作为常量数据。其格式如下所示：

char 数组名[元素数]=" 字符串 "

在此情况下的元素数，需要有字符串的(字符数+1)个以上。+1个是因为有必须表示字符串终止的¥0数据的缘故。在指定字符串+1个以上的元素数情况下，在内存中从元素0开始依次存储，留下的部分则不确定(以前存储的数据保留)。

在这种格式中也能够省略元素数目。在这种情况下，可以自动保证字符串的数组元素数目为字符数+1个。

例如：

```
char string[ ] = "Hello!!"
```

在此情况下数组元素如下所述进行保证。

```
string[0] = 'H'
string[1] = 'e'
string[2] = 'l'
string[3] = 'l'
string[4] = 'o'
string[5] = '!'
string[6] = '!'
string[7] = '¥0'
```

如上例所示，当字符串为数组时，最后必须追加¥0 数据。这样元素数就变为 8 个字符。通过¥0 就能够知道数组数据的最后位置。此字符串数据在内存上的配置如图 12.2.1(a)所示，从元素数 0 开始依照地址从小到大依次存储。

字符串为数组的程序如例 12.2.1 所示。

例 12.2.1　利用数组的字符串使用例

```
/////   use unit B   /////
#include <16f873.h>
#fuses HS, NOWDT, NOPROTECT, PUT, BROWNOUT, NOLVP
///// RS232C 使用声明
#use delay(CLOCK = 20000000)
#use rs232(BAUD = 9600, XMIT = PIN_C6, RCV = PIN_C7)
///// 全局变量声明和初始化
static char week[7][4] =
        { {"Sun"}, {"Mon"}, {"Tue"},
          {"Wed"}, {"Thu"}, {"Fri"}, {"Sat"}
        };
///// 主函数
void main()
{
    int i;
    for (i = 0; i<7; i++)                          //从 0 到 7 循环
    {
        printf("%s¥r¥n", week[i]);                 //将 week 的内容输出
    }
    delay_ms(10);                                  //等待串行输出结束
}
```

在此例中使用二维的数组，内存上的存储如图 12.2.1(b)所示。各星期的字符串依次存储，字符串在标准设备上进行输出时，由 printf 语句只要指定第 1 个元素，则其位置为各星期字符串的先头位置。然后作为一连串的字符串依次输出，由¥0 作为终止符号予以结束。此例题的执行结果如例 12.2.2 所示，各星期按照顺序依次表示。

例 12.2.2　执行结果

```
Sun
Mon
Tue
Wed
```

```
Thu
Fri
Sat
```

由 printf 语句进行数组指定，不是指定为 week[i][0]，而是指定为 week[i]。这是因为有这样的规则：由 printf 语句表示字符串时，不是各字符串的实体，而是指定起始地址作为引数。也就是存入 week[][]中的多个字符串的各个起始地址通过 week[]表示。

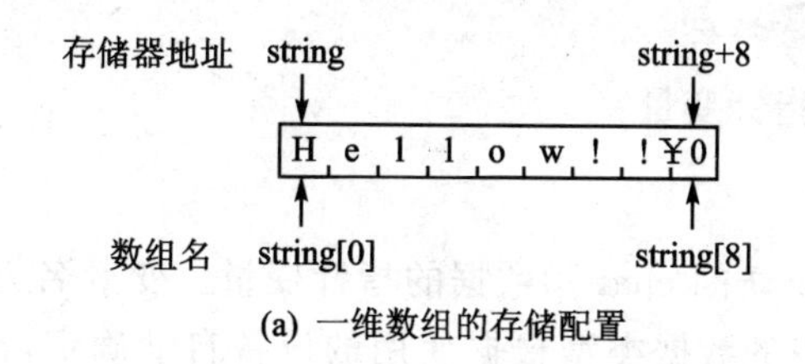

(a) 一维数组的存储配置

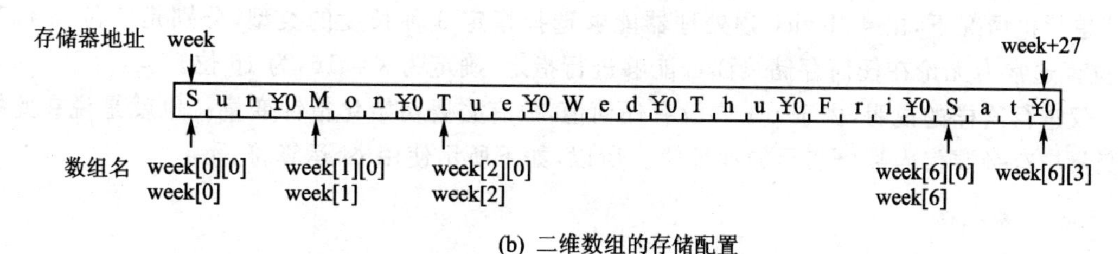

(b) 二维数组的存储配置

图 12.2.1　数组的存储顺序

12.3　指　针

在 C 语言中经常使用称为指针的术语。指针实质的意义是内存中的地址，通过使用此地址能够直接读出数据。

为什么经常使用指针呢？例如在内存中很多数据依次进行存储，为了取出数据，可以通过确定是第几个数据的方法，计算存储场所的内存地址，从而取出数据。

但是如果指定指针，也就是内存地址的话，由于指针直接表示地址，故不需要计算地址，仅此一点就能够实现高速访问。特别是数据较多时这种差别就会更显著地表现出来。因此在 C 语言的程序中经常使用指针。

指针是 C 语言程序设计的关键之处。如果能够正确理解，也许可以说已经掌握了 C 语言。指针的内部详细构造在后续章节中进行说明。

12.3.1　指针变量

表示指针的指针变量通过下面的格式进行定义。

数据类型　＊变量名

与通常的变量说明不同之处在于有＊(星号)，从而明确为指针变量。此种场合的＊符号仅表示为记号而不是运算符号。

例如如下所示说明指针变量：

```
char *ptr;
```

此说明表示变量 ptr 访问 char 型数据的指针变量。变量名为 ptr 而不是＊ptr，ptr 不是 char 型的变量。ptr 自身的数据类型根据使用的设备自动确定，没有必要进行特别指定。在 PIC 单片机情况下，由 # device 预处理器能够选择指定 3 种长度的类型，分别是 5 位、8 位和 16 位。通常为无论在任何存储页面都能够进行指定，确定为＊＝16，为 16 位。

仅进行这样的说明，由于 ptr 中没有任何值，故有必要初始化指针变量。也就是说在此指针变量中有必要代入某个实际的地址值。所以，如下所示使用 & 运算符。

```
ptr = &data;
```

在说明的同时，初始化时进行下面的描述也可以：

```
int *ptr = &data;
```

& 位于变量名的前面时，返回此变量的存储地址。所以能够将上面的 data 存储地址值代入 ptr 中。相反，为取出地址指定场所的数据，则使用＊运算符，如下所示：

```
x = *ptr;
```

在这种情况下，是从 ptr 具有的地址所指示场所中的数据取出，代入 x 中。但是为了能够正确代入，存储数据的类型和 x 的类型必须相同。

其次为了更方便地使用指针，由增量运算符和减量运算符进行的计算，根据数据的类型以数据类型的字节数单位进行。也就是处理 int 型的数组时，指针每次增减 1，处理 long 型的数组时，每次增减 2。

下面用实际的例子说明这之间的关系。在例 12.3.1 的实例中，对于 a 和 b 这样的整数变量，设置有 ptr_a 和 ptr_b 指针变量。然后用 & 运算符和＊运算符的运算结果进行确认。此例的执行结果如例 12.3.3 所示，指针为地址 0x26 区域和 0x27 区域，此场所的内容能够确认为和 a、b 相同的数值。其他如 long 型、float 型也一样，地址仅移动必要的字节数。

例 12.3.1 指针变量的例子

```
/////   pointer2   /////
///// use unit B /////
#include <16f873.h>
#fuses HS, NOWDT, NOPROTECT, PUT, BROWNOUT, NOLVP
///// RS232C 使用声明
#use delay(CLOCK = 20000000)
#use rs232(BAUD = 9600, XMIT = PIN_C6, RCV = PIN_C7)
///// 主函数
void main()
{
    int a, b, *ptr_a, *ptr_b;
    long la, lb, *ptr_la, *ptr_lb;
    float fa, fb, *ptr_fa, *ptr_fb;
    ///// int 型
    a = 1;
    b = 2;
    ptr_a = &a;
    ptr_b = &b;
    printf("a = %u  ptr_a = %LX  *ptr_a = %u¥r¥n", a, ptr_a, *ptr_a);
    printf("b = %u  ptr_b = %LX  *ptr_b = %u¥r¥n", b, ptr_b, *ptr_b);
    ///// long 型
    la = 1000;
    lb = 2222;
    ptr_la = &la;
    ptr_lb = &lb;
    printf("la = %lu  ptr_la = %LX  *ptr_la = %lu¥r¥n", la, ptr_la, *ptr_la);
    printf("lb = %lu  ptr_lb = %LX  *ptr_lb = %lu¥r¥n", lb, ptr_lb, *ptr_lb);
    ///// float 型
    fa = 123.456;
    fb = 256.384;
    ptr_fa = &fa;
    ptr_fb = &fb;
    printf("fa = %f  ptr_fa = %LX  *ptr_fa = %f¥r¥n", fa, ptr_fa, *ptr_fa);
    printf("fb = %f  ptr_fb = %LX  *ptr_fb = %f¥r¥n", fb, ptr_fb, *ptr_fb);
    delay_ms(100);              //等待串行输出结束
}
```

例 12.3.2　执行结果

```
a = 1   ptr_a = 26   * ptr_a = 1
b = 2   ptr_b = 27   * ptr_b = 2
la = 1000   ptr_la = 2A   * ptr_la = 1000
lb = 2222   ptr_lb = 2C   * ptr_lb = 2222
fa = 123.455998   ptr_fa = 30   * ptr_fa = 123.455998
fb = 256.383995   ptr_fb = 34   * ptr_fb = 256.383995
```

12.3.2　数组和指针

数组在内存上依次存储，所以用指针处理最为合适。数组变量的数组名实际就是指针。仅指定数组变量的数组名，就可以表示此数组的先头地址，不需要 & 运算符。也就是说如果进行下面的步骤，则数组的指针被代入。

```
int data[20];
int * ptr;
Ptr = data; 或 ptr = &data[0];
```

如果要依次取出数组的元素内容，则用指针仅进行增量即可，而且由增量运算符号或减量运算符号发生增值，按照数据类型以数据类型的字节数单位发生改变，而不必担心数据类型的字节数。

实际的应用例子如例 12.3.3 所示。此例的执行结果如例 12.3.4 所示，增量运算如 iptr++、lptr++、fptr++按照数据类型，仅必要的字节数执行加法运算。也就是 iptr 每次加 1，lptr 每次加 2 计数结束，fptr 每次加 4 计数结束。而且能够确认 * 和指针取出的数据和数组确保的数据完全相同。

例 12.3.3　数组与指针

```
/////  pointer1  /////
///// use unit B /////
#include <d16f873.h>
#fuses HS, NOWDT, NOPROTECT, PUT, BROWNOUT, NOLVP
///// RS232C 使用声明
#use delay(CLOCK = 20000000)
#use rs232(BAUD = 9600, XMIT = PIN_C6, RCV = PIN_C7)
///// 主函数
void mian()
{
      ///// 数组定义
```

```
    int   data[5]  = {1, 2, 3, 4, 5};
    long  ldata[5]  = {0x1111, 0x2222, 0x3333, 0xAAAA, 0xCCCC};
    float fdata[5]  ={ 1.0, 1.1, 1.2, 1.3 1.4};
    ///// 指针声明与代入
    int i, iptr;
    float * fptr;
    long * lptr;
    iptr = data;
    lptr = ldata;
    fptr = fdata;
    ///// 指针动作确认
    for (i = 0; i<5; i ++ )
    {
        printf(" %u   %LX  =  %u¥r¥n", i, iptr, * iptr);
        iptr ++ ;                  //int 型   + 1
    }
    for (i = 0; i<5; i ++ )
    {
        printf(" %u   %LX  =  %LX¥r¥n", i, lptr, * lptr);
        lptr ++ ;                  //long 型   + 2
    }
    for (i = 0; i<5; i ++ )
    {
        printf(" %u   %LX  =  %2.5f¥r¥n", i, fptr, * fptr);
        fptr ++ ;                  //float 型   + 4
    }
    delay_ms(100);
}
```

例 12.3.4　执行结果

```
0   26 = 1
1   27 = 2
2   28 = 3
3   29 = 4
4   2A = 5
0   2B = 1111
1   2D = 2222
2   2F = 3333
3   31 = AAAA
```

```
4  33 = CCCC
0  35 = 1.00000
1  39 = 1.10000
2  3D = 1.20000
3  41 = 1.29999
4  45 = 1.39999
```


12.3.3 函数的引数和指针

在C语言函数中的数据作为引数传递时，有称为数值传递的方法直接将数据本身进行传递。但是在传递大量的数据时，全部通过引数进行指定时描述变得非常麻烦；而且 return 语句的返回值也限定为1个。

在这种情况下，使用指针的话，传递值即使为一个指针变量，由于传递为内存上的存在位置，所以接收方能够将需要的数任意取出；而且也没有必要事先保证数据为全局变量，能够成为更加理想的结构化程序设计描述。

但是，需要注意的是仅内存地址能够更换，故有可能发生将别的地址的数据更换的错误。如果发生这样的错误，则程序极有可能变得非常混乱，故处理指针应十分注意。

作为引数使用指针的实例如例12.3.5所示。在此例中对于int型、long型、float型各个变量，对加上一定值的函数indrct()，变量的地址作为引数进行传递。作为indrct()函数的返回值必须为3个，故return语句无法使用。指针为引数时，在函数内直接能够改写变量，返回值的数有多个也可以。

在例12.3.5中对于作为引数被传递的3个变量的运算结果，通过写在和此引数相同的变量处来返回数值。执行结果如例12.3.6所示，可以看出，对于相同格式的printf语句，3个变量的运算结果出现在各自固定的位置。

例 12.3.5 引数指针的例子

```
/////  pointer3  /////
///// use unit B /////
#include <16f873.h>
#fuses HS, NOWDT, NOPROTECT, PUT, BROWNOUT, NOLVP
///// RS232C使用声明
#use delay(CLOCK = 20000000)
#use rs232(BAUD = 9600, XMIT = PIN_C6, RCV = PIN_C7)
///// 原型定义
void indrct (int * x, long * y, float * z);
///// 主函数
```

```
void main()
{
    int a;
    long l;
    float f;
    ///// 初始化
    a = 10;
    l = 200;
    f = 20.56;
    printf("Before a = %u  l =  %lu  f =  %f¥r¥n", a, l, f);
    indrct(&a, &l, &f);             //向指针地址设置实参数
    printf("After a =  %u  l =  %lu  f =  %f¥r¥n", a, l, f);
    delay_ms(100);                  //等待串行输出结束
}
///// 间接运算函数
void indrct(int *x, long *y, float *z)
{
    *x = *x + 200;                  //对 a 写数
    *y = *y + 20000;                //对 l 写数
    *z = *z + 100.0;                //对 f 写数
}
```


例 12.3.6　执行结果

```
Before a = 10     l = 200      f = 20.559999
After  a = 210    l = 20200    f = 120.559995
```

12.3.4　函数的引数和数组

在想要传递大量的数据给函数时，将数组作为引数使用是非常有效的方法。作为函数的引数使用数组时，如下所述进行描述：

```
func(seg,10);
func(&seg[0],10);
```

如上所示，数组作为引数进行传递时，仅指定数组名或使用 & 运算符明确地指定地址进行传递。而且作为引数：

```
func(int a[10]);
```

如上所示，即使在数组中有元素数，也仅传递元素值，不能传递元素数。因此，如上所述，

有必要将元素数作为引数另外追加。在字符串的情况下,也能通过数组进行处理,由于“结束”通过¥0 能够检查出,故没有必要将元素数通过引数进行传递。

通常的变量作为引数时,在函数内复制数值进行传值,但在数组的情况下,由于仅传递存储场所,所以不复制数值。也就是说与指针成为引数的处理相同。

作为引数传递的数组,除如上所述的一维数组以外,也能够传递多维的数组数据,下面用例说明多维数组的情况。

```
funct2(&log[i][0]);
```

如上所示,多维的数组作为函数的引数进行处理时,也传递此数组的指针,此时如将各元素的指针作为数组,生成指针数组则处理起来非常便捷。

作为函数的引数使用数组的实例如例 12.3.7 所示。在此例中将 week[7][4]这样的二维数组的字符串作为引数进行处理。首先,在 printf_string 函数中,参数是指针型的,而在函数内部,又是以指针地址及所存的字符串输出。

在 main 中,如果直接将数组元素的起始地址作为参数,或使用指针型数组作为参数使用,结果如例 12.3.8 所示,完全相同。

例 12.3.7 将数组传递给函数

```
/////  hairetu2  /////
///// use unit B /////
#include <16f873.h>
#fuses HS, NOWDT, NOPROTECT, PUT, BROWNOUT, NOLVP
///// RS232C使用声明
#use delay(CLOCK = 20000000)
#use rs232(BAUD = 9600, XMIT = PIN_C6, RCV = PIN_C7)
///// 全局变量声明和初始化
static char week[7][4] =
            {"Sun", "Mon", "Tue", "Wed", "Thu", "Fri", "Sat"};
///// 数据输出函数
void print_string(char *ptr)
{
    printf(" %4X  ", ptr);
    printf(" %s¥r¥n", ptr);                    //pointer address)
}
///// 主函数
void main()
{
    int i;
```

```
    char * p_week[7];                          //指针的数组声明
    ///// 对指针型数组初始化
    for (i = 0; i<7; i++)
    {
        p_week[i] = &week[i][0];               //各元素的起始地址设置
    }
    ///// 数据输出
    for (i = 0; i<7; i++)
    {
        print_string(&week[i][0]);             //作为普通数组数据输出
        print_string(p_week[i]);               //用指针输出
        printf("¥r¥n");
    }
    delay_ms(10);                              //等待串行输出结束
}
```


例 12.3.8　执行结果

```
0025  Sun
0025  Sun

0029  Mon
0029  Mon

002D  Tue
002D  Tue

0031  Wed
0031  Wed

0035  Thu
0035  Thu

0039  Fri
0039  Fri

003D  Sat
003D  Sat
```

指针构造

1. 指针和运算符

指针是C语言程序设计中的重点。为了更深入地理解指针动作,下面对指针的构造进行说明。

如图12.4.1所示,为指针的基本位置属性。

首先考虑处理数据的情况。声明INT1～INT4的int型数据和LONG1、LONG2的long型数据后,则编译程序能够保证存储于数据存储器上的某个位置。哪个位置,也就是保证是哪个地址,由编译程序自动进行处理,到执行之前是无从得知的。在此,如果使用事先设置的&运算符或称之为地址运算符,则能够求得存储地址。也就是说LONG1的存储地址通过&LONG1能够获得。

另外,如果进行形如"int *ptr;"的int型的声明后,同样能够保证指针变量自身的存储位置。但仅进行说明则内容为空置状态。

在此,如果"ptr=&INT2;",则在指针变量ptr保存INT2的存储地址。在此状态下,如图12.4.2所示,通过*运算符号,INT2的内容以*ptr表示。也就是说由指针能够间接地取出指定地址内存中的内容。

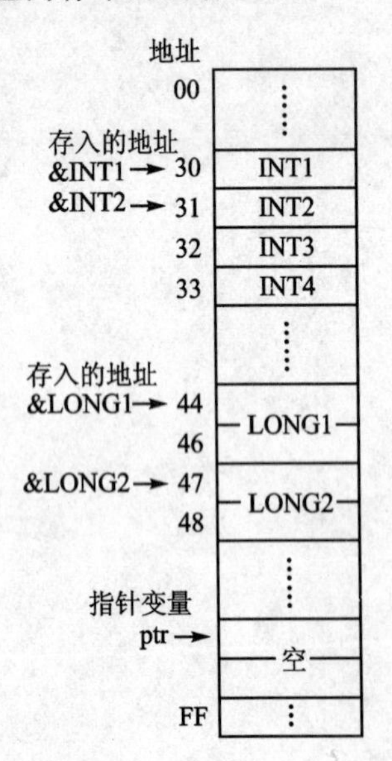

图12.4.1 指针和&运算符

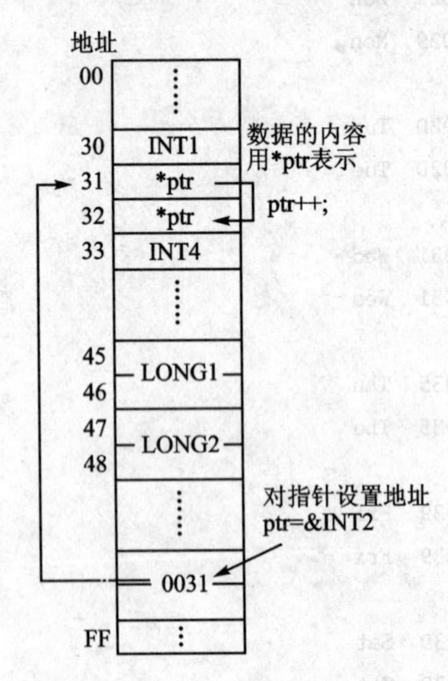

图12.4.2 指针和*运算符

而且指针通过＋＋运算符号进行增量运算，由于能够指向下一个地址，执行“ptr＋＋;”后，则即使和 * ptr 记述相同，也能够取出 INT3 的内容。这样对指针变量进行增量运算，则能够高效处理连续排列的数据。

其次指针的方便之处在于能够意识到类型的不同而自动操作。例如图 12.4.2 为 int 类型的例子，图 12.4.3 为 long 型变量领域排列情况，以 long * ptr 形的 long 型声明指针变量，代入“ptr＝&LONG1;”。这样如图 12.4.3 所示，由 * ptr 取出 LONG1 的内容。然后通过＋＋运算符号增量运算，则自动按照此类型的字节数进行必要的地址加法运算，ptr 进行＋2，这样由同样描述的 * ptr 能够取出 LONG2 的数据。所以，指针变量在处理连续的数据时非常方便。

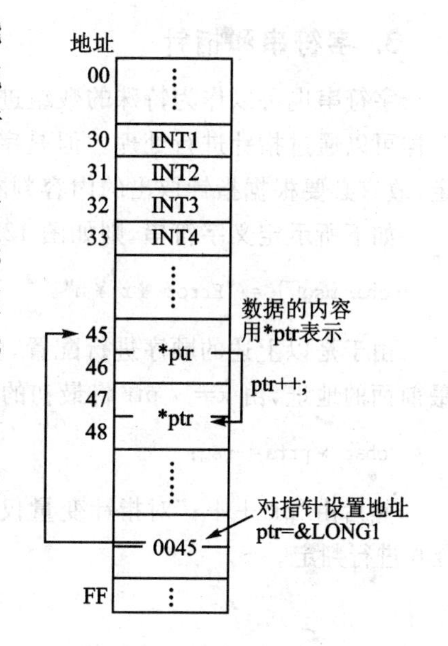

图 12.4.3　指针和＋＋运算符

在此使用的 * 运算符号，分为几种，容易产生混乱。确实有由于此运算符号的使用错误使程序发生错误的情况。对其进行整理分为下面 3 种类型，使用时请予以注意。

(1) 算术运算符的乘法运算(2 项运算符号)　以式 * 式的形式进行的 2 项运算符。

(2) 指针变量声明　此种情况下不是运算符号，而且明确声明为指针，如下所示：

```
int * prt;  float * fptr;
```

(3) 间接运算符(单项运算符号)　通过指针由间接地址指定取出数据内容。仅右侧的单项式为对象，如下所示：

```
x =  * fptr;
```

2. 指针和数组

数组在内存中按照下标顺序依次存储，能够保证相同类型的数据在内存中连续存储，故用指针处理起来非常方便。例如如下所示定义数组，则在数据存储器上的配置应如图 12.4.4 所示。

```
long data[10] = {10,11,12,13,14};
```

如果仅将数组的数组名代入，则指向数组最初的存储地址，故由“ptr＝data;”能够作为地址代入指针变量中，其后“ptr＋＋;”指针变量仅进行增量运算，则由同样的 * ptr 能够依次访问数组数据。

这样数组的先头地址代入指针变量中，则从 data[0]开始能够按照顺序依次处理数据。

3. 字符串和指针

字符串也可以作为特殊的数组进行处理，由于其在内存中按照顺序依次存储，所以与数组一样可以通过指针进行处理。但是字符串作为数组其大小不确定，结束通过数据￥0 进行判定，故有必要根据指针取出的内容判断终止。

如下所示定义字符串，则如图 12.4.5 所示在内存的某处进行存储。

```
char msg[] = "Error ￥r ￥n"
```

由于是以上述的顺序进行配置，所以声明指针作为初始值代入，在 ptr 代入字符串 msg 的最前面的地址，由 x= * ptr 将最初的字符数据丶 E′代入 x 中。如下所示。

```
char * prt = msg;
```

然后由“ptr++;”对指针变量仅增量运算，则能够依次取出字符数据。终止则由最后的￥0 进行判定。

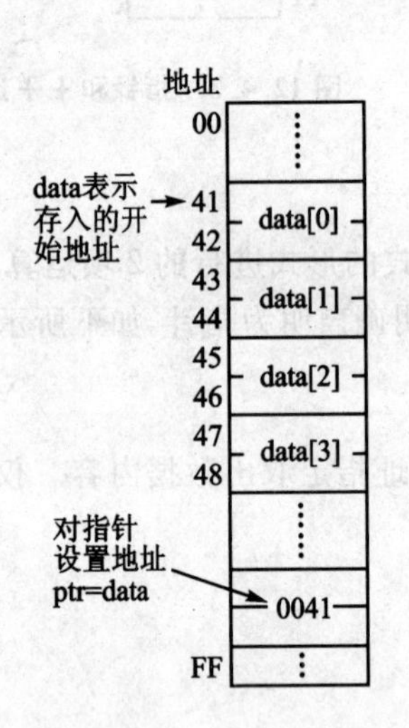

图 12.4.4　指针和数组

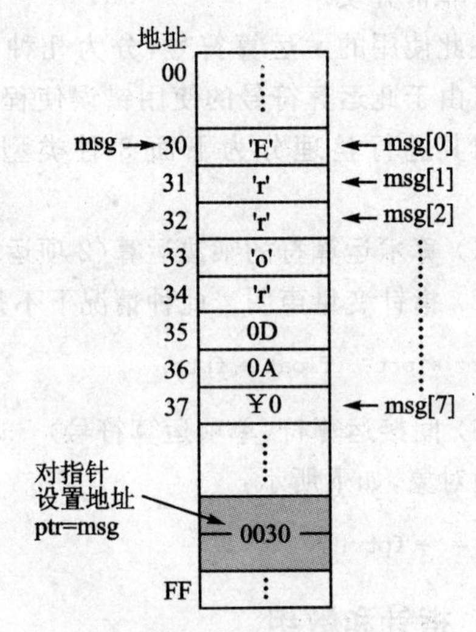

图 12.4.5　指针和字符串

第13章 结构体和联合体

在C语言中如果能像数据库记录那样，将不同类型的多个数据集中在一起处理，就会非常方便。结构体数据类型能够做到这一点。使用结构体能够将不同类型的复数数据集中在一起，定义为一个数据类型并予以处理。

其次，如果使用联合体，则在一个结构体中，可将定义的内容与不同的结构共用，从而作为不同的数据类型来处理。

本章将对结构体和联合体的使用方法和声明方法进行说明。

13.1 结构体

将复数的数据集中在一起处理的方法有排列。但排列的限制是数据类型必须相同。在C语言中如果能够像数据库那样，将不同类型的数据集中起来记录，将非常方便。实现这种功能的就是结构体数据类型(structure)。

13.1.1 结构体的定义和说明

作为不同数据类型集合的结构体以例13.1.1所示的书写方式进行定义。

例 13.1.1 结构体的定义

```
struct 结构名
      {
          型  成员名 1;
          型  成员名 2;
```

```
        型　成员名 3;
              ⋮
    };
```

这种书写方式仅为结构体的形式定义。不能确保作为实体的存储区域。仅仅是定义而已。标记名为定义结构体的结构名。为了使用此定义确保作为实体的存储区域,应如例 13.1.2 所示进行说明。

例 13.1.2　结构体的说明

```
struct 结构体类型名　结构体名 1 [,结构体名 2…];
```

由这种格式就可以用相同的结构体类型产生多个结构体实体,而且分别有结构体名 1、结构体名 2…的名称。

以上是定义和说明相分离的方法。同样也有定义和说明相结合在一起的方法。而且这种方法因为简略所以经常使用。

例 13.1.3　定义和说明同时进行的格式

```
struct {
    型　成员名 1;
    型　成员名 2;
    型　成员名 3;
        ⋮
} 结构名 1[,结构名 2…];
```

13.1.2　对结构体各成员的访问

对这样定义的结构体各成员进行访问时,其书写方式如下所示:

```
结构体名.成员名
```

也就是说,用点运算符号将结构体名和成员名结合起来进行指定。

以这种书写方式就可以访问各成员。因为通常结构体较多作为共有数据处理,所以结构体的说明通常在程序的最前面,作为全局变量来说明。

以具体的例子进行说明,如例 13.1.4 所示,在称为 log 的结构体的结构内说明 logger1 和 logger2 两个结构体。

例 13.1.4　结构体说明

```
struct log{
    char time [10];            //time stamp
    long ch0;                  //channel No0 data
```

```
    long ch1;                    //channel No1 data
};
struct log logger1, logger2;
```

只要是拥有以上同样结构的结构体,就能够代入结构体成员。例如在上述的结构体 logger1 和 logger2 中,就可以代入相同类型的成员。

```
logger1 = logger2;
```

也能够以上面的形式一并代入。

13.1.3 位字段

说明结构体成员时可以以位为单位对成员进行指定说明,这称为位字段。基本的说明格式和结构体一样,具体的例子如例 13.1.5 所示。从例中可知,对每个成员(这里也称为字段)赋以":位数"进行了位数指定。

例 13.1.5 位字段的说明

```
struct {
        int Red         :1;
        int Yellow      :1;
        int Green       :1;
        int Orange      :1;
        int             :4;         //无名字段
} portb;
```

如图 13.1.1 所示,对于称为 portb 的 1 字节的数据领域,低 4 位的各位有 int 类型的名称。这样在 CSS 的编译程序中,位字段按照说明行列的顺序从低位开始定义为 int 类型。(在 CSS 编译程序中不支持 short 位类型的排列。)

对于不使用的位省略名称,定义为无名称的字段。

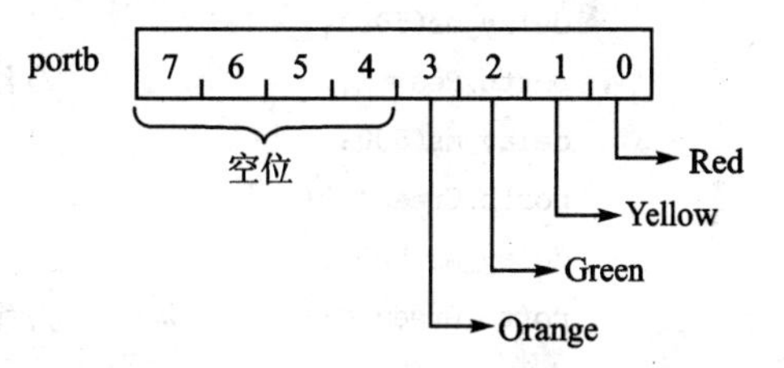

图 13.1.1 位字段

参照各位字段时,格式和一般结构体成员的书写格式相同,如下所示:

```
portb.Red
```

实际的使用例子如例 13.1.6 所示。在此将单元 A 的端口 B 的构成以结构体进行了定义。也就是说各个发光二极管各有名称,能够进行每位的指定。以 portb 的结构体名称从低位开始按照顺序定义每位,指定为 int 类型。指定 4 位后剩余的 4 位因为空余,不作任何定义。

构造体定义后，portb作为实际的端口B的寄存器地址，为了进行指定，用# byte预处理器定义地址。

例13.1.6 结构的使用例子

```
/////  struct1  /////
///// use unit A /////
#include <16f84a.h>
#fuses HS, NOWDT, PUT, NOPROTECT
#use delay(CLOCK = 20000000)
///// 结构体声明与定义
struct {
    int Red       :1;                //RB0 红
    int Yellow    :1;                //RB1 黄
    int Green     :1;                //RB2 绿
    int Orange    :1;                //RB3 橙
} portb;
#byte portb = 6
///// 主函数
void main()
{
    set_tris_b(0);                   //将所有的引脚设置为输出
    while(1)                         //无限循环
    {
        portb.Red = 0;               //红亮
        delay_ms(500);
        portb.Red = 1;               //红灭
        delay_ms(500;
        portb.Green = 0;             //绿亮
        delay_ms(500);
        portb.Green = 1;             //绿灭
        delay_ms(500);
    }
}
```

在main函数中，使用结构体各成员指定发光二极管，输出0或1，就能够进行闪灭控制。

13.1.4 结构数组

因为结构体的处理和通常的变量相同，所以能够排列。如果定义了结构，那么在声明结构数组时，按照下面的格式：

struct　结构体名称　结构数组名称[要素数]；

如例13.1.7所示为结构体的结构定义和结构数组变量的声明。

例13.1.7　结构数组定义和声明

```
struct log {
    char tstamp[10];            //time stamp
    long ch0;                   //channel No0 data
    long ch1;                   //channel No1 data
};

struct log logger[100];         //100 event
```

对logger[100]这样一个数组变量，其中的时间数据与其相应的测量数据共同成为一组数据，其最大为100组。但是在实际中请注意最大不能超过PIC的数据存储器容量，超过后就会出现编译错误。

其次，要访问结构数组中的成员，则参照如下面的格式：

结构体名[要素序号].成员名称

之后，各数据就可以用logger[15].ch0或logger [15].ch1的格式进行数据访问。

13.1.5　结构体指针

结构既然可以表现为数组形式，那么就可以利用指针变量来处理结构数组。为访问结构数组，可以将指针变量做如下声明：

struct　结构体类型名　*指针变量名

为将结构体的首地址代入指针变量，如同通常的数组一样，因指针变量只有结构的首地址，故可写为：

指针变量名=结构体排列名

或者

指针变量名=&结构体排列[0]

使用指针访问结构体成员和访问一般的排列成员一样，其书写方式如下所示：

(*指针变量名).成员名

但是这种描述方式过于麻烦。使用运算符号－＞，和上面的表述意义相同。运算符号－＞称为指针运算符号，其书写方式如下所示：

指针变量名－＞成员名

使用指针进行结构体处理的方便之处在于，仅通过指针的增减，就可以连续访问结构体排列各要素的成员。

在此重要的是，指针增加时不仅仅是单纯加 1，而是仅对结构体的尺寸进行加法运算，所以可以指向结构体的下一个要素的地址。

如例 13.1.8 所示，以固定值初始化结构体排列 logger 的各成员后，为确认结构体成员的代入功能，复制一部分结构体。其后使用指针变量按照顺序访问，并输出结构体成员的计测数据，执行结果如例 13.1.9 所示。

例 13.1.8　结构体排列和指针

```
/////   structure2   /////
///// use unit B /////
#include <16f873.h>
#fuses HS, NOWDT, NOPROTECT, PUT, BROWNOUT, NOLVP
///// RS232C 使用声名
#use delay(CLOCK = 20000000)
#use rs232(BAUD = 9600, XMIT = PIN_C6, RCV = PIN_C7)
///// 全局变量声明   结构体数组定义
static struct log {
    int event;                                   //编号
    long ch0;                                    //数据 0
    long ch1;                                    //数据 1
} logger[10];                                    //元素数 10 个 0
///// 主函数
void main()
{
    int i;
    struct log * ptr = logger;                   //指针定义与初始化
    ///// set initial data
    for (i = 0; i<10; i ++)                      //对结构型数组初始化
    {
        ptr -> event = i;
        ptr -> ch0 = (long)i * 100;              //变换为 long 型
        ptr -> ch1 = (long)i * 200;
        ptr ++
    }
    ///// copy structure
    logger[5] = logger[9];                       //对结构代入例
```

```
    ptr = logger;                                    //将指针赋予数组的开始地址
    ///// 数组内容的输出
    for (i = 0; i<10; i++)
    {
        printf("%u  %4lu  %4lu¥r¥n", logger[i]. event, logger[i]. ch0,
             logger[i].ch1);
        printf("%u  %4lu  %4lu¥r¥n", ptr-> event, ptr-> ch0, ptr-> ch1);
        ptr++;                                       //指针加1,到下一元素
        printf("¥r¥n");
    }
    delay_ms(10);                                    //等待串行通信结束
}
```


例 13.1.9 执行结果

```
0    0    0
0    0    0

1  100  200
1  100  200

2  200  400
2  200  400

3  300  600
3  300  600

4  400  800
4  400  800

9  900  1800
9  900  1800

6  600  1200
6  600  1200

7  700  1400
7  700  1400

8  800  1600
8  800  1600
```

```
9  900  1800
9  900  1800
```

13.2　联合体

用结构体可以定义不同类型数据的集合，但是相同的数据部分当作不同的数据类型处理时，需要使用联合体。

也就是说，一个数据领域通过完全不同的处理方法从而达到联合的目的。

联合体的定义格式如例 13.2.1 所示。结构体的 struct 仅转换为 union 即可。下面是定义和声明同时表现的格式。

例 13.2.1　联合体的定义和说明格式

```
union 联合体类型名
    {
        类型 成员名 1;
        类型 成员名 2;
        类型 成员名 3;
        ⋮
    } 联合体名;
```

定义方法和结构体完全一样，使用方法如例 13.3.2 所示，使用联合体名与使用结构体一样，用点运算符进行引用。

例 13.2.2　联合体的引用格式

```
联合体名.成员名
```

书写方式虽然非常相似，但存储方式完全不同。结构体按照顺序确保每个独立的成员存储领域，但联合体仅确保一个最大存储成员的存储领域，剩余的所有成员共用这个存储领域。也就是说需要注意的是将数值代入某个成员时，在引用别的成员时数值发生改变。

用具体的例子进行说明，如例 13.2.3 所示，定义联合体。

例 13.2.3　联合体的用例

```
///// 联合声明与定义
union {
        float    fdata;          //浮点
        int      idata[4];       //整数
    } bitstream;
```

在这种情况下，定义有 fdata 和 idata[4]，而存储的关系如图 13.2.1 所示，也就是以不同的使用方法共同用一个存储空间，因此如果一方有变化，另一方的数据也会改变。

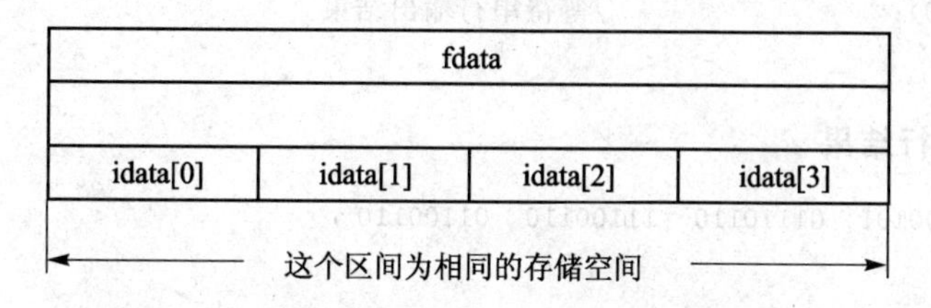

图 13.2.1 联合体的存储配置

实际的使用例子如例 13.2.4 所示，在此例中 float 类型的变量和 int 类型的 4 个元素的数组共同使用 4 个字节的存储空间。为了知道以 float 存储的定量位排列，int 类型的变量以每一字节取出，以位模式(bit pattern)输出表示。此例的执行结果如例 13.2.5 所示。

例 13.2.4 联合体的用例

```
/////  union1  /////
///// use unit B /////
#include <16f873.h>
#fuses HS, NOWDT, NOPROTECT, PUT, BROWNOUT, NOLVP
///// RS232C 使用声明
#use delay(CLOCK = 20000000)
#use rs232(BAUD = 9600, XMIT = PIN_C6, RCV = PIN_C7)
///// 联合体声明与定义
union {
      float    fdata;             //浮点
      int      idata[4];          //整数
   } bitstream;
///// 主函数
void main()
{
    int i, j;
    bitstream.fdata = 123.45;     //实常数设置
    printf("Bitstream = ");
    for (j = 0; j<4; j++)         //4 字节反复
    {
        for (i = 8; i>0; i--)     //8 位反复
        {
            printf("%ld%", ((bitstream.idata[j]>>(i-1)) & 1));
        }
```

```
            printf(" ");                      //每8位一个空格
        }
        delay_ms(10);                         //等待串行输出结束
    }
```

例 13.2.5 执行结果

```
Bitstream = 10000101   01110110   11100110   01100110
```

13.3 枚举类型

枚举类型 enum 是 enumeration 缩写，是为了明确定义某个变量的取值或对连续的整数值赋予名称，并对其名称进行处理时使用的类型。

枚举型的定义格式如例 13.3.1 所示。这也是一种此场合为定义和说明同时完成的书写方式。

例 13.3.1 枚举型的定义格式

```
enum  枚举类型名
    {
        名字 1 = 初始值,
        名字 2,
        名字 3,
        …
        名字 4 = 初始值,
        名字 5,
        …
    }枚举类型名;
```

如上所示，给初始值的正整数分配为名字 1，其后＋1 按照顺序整数值分别分配为名字 2、名字 3。中途再定义初始值，然后＋1 分配常量。

```
enum week {sun = 1, mon, tue, wed, thu, fri, sat = 0} day;
```

在这种情况下，sun、mon 各星期的名称前分别分配 1、2、3。给 sat 分配了 0。因此，如果指定 mon 这个常数，其内容为 2，即其内容不是字符，而是数值。

```
enum {sun, mon, tue, wed, thu, fri = 8, sat} day;
```

在这种情况下，给 sun 分配了 0，mon 为 1，tue 为 2，fri 为 8，sat 为 9。

枚举型实际使用的例子如例 13.3.2 所示。在此例中另外做了枚举型的定义和声明，但即使没有声明编译也能正常结束。执行结果如例13.3.3所示。sun定义为1,依次为2、3。wed再定义为10,依次为10、11、12、13。

例 13.3.2 枚举型的使用例

```
/////  enum1  /////
///// use unit B /////
#include <16f873.h>
#fuses HS, NOWDT, NOPROTECT, PUT, BROWNOUT, NOLVP
///// RS232C使用声明
#use delay(CLOCK = 20000000)
#use rs232(BAUD = 9600, XMIT = PIN_C6, RCV = PIN_C7)
///// 全局常数定义
enum week {sun = 1, mon, tue, wed = 10, thu, fri, sat};
enum week day;
///// 主函数
void main()
{
    int i;
    ///// 按格式输出
    printf("%d  %d  %d  %d¥r¥n", sun, mon, tue, wed);
    printf("%d  %d  %d¥r¥n", thu, fri, sat);
    delay_ms(10);              //等待串行输出结束
}
```

例 13.3.3 执行结果

```
1  2  3  10
11  12  13
```

第 14 章

内部函数的使用方法

在 CSS 公司的 C 编译程序中预先设置有大量的 PIC 专用内部函数。在使用 PIC 内置模块时，应用这些函数，基本上没有必要重新制作设备控制函数，提高了工作效率，对于初学者来说，由于困难的地方已全部覆盖，可以很方便地使用 PIC。

本章对这些内部函数及其使用方法进行解释说明。

14.1 延时函数

在 CSS 公司的 C 编译程序中，设置有根据程序循环进行时间等待的函数。下面就对延时函数的基本使用方法进行说明。

14.1.1 延时函数概要

延时函数不使用 PIC 的任何内部模块。仅由于使用命令的执行时间的循环产生延迟。也就是说，不使用内置时钟。只是中断允许后，在延时执行中进行中断处理，故中断处理的时间将增加延时函数而引起的等待时间。

作为延时函数设置的内部函数，有表 14.1.1 所列的种类。

为有效使用延时函数，命令的执行时间，也就是说时钟频率就成为重要的参数。这是因为延时函数的等待时间是由命令的循环生成，不理解命令的执行时间，就无法计算延时时间。

为将时钟频率传递给编译程序，使用表 14.1.2 所列的预处理器。

表 14.1.1 延时函数

内部函数	表达式	功能和应用实例

delay_cycles()	delay_cycles(count);
	count 为 1～255 数值
		产生指定命令循环数的循环等待状态
		delay_cycles(1); //NOP
		delay_cycles(25);

delay_us()	delay_us(time);
	time 为 8 位的变量或 16 位的定量(1～65535)
		产生 μ 单位的循环等待状态,中断进入后延长
		delay_us(duty); //max255 μs
		delay_us(1000); //1 ms

delay_ms()	delay_ms(time);
	time 为 8 位的变量或 16 位的定量(1～65 535)
		产生 ms 单位的循环等待状态(routine),中断进入后延长
		delay_ms(duty); //max255 ms
		delay_ms(1000); //1 s

表 14.1.2 相关的预处理器

预处理器	格　式	功能和应用实例
#use delay	#use delay(clock=speed); speed 为 1～1000000000 的常数(表示 1 Hz 到 1 00 MHz) #use delay(clock=speed, RESTART_WDT);	给编译程序传递时钟频率,如有 RESTART_WED,即使延时函数在执行中,也会启动看门狗 # use delay(clock=20000000);

14.1.2 使用方法

书中很多例题有其基本的使用方法。在说明部分有 # use delay 预处理器定义时钟,其后就可以在各函数内自由使用 3 种类别的 delay 函数。

即使在输入/输出引脚输出短脉冲的情况下,delay-cycles()也能使用。例 14.1.1 为单纯的重复脉冲产生实例,在此例中频率大约为 800 kHz 的连续脉冲从端口 B 的 RB0 输出。

例 14.1.1 脉冲输出程序

```
/////  delay1  /////
///// use unit A /////
#include <16f84a.h>
#fuses HS, NOWDT, PUT, NOPROTECT
#use delay(CLOCK = 20000000)                    // 指定时钟频率
#use fast_io(B)                                 //固定输入/输出模式
///// 主函数
```

```
void main()
{
    set_tris_b(0);                              //端口 B 全为输出
    while(1)                                    //无限循环
    {
        output_low(PIN_B0);                     //输出 Low
        delay_cycles(1);                        //0.2 μs
        output_high(PIN_B0);                    //输出 High
        delay_cycles(1);                        //0.2 μs
    }
}
```

观察显示编译结果的例 14.1.2 后就能明白此频率数。也就是说程序循环的 1 周期为 5 个汇编程序命令完成。这些命令的执行时间为 6 个命令循环的执行时间。由下式就可以求得脉冲周期。

$$50\ \text{ns}(20\ \text{MHz})\times 4\times 6=1\ 200\ \text{ns}\rightarrow 833\ \text{kHz}$$

例 14.1.2　编译结果

```
 *
0000:  MOVLW    00
0001:  MOVWF    0A
0002:  GOTO     004
0003:  NOP
.................... //////  delay1  //////
.................... ////// use unit A //////
.................... #include <16f84a.h>
.................... //////// Standard Header file for the PIC16F84A
.................... device ////////////////
.................... #device PIC16F84A
.................... #list
....................
.................... #fuses HS, NOWDT, PUT, NOPROTECT
.................... #use delay(CLOCK = 20000000)        //指定时钟频率
.................... #use fast_io(B)                     //固定输入/输出模式
.................... /////主函数
.................... void main()
.................... {
0004:  CLRF     04
0005:  MOVLW    1F
0006:  ANDWF    03,F
```

```
.................... set_tris_b(0);                          //端口 B 全为输出
0007:  MOVLW    00
0008:  TRIS     6
.................... while(1)                                //无限循环
....................    {
....................          output_low(PIN_B0);             //输出 Low
0009:  BCF      06.0
....................          delay_cycles(1);                //0.2 μs
000A:  NOP
....................          output_high(PIN_B0);            //输出 High
000B:  BSF      06.0
....................          delay_cycles(1);                //0.2 μs
000C:  NOP
....................    }
000D:  GOTO     009
....................   }
....................
000E:  SLEEP
```

所以,最高为 833 kHz,在其以下时,变更 delay—cycles 的参数,就可以设定频率数。

14.2　输入/输出引脚的控制

输入/输出引脚控制的基本方法已在前面的章节中说明,在此对其扩展的使用方法进行说明。

14.2.1　输入/输出模式的设定

关于各引脚输入/输出模式的设定,CSS 公司的编译程序编译时在输入/输出命令的前后自动追加模式设定命令,通常情况下没有必要设定输入/输出模式。但是每回追加设定要消耗额外的内存,执行速度变慢,因此可以指定是否要追加设定命令。这种指定在预处理器中进行,如表 14.2.1 所列,设置有预处理器。使用表 14.2.1 的预处理函数,不用每回追加,事先可以进行指定。

1. # use standard-io 的情况

通常什么也不指定时,# use standard-io 的状态为既定值,每次使用输出函数,都追加输入/输出模式的设定命令。

表 14.2.1　输入/输出模式设定预处理器

预处理器	格　式	功能和应用实例
# use standard_io()	# use standard_io(port) Port(端口)为 A～G 的某一个	# use standard_io(A) 指定端口的输入/输出函数情况,由输入/输出追加输入/输出模式设定命令(既定值)
# use fast_io()	# use fast_io(port) Port(端口)为 A～G 的某一个	# use fast_io(A) 不必每次追加指定端口的输入/输出模式设定命令,根据前面的模式进行。因此,需要在初始化的位置,以 set_tris_x 的形式指定
# use fixed_io()	# use fixed_io(port_outputs=pin, pin…) Port(端口)为 A～G 的某一个。pin 为标准头文件中定义的记号	# use fixed_io(a_outputs=PIN_A2,PIN_A3) 固定指定引脚的输入/输出模式,不依赖输入/输出函数的内容追加固定的输入/输出设定命令。

现在用实例确认这一点。例 14.2.1 为前一节的延时函数例题 14.1.1 中取消了# use fast-io 的程序。这是一个既定的形式,其编译结果如例 14.2.2 所示。如果没有 use fast-io,则切换页面,追加 TRIS 寄存器设定命令,由 11 个命令形成 12 个循环。为此,RBO 的输出也成为 1/2,即 400 kHz。

例 14.2.1　周期性的脉冲输出

```
/////  delay2  /////
///// use unit A /////
# include <16f84a.h>
# fuses HS, NOWDT, PUT, NOPROTECT
# use delay(CLOCK = 20000000)               //指定时钟频率
///// 主函数
void main()
{
    while(1)                                //无限循环
    {
        output_low(PIN_B0);                 //输出 Low
        delay_cycles(1);
        output_high(PIN_B0);                //输出 High
        delay_cycles(1);
    }
}
```

例 14.2.2　编译结果

```
.................... //// 主函数
.................... void main()
.................... {
0004:  CLRF    04
0005:  MOVLW   1F
0006:  ANDWF   03,F
....................      while(1)                       //无限循环
....................      {
....................           output_low(PIN_B0);      //输出 Low
0007:  BSF     03.5
0008:  BCF     06.0
0009:  BCF     03.5
000A:  BCF     06.0
....................           delay_cycles(1);
000B:  NOP
....................           output_high(PIN_B0);     //输出 High
000C:  BSF     03.5
000D:  BCF     06.0
000E:  BCF     03.5
000F:  BSF     06.0
....................           delay_cycles(1);
0010:  NOP
....................      }
0011:  GOTO    007
.................... }
0012:  SLEEP
```

2. # use fast-io 的情况

在这种情况下，如果最初设定 TRIS 寄存器，以后即使使用输入/输出函数也不追加 TRIS 寄存器设定命令，从而维持这种状态，执行输入/输出命令。所以如前面的例 14.1.1 所示，因为没有多余的命令，节约了内存，提高了运行速度。这就是 fast-io 名称的来源。

3. # use fixed-io 的情况

use fixed-io 如名称所示为输入/输出固定，在此对于指定引脚来说，在不依存输入/输出函数的输入/输出情况下，经常以一定的模式状态追加输入/输出模式设定命令。固定内容以输入/输出引脚为单位，特别是没有指定的引脚，根据输入/输出函数的内容追加模式设定命令。

让我们看一下 # use fixed-io 的实例。例 14.2.3 为这种情况下的 C 程序，编译结果如例 14.2.4 所示。输入/输出设定命令转换为 TRIS 命令，尽管有 input 函数，但 RB0 和 RB3 仍为输出模式。

例 14.2.3　# use fixed-io 的例子

```
/////  delay3  /////
///// use unit A /////
#include <16f84a.h>
#fuses HS, NOWDT, PUT, NOPROTECT
#use delay(CLOCK = 20000000)              //指定时钟频率
///// 固定输入/输出模式
#use fixed_io(B_outputs = PIN_B0, PIN_B3)
///// 主函数
void main()
{
    int data;
    while(1)                              //无限循环
    {
        data = input_b();                 //端口 B 输入
        output_low(PIN_B0);               //输出 Low
        delay_cycles(1);
        output_high(PIN_B0);              //输出 High
        delay_cycles(1);
    }
}
```

例 14.2.4　编译结果

```
.................... //// 主函数
.................... void main()
.................... {
int data;
0004:  CLRF     04
0005:  MOVLW    1F
0006:  ANDWF    03,F
....................       while(1)                        //无限循环
....................       {
....................           data = input_b();           //端口 B 输入
0007:  MOVLW    F6
0008:  TRIS     6
```

```
0009:  MOVF    06,W
000A:  MOVWF   0F
....................           output_low(PIN_B0);        //输出 Low
000B:  MOVLW   F6
000C:  TRIS    6
000D:  BCF     06.0
....................           delay_cycles(1);
000E:  NOP
....................           output_high(PIN_B0);       //输出 High
000F:  MOVLW   F6
0010:  TRIS    6
0011:  BSF     06.0
....................           delay_cycles(1);
0012:  NOP
....................         }
0013:  GOTO    007
.................... }
....................
0014:  SLEEP
```


14.2.2 输入/输出引脚控制用内部函数

输入/输出引脚控制用内部函数已在第6章中说明,有表14.2.2所列的函数。

表 14.2.2 输入/输出引脚控制用内部函数

函数名称	表达式和参数	使用例子和功能
set_tris_x()	set_tris_x(value) value 是8位的 int。x 是 a、b、c、d、e 的某一个	在 TRISx 寄存器设定 value 数值。各位对应于各引脚。0:输出模式 1:输入模式 set_tris_b(0x0F);
output_low()	output_low(pin) Pin 为标准头文件中定义的记号	使指定引脚 Low 输出 output_low(PIN_A0);
output_high()	output_high(pin) Pin 为标准头文件中定义的记号	使指定引脚 High 输出 output_high(PIN_B1);
output_float()	output_float(pin) Pin 为标准头文件中定义的记号	使指定引脚为输入模式 output_float(PIN_A0);

续表 14.2.2

函数名称	表达式和参数	使用例子和功能
output_bit()	output_bit(pin, value) pin 为标准头文件中定义的记号。value 是 0 或 1	在指定引脚处输出 0 或 1 output_bit(PIN_A0,1);
output_x()	output_x(value) value 是 8 位的 int。x 是 a、b、c、d、e 的某一个	在指定端口处输出指定数据。能够同时输出 8 位 output_b(0xF0);
intput()	value=input(pin) value 是 int，pin 为标准头文件中定义的记号	指定引脚的输入为 Low 时返回 0(FALSE)，为 High 时返回 1(TRUE) if (input(PIN_A0)) {
input_x()	value=input_x() value 是 int 类型。x 是 a、b、c、d、e 的某一个	从指定端口同时以读入 int 型返回 8 位 data=input_b();
port_b_pullups()	port_b_pullups(value) value 是 TRUE 或 FALSE	连接 PORT B 的上拉电阻(TRUE)/不连接(FALSE)

1. set-tris-x 函数

set-tris-x 函数可以使各输入/输出引脚的输入/输出模式以 8 位的端口单位进行设定，但 set-tris-x 函数仅在指定 # use fast-io 预处理器时才能有效。在此之外的场合，编译程序自动追加设定输入/输出模式命令，所以 set-tris-x 函数的指定不会起作用。另外，在设置了输出模式后，仅在此还不能保证输出稳定，故需执行 output，指定是 High 还是 Low。

2. 端口单位和位单位

输入/输出分为同时 8 引脚的输入/输出的情况和每一个引脚以位为单位输入/输出的情况。使用哪种方法都可以，但在以端口单位输出时，需注意是同时发生电平改变。

3. port-b-pullups 函数

port-b-pullups 函数是控制端口 B 的上拉电阻函数。所谓上拉电阻，是在输入模式的情况下，端口 B 的各引脚开路时，为确保其输入为高电平，各引脚通过内部的电阻连接至电源。

但是由于电阻值为数 10 kΩ 程度大小，从引脚到外部的连线较长时，容易产生噪声，为避免这种噪声，有必要另外连接数 kΩ 以下的电阻。若仅靠内部上拉电阻使电路工作正常，则仅限于在同一电路板上连接开关的情况。

4. 其他注意事项

RA4 引脚为漏极开路输出电路，在输出模式下，需有上拉电阻。

PIC16F87x 系列的端口 A 和端口 E 因为既定值为模拟输入模式，所以在数字模式使用时，有必要通过 setup-adc()函数在数据模式时进行使用指定。

PIC单片机各引脚的驱动能力最大为25 mA,PIC单片机整体则为250 mA。使用时请不要超过提供的最大允许值。

14.3 动态显示控制

多位的段式发光二极管的显示控制有动态显示的控制方法。这种动态显示的控制方法,是一种高效的控制法,它可以在使段式发光二极管显示时,减少控制用的输入/输出引脚。

14.3.1 程序段发光二极管的概要

表示数字的段式发光二极管元件如图14.3.1所示。该元件的内部结构如图14.3.2所示,发光管从a到g的7个段组合在一起,以分段的发光方法来表示数字。

分段的一方集中在一起连接,根据是发光二极管的阴极集中在一起,还是阳极集中在一起以形成共阴极还是共阳极二大类。图14.3.2为共阴极的例子。从a到g的分段表示位置是通用标准。7程序段以外小数点是多余的。

在通用单元B的电路中,段式发光二极管和PIC单片机的连接如图14.3.3所示。

图14.3.1 段式发光二极管

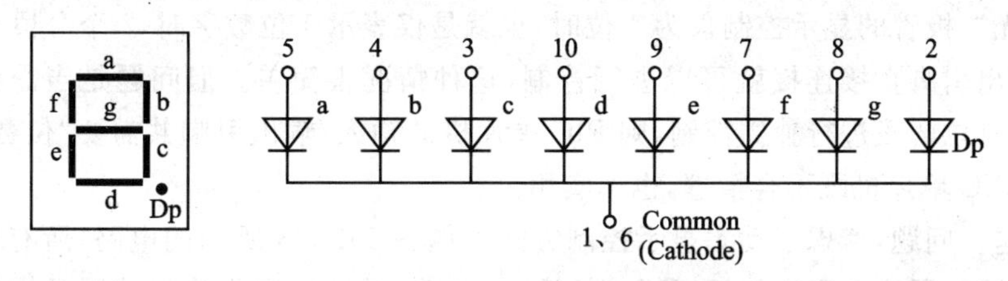

图14.3.2 段式发光二极管的内部结构

在图14.3.3中,仅从a到g的各发光二极管的适当位置发光后就能够表示数字。也就是说,如要表示数字2,则a、b、g、e、d相对应的发光二极管点亮即可,所以对应PIC端口RB1、RB2、RB4、RB5、RB7为High,余下的为Low。然后位驱动的RC0或RC5为High,晶体管Q1和Q2的某一个为ON,则10 mA大小的电流流过各发光二极管就可以显示了。为进行位驱动,发光二极管通过电流的总量最多为单管的7倍,所以用PIC单片机直接驱动是不合适的,添加晶体管后就可以用大电流驱动。

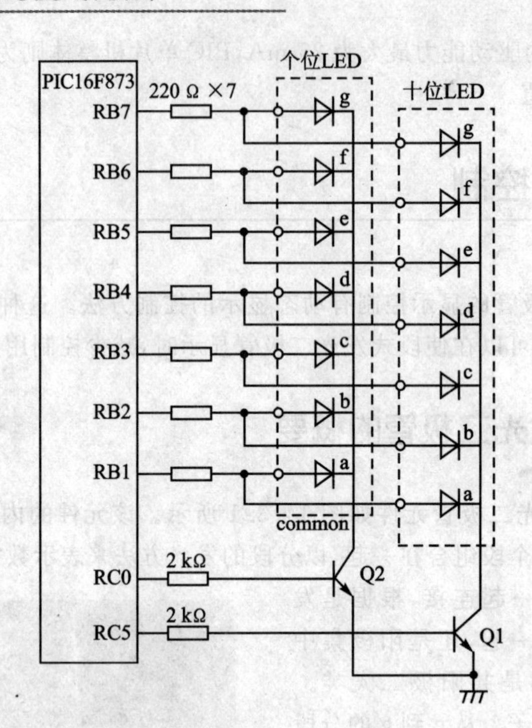

图 14.3.3　与 PIC 单片机的连接

14.3.2　显示控制方法

段式发光二极管的显示控制仅为 1 位时，也就是仅表示 1 位数字时，7 个分段和 PIC 单片机的输入/输出引脚直接连接就可以进行控制，这种情况很简单。但问题是当需要多位显示时，如果对所有位的段进行独立控制，则 PIC 单片机的输入/输出引脚共需要“位数×7”个，这样多引脚的 PIC 单片机既不合情理，也不实用。

为解决这一问题，考虑了动态显示控制方式。如图 14.3.3 所示的电路，所有位的 7 段连在一起，然后通过限流电阻连接至 PIC 单片机。这样，通过每位公共驱动用晶体管的切换来控制相应位的显示。

下面进行更加详细的说明，如图 14.3.4 的时序图所示，第 1 位的 7 分段数据输出后，第 1 位的位驱动 RC0 为 High，则短时间第 1 位发光，一旦 RC0 为 Low 全部消除，下一位的 7 分段数据输出后，立即 RC5 为 High 后第 2 位发光，这样进行高速度重复循环。

这样一瞬间虽然只有 1 位显示，但人眼有残留现象，看见光并在光消失后有约 100 ms 的残留，所以会产生看起来好像光是连续的错觉。

由于上面的显示循环重复比产生这种残留现象更快，以数 ms 程度的速度循环时，看起来

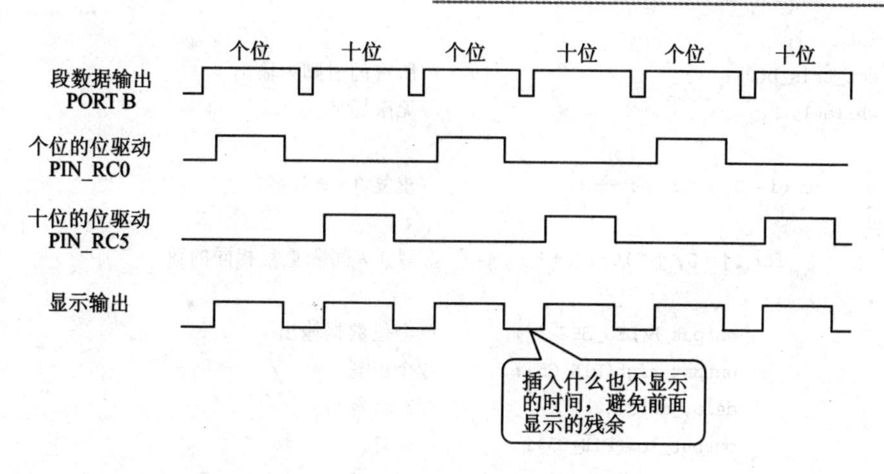

图 14.3.4　动态显示控制的时序图

就好像是连续显示一样。这就是动态显示控制的原理。

控制的技巧一个是循环的周期，过长时间时会显示闪烁，因此采用短周期，一般为数 ms。另外一个技巧是在每位之间插入了什么位也不表示的时间（虽然是短时间）。这样，可以避免在显示和控制部分相分离时，由于电线的信号延迟作用而引起的显示位之间的串扰。

14.3.3　应用实例

使用通用单元 B，来看一下实际的动态显示例子。在此例中，将 0～9 数字以 01、12、23 的形式，一面递增，一面在两个数据位上移动，且每秒变化一次，最后为 9 -。然后返回 01。程序代码如例 14.3.1 所示。

例 14.3.1　动态显示的例子

```
/////  segment1  /////
///// use unit B /////
#include <16f873.h>
#fuses HS, NOWDT, NOROTECT, PUT, BROWNOUT, NOLVP
#use delay(CLOCK = 20000000)
#uses fast_io(B)
///// BCD 到段显示数据的变换表
int const LeD_SEG[11] =
        {0x7E, 0x0C, 0xB6, 0x9E, 0xCC, 0xDA, 0xFA, 0x0E, 0xFE, 0xCE, 0x80};
///// 主函数
void main()
{
```

```
    int i, j;
    set_tris_b(0);                         //所有的引脚为输出
    while(1)                               //无限循环
    {
        for (i = 0; i<10; i ++ )           //重复 0～9 数字
        {
            for (j = 0; j<166; j ++ )      //以 1 s 间隔重复相同的数
            {
                output_B(LED_SEG[i]);      //个位数据输出
                output_high(PIN_C5);       //个位亮
                delay_ms(3);               //3 ms 等待
                output_low(PIN_C5);        //灭灯

                output_B(LED_SEG[i + 1]);  //十位数据输出
                output_high(PIN_C0);       //十位亮
                delay_ms(3);               //3 ms 等待
                output_low(PIN_C0);        //灭灯
            }
        }
    }
}
```


首先分段 LED 用来显示数字，必要的数字和程序段对应表是必需的。在此确保作为排列常量的 LED-SEG[ ]。增加 const 关键词，可以生成数表，第 11 个数据为显示负号的数据。

显示数字由变量 i 决定，通过 output 函数在端口 B 输出，然后位驱动以 1 位 3 ms 的周期循环重复，每位显示不同的数字。

其次，每 1 s 进行数字更新的做法变得困难起来。因为动态显示控制一刻也不能停止，所以不能单纯使用延迟函数。因此计算动态显示的重复次数，产生大约 1 s 左右的时间。也就是说动态显示一周期约 6 ms，这样重复 166 次则大约为 1 s。所以，同一数字显示 166 次后，将表示数字的变量 i 增加 1。

14.4　液晶显示器的控制

在使用 PIC 单片机时，经常使用液晶显示器作为显示元件。液晶显示器有很多种，在此使用最容易购买到的 16 字符×2 行(SC1602BS)和 20 字符×4 行(SC2004CS)的显示器。除了电源以外无论使用哪一种接口都一样，所以都能够使用。

14.4.1　液晶显示器的概要

使用的液晶显示器外观如图 14.4.1 所示。因为显示字符多的应用范围也较广，所以选用 20 字符×4 行的显示器。

图 14.4.1　液晶显示器的外观

此液晶显示器的规格如表 14.4.1 所列。从规格中可以看出由于耗电较少所以适于和 PIC 组合使用。

表 14.4.1　液晶显示器的数据表(SC2004CS)

项　目	规　格	备　注
显示	20 字符×4 行	
显示文字	5×7 点、5×10 点	付有光标
字符种类	字母数字、日文字母、记号 192 种	
供给电源电压	5.0 V±0.25 V	V_{dd}
消费电流	最大 3 mA	V_{dd}=5 V
输入电压	High=2.2 V～V_{dd} Low=0 V～0.6 V	V_{dd}=5 V
输出电压	High=2.4 V 以上 Low=0.4 V 以下	V_{dd}=5 V
动作速度	Cycle Time=1 000 ns 以上	
E(STB)信号 最小脉冲幅度	450 ns 以上	
指令处理时间	约 40 μs Clear 与 Home 为 1.52 ms	

此液晶显示器端连接器的引脚配置和信号如表 14.4.2 所列。从表中能够看出接口简单，所以与 PIC 单片机的连接非常方便。

表 14.4.2　液晶显示器引脚配置和信号

引　脚	符　号	信号内容	备　注
1	V_{ss}	接地(0 V)	注意：与 16 字符×2 行的 SC1602BS 相反
2	V_{dd}	电源(5 V)	
3	V_o	对比度调整	
4	RS	指令/数据选择	H＝数据，L＝指令
5	R/W	读出/写入选择	H＝读出(read)，L＝写入(write)(因为仅写入所以和 GND 接续)
6	E(STB)	使能	用 H 选通
7	DB0	数据低位	8 位模式时使用(因为不使用所以与 GND 连接)
8	DB1		
9	DB2		
10	DB3		
11	DB4	数据高位	以 4 位模式使用
12	DB5		
13	DB6		
14	DB7		

此液晶显示器首先是与 PIC 单片机连接，图 14.4.2 为液晶显示器和 PIC 单片机的连接图。如图所示，输入/输出数据仅使用高 4 位，余下的低 4 位和地线相连。这样虽然传输 8 位的数据时有必要分成 2 次，但 PIC 单片机使用的全部输入/输出引脚数仅为 6，余下的作为其他控制用输入/输出引脚就能够有效予以利用。

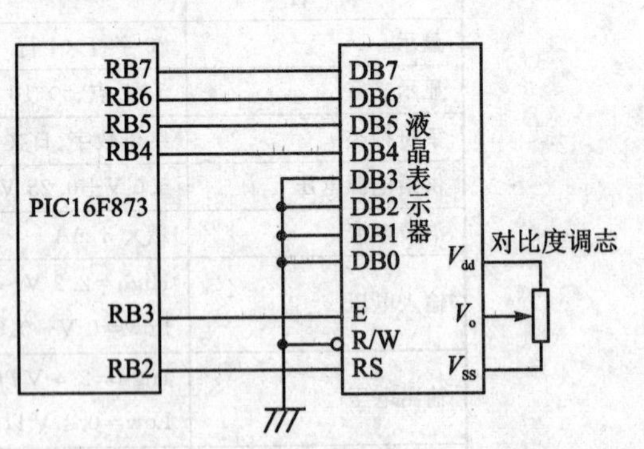

图 14.4.2　液晶显示器和 PIC 的连接

控制液晶显示器的 3 个信号为 E、R/W、RS。这些控制信号如图 14.4.3 所示，进行定时控制时，通过输入/输出总线就可以输出和输入。

控制信号输出定时的关键在于时间上的关系，时序图的最下部的信号有效时间应小于其他信号的持续时间。也就是说，要保证 E 有图示的关系；而且保证 E 信号有 450 ns 以上的脉

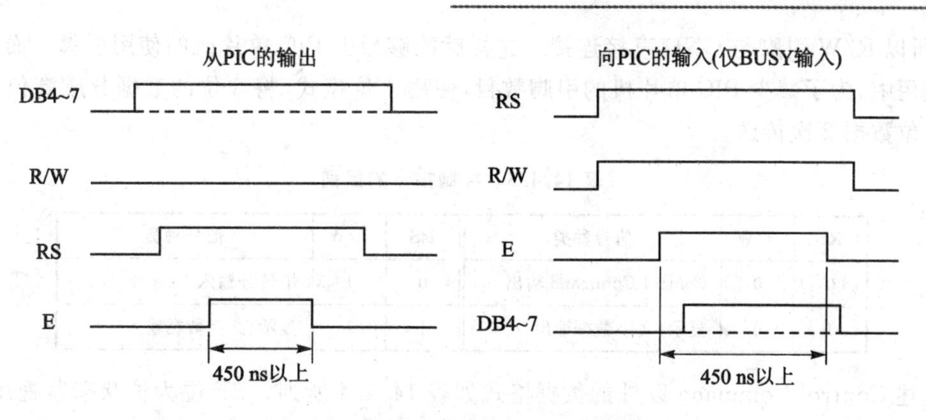

图 14.4.3 液晶显示器的控制时序图

冲幅度就可以了,即使命令 ON/OFF 也没有问题。在此次使用方法中,因为仅有输出,故 R/W 信号一直为 Low 状态。

用于对比度调整的可变电阻与液晶显示器直接连接。在外壳和后侧要仔细予以安装。

图 14.4.4 为实际连接通用元件 B 的情况。

图 14.4.4 液晶显示器的连接

14.4.2 接口规格

如表 14.4.3 所列,由 8 位的输入/输出总线(DB0～DB7)接收的数据由 2 个控制信号 RS 和 R/W 予以区分,由 RS 信号分成显示数据和指令数据。

但是面向 PIC 单片机的输入数据在实际中即使不使用控制也没有问题,因此仅固定输出模式，所以R/W引脚与GND直接连接。这样就能够减少PIC单片机的使用引脚。而且在此次的使用中，为了减少PIC单片机的引脚数目，使用4位模式，将8位的数据分成高位和低位的各4位数据2次传送。

表14.4.3 控制指令的区别

RS	R/W	信号种类	RS	R/W	信号种类
0	0	Control Command输出	0	1	忙信号输入
1	0	显示、文字数据输出	1	1	显示、文字数据输入

上述Control Command以外的数据格式如表14.4.4所列。BF位为忙状态监视用位，为时表示内部总线忙，不能接收下一个指令。

表14.4.4 与液晶显示器相连传送数据的格式

功能	DB bit								数据内容说明
	7	6	5	4	3	2	1	0	
Busy Flag/Address Read	BF	Address(7bit)							现在的状态和位置输入 BF=Busy Flag(不使用)
Data Wirte	8 Bits Data								显示、文字数据输出
Data Read	8 Bits Data								显示、文字数据输入(不使用)

表14.4.3中有Control Command的输出功能，这一指令详细定义了传送到液晶显示器的数据的意义，以进行分类详细控制。Control Command的一览表如表14.4.5所列。

表14.4.5 Control Command

功能	DB bit								数据内容说明	执行时间
	7	6	5	4	3	2	1	0		
Clear Display	0	0	0	0	0	0	0	1	全去除，光标到Home	1.6 ms
Cursor At Home	0	0	0	0	0	0	1	*	将光标复位至行首，显示内容无变化(*为不定)	1.6 ms
Entry Mode Set	0	0	0	0	0	1	I/D	S	存储写入和显示方法指定 I/D：由存储写入使地址 +1(1)或-1(0) S：显示移动(shift)(1) 显示不移动(0)	40 μs

续表 14.4.5

功　能	DB bit								数据内容说明	执行时间
	7	6	5	4	3	2	1	0		
Display On/Off	0	0	0	0	1	D	C	B	显示和闪烁(blink)有无的确定 D:1 表示 ON,0 为 OFF C:1 光标 ON,0 为 OFF B:1 闪烁(blink) ON,0 为 OFF	40 μs
Cursor/Display Shift	0	0	0	1	S/C	R/L	*	*	光标和显示动作指定 S/C:1 表示移位,0 表示仅移动光标 R/L:1 表示向右移动,0 表示向左移动	40 μs
Function Set	0	0	1	DL	N	F	*	*	动作模式指定 DL:1 为 8 位模式,0 为 4 位模式 N;1 为 1/6Duty,0 为 1/8DutyF:1 为 5×10,0 为 5×7dot	40 μs
CGRAM Address Set	0	1	CCRAM Address						文字编码存储器存取用地址指定	40 μs
DDRAM Address Set	1	DDRAM Address							显示用存储地址指定(7 位)注	40 μs

注：显示位置和显示用存储地址间的关系如下所述,在液晶显示器 2 行显示时,仅显示上段的 2 行部分。

14.4.3　初始设定步骤

此液晶显示器在电源接通或开始使用时的初始化方法以厂家事先推荐的步骤进行。特别此次是以 4 位模式使用时,有必要按照初始化步骤从初始化设置的 8 位模式转换为 4 位模式，这个过程较为复杂。步骤流程如下所述。

电源 ON 或 RESE T

↓

保持 15msec 以上　　　　不使用 Busy Flag(繁忙标志)

↓

设置 8 位工作模式

↓

保持 4.1ms 以上　　　　不使用 Busy Flag(繁忙标志)

↓

再次设置为 8 位工作模式

↓

保持 100μs 以上　　　　不使用 Busy Flag(繁忙标志)

↓

再设置为 8 位工作模式

↓
设置为 4 位工作模式　　　　至此，以 8 位工作模式工作
↓
Function 设置　　　　　　　在此之后以 4 位工作模式，BusyFlag 有效
控制 Display 为 OFF　　　　(但是在本书中不使用 Busy Flag)
控制 Display 为 ON
设置 Entry Mode(通道模式)

14.4.4　液晶显示器控制程序库

准备一独立的库函数，使其不论在哪个程序中都可以使用，用以控制液晶显示器。虽说是程序库，但只作为独立的文件，可用包含的形式使用。此程序库由外部被调用的 4 个函数组成，实现表 14.4.6 所列的功能。

表 14.4.6　控制液晶显示器的程序库函数

函数名称	功能内容	备　注
lcd_init()	lcd_init()； 进行液晶显示器的初始化处理	没有参变量
lcd_cmd()	lcd_cmd(cmd) 输出液晶显示器的控制指令 cmd 是控制数据	cmd 使用表 14.4.5 的指令数据 lcd-cmd(0xC0)； 将光标移动到第 2 行
lcd_data()	lcd_data(asci) 在液晶显示器上输出显示数据 asci 是 ASCⅡ编码的字符数据	与 printf 语句组合使用 # use rs232 语句无必要 printf(lcd_data,"Hello")；
lcd_clear()	lcd_clear() 液晶显示器的显示消除，光标返回 Home	lcd_cmd 的一个 与“lcd_cmd(1)；”同样的功能

程序库代码如例 14.4.1 所示。

例 14.4.1　液晶显示器控制函数库

```
////////////////////////////////////////
//  液晶显示控制库函数
//  函数如下
//     lcd_init()       -----  初始化
//     lcd_cmd(cmd)     -----  指令输出
//     lcd_data(chr)    -----  单字符显示输出
//     lcd_clear()      -----  全消去
////////////////////////////////////////
```

```
///// 数据输出子函数
void lcd_out(int code, int flag)
{
    output_x((code & 0xF0) | (input_x() & 0x0F));
    if (flag == 0)
        output_high(rs);        //显示数据的情况
    else
        output_low(rs);         //指令数据的情况
    delay_cycles(1);            //NOP
    output_high(stb);           //strobe out
    delay_cycles(2);            //NOP×2
    output_low(stb);            //reset strobe
}
///// 单字符表示函数
void lcd_data(int asci)
{
    lcd_out(asci, 0);           //高 4 位输出
    lcd_out(asci<<4, 0);        //低 4 位输出
    delay_us(50);               //50 μs 等待
}
///// 指令输出函数
void lcd_cmd(int cmd)
{
    lcd_out(cmd, 1);            //高 4 位输出
    lcd_out(cmd<<4, 1);         //低 4 位输出
    delay_ms(2);                //2 ms 等待
}
///// 全消去函数
void lcd_clear()
{
    lcd_cmd(0x01);              //初始化指令输出
    delay_ms(15);               //15 ms 等待
}
///// 初始化函数
void lcd_init()
{
    set_tris_x(mode);           //模式设置
    delay_ms(15);
    lcd_out(0x30, 1);           //8bit mode set
```

```
    delay_ms(5);
    lcd_out(0x30, 1);          //8bit mode set
    delay_ms(1);
    lcd_out(0x30, 1);          //8bit mode set
    delay_ms(1);
    lcd_out(0x20, 1);          //4bit mode set
    delay_ms(1);
    lcd_cmd(0x2E);             //DL = 0 4bit mode
    lcd_cmd(0x08);             //display OFF C = D = B = 0
    lcd_cmd(0x0D)              //display ON C = D = 1 B = 0
    lcd_cmd(0x06);             //entry I/D = 1 S = 0
    lcd_cmd(0x02);             //cursor home
}
```


最前面的函数 lcd-out 为内部使用的通用函数,是对端口输出的控制信号。由 flag 的 0、1 区分指令和数据,来切换 RS 为 0 或 1。为避免连续的位控制命令,在此之间插入 NOP 命令,使用 delay-cycle(2)函数。而且要确保必要控制信号的 450 ns 脉冲幅度。

lcd-data 为单字符输出函数,作为引数的字符数据一分为二,各为 4 位在液晶显示器上输出。本来在其之后要进行液晶显示器的占线检查(busy check)确认动作结束,在此代替占线检查,通过 50 μs 延迟仅等待而已。这样即使液晶显示器一直不连接,程序会一直处于等待状态。

lcd-cmd 也是同样,引数的指令数据一分为二,各为 4 位数据输出,插入 2 ms 延迟。

lcd-clear 是指令输出中的一个,执行 lcd-cmd(1)后,插入 15 ms 的等待时间。这是因为画面消去要消耗时间,为了慎重起见而考虑的。

最后的 lcd－init()为初始化函数,按照前面说明的初始化步骤输出控制信号。

在程序库中付有_x 符号的函数和变量,根据用户使用哪个端口进行定义使用。

14.4.5　程序库使用实例

下面对此程序库的使用实例进行说明。

在使用实例中,在液晶显示器的 1 行处显示 Start!!,在 2 行处显示 Data＝xxxxx。在 xxxxx 处,从 0 到 65535 每 0.1 s 一边＋1,一边更新显示,到了 65535 后又返回 0 进行循环。

要使用程序库应进行必要的设定,设定项目内容如表 14.4.7 所列。

包括以上的使用实例如例 14.4.2 所示,最初进行程序库的初始设定,包含液晶显示器的控制程序库(lcd-lib.c)。

表 14.4.7　程序库的初始设定项目

项　目	功能内容	设定例子
mode	使用端口的输入/输出模式初始值 低位的 4 位因能用于其他用途，请不要改变其设定	#define mode 0 低 4 位也全输出
input_x output_x set_tris_x	由输入/输出端口和模式设定处的端口指定从而指定相同的端口	#define input_x input_B #define output_x output_B #define set_tris_x set_tris_B
stb	Enable 信号的引脚指定	#define stb PIN_B3
rs	RS 信号的引脚指定	#define rs PIN_B2

例 14.4.2　库的使用例子

```
/////   lcd01   /////
///// use unit B /////
#include <16f873.h>
#fuses HS, NOWDT, NOPROTECT, PUT, BROWNOUT, NOLVP
#use delay(CLOCK = 20000000)            //时钟频率设置
#use fast_io(B)
///// 液晶显示函数库设置
#define mode            0
#define input_x           input_B       //使用端口 B
#define output_x          output_B
#define set_tris_x        set_tris_B
#define stb               PIN_B3
#define rs                PIN_B2
#include <lcd_lib.c>
///// 主函数
void main()
{
    long data;
    data = 0;                           //计数器初始化
    lcd_init();                         //LCD 初始化
    lcd_clear();                        //LCD 全灭
    printf(lcd_data, "Strart!!");       //初始化信息
    while(1)                            //无限循环
    {
        lcd_cmd(0xC0);                  //到第 2 行的开头
```

```
        printf(lcd_data, "Data = %lu", data++);
        delay_ms(100);                          //100 ms 间隔
    }
}
```

在 main 函数中，首先初始化液晶显示器，显示消去后，在 1 行处输出 Start!!。然后进行永久循环，移动到 2 行的前面，输出 Data＝xxx 的显示。等待 0.1 s 后重复。

图 14.4.5 为实际执行中的液晶显示器显示内容。

图 14.4.5　执行中的画面

14.5　中断处理

当某个程序执行中想要执行其他程序时，应使用中断处理。例如：

- 正在进行消耗很长时间的处理时，按下某个键修正运算方法或停止处理。
- 打印机等正在打印时，从键盘输入下一个数据。
- 一方面和其他设备进行通信接收数据信号，一方面要显示前面的数据图形。
- 一方面要控制电机，一方面要接收其他设备来的数据。
- 一方面每隔一段时间检查传感器，一方面要控制阀门等。

在以上的这些情况下，可以使用中断，因为高速执行程序，所以看起来好像同时实现多个功能一样。这就是中断的最大优点。

14.5.1　中断概要

用时序图来表示一下中断程序是如何执行的，如图 14.5.1 所示。

也就是说，在 A 处理中发生中断 1 后，与其相对应称为 B 的中断处理优先执行，B 处理结束后，返回来继续处理 A。而且在 A 的处理中发生中断处理 2，则首先执行对应的中断处理 C。在这其中记忆开始处理 D，然后返回 A，A 处理结束后，开始处理 D。

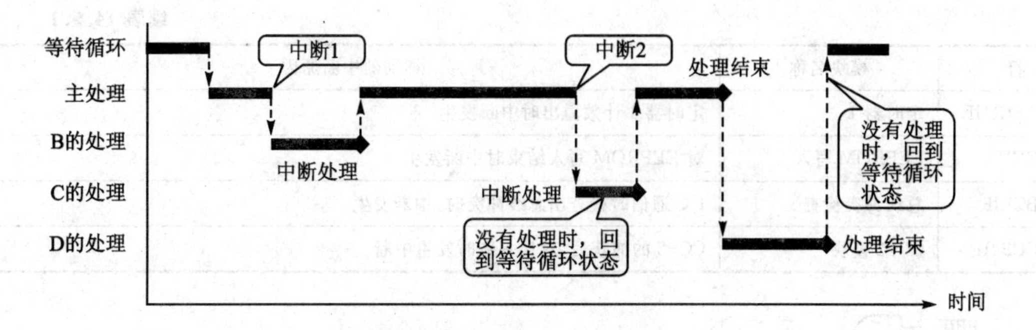

图 14.5.1 中断处理的时序图

14.5.2 引起中断处理因素

PIC 单片机的中断主要原因是什么呢？在 PIC 单片机中内置了各种外围电路，这些外围电路的动作与中断有非常密切的关系。也就是说，大部分内置外围电路具有中断因素，动作的结束通过中断进行传递。例如，在具有代表性的 PIC16F87x 系列中，有表 14.5.1 所列的中断因素，中断的允许条件如图 14.5.2 所示。

表 14.5.1 中断主要因素一览表

符 号	模块名称	详细的中断原因
TOIF	定时器 0	TMR0 从 FF 变为 00 时
INTF	外部中断	RB0 引脚的信号变化点中断 上升沿或下降沿指定通过 ext_int_ edge(edge)进行 edge 为 H_TO_L 或 L_TO_H
RBIF	PORTB 的状态变化	从 RB4 到 RB7 的 4 个引脚，当与上次的输入内容不一样时，中断发生 修正输入成为一样
PSPIF	Parallel Slave Port 接送信号	由 PORT D 和 E 并行接口 Read/Write 结束时刻中断发生(仅 PIC16F874/877)
ADIF	A/D 转换	A/D 转换结束时中断发生
RCIF	USART 接收	USART 接收数据结束并装入缓冲存储器(buffer)时中断发生
TXIF	USART 发送	USART 发送数据信号结束时中断发生
SSPIF	SSP 模块	I^2C、SPI 通信接送信号结束中断发生
CCP1IF	CCP1 模块	CCP1 的捕获(capture)后，对比一致时发生中断
TMR2IF	定时器 2	定时器 2 计数溢出时中断发生

续表 14.5.1

符　号	模块名称	详细的中断原因
TMR1IF	定时器 1	定时器 1 计数溢出时中断发生
EEIF	EEPROM 写入	对 EEPROM 写入结束时中断发生
BCLIF	总线冲突检查	I^2C 通信时检查出总线冲突时，中断发生
CCP2IF	CCP2 模块	CCP2 的捕获后，对比一致时发生中断

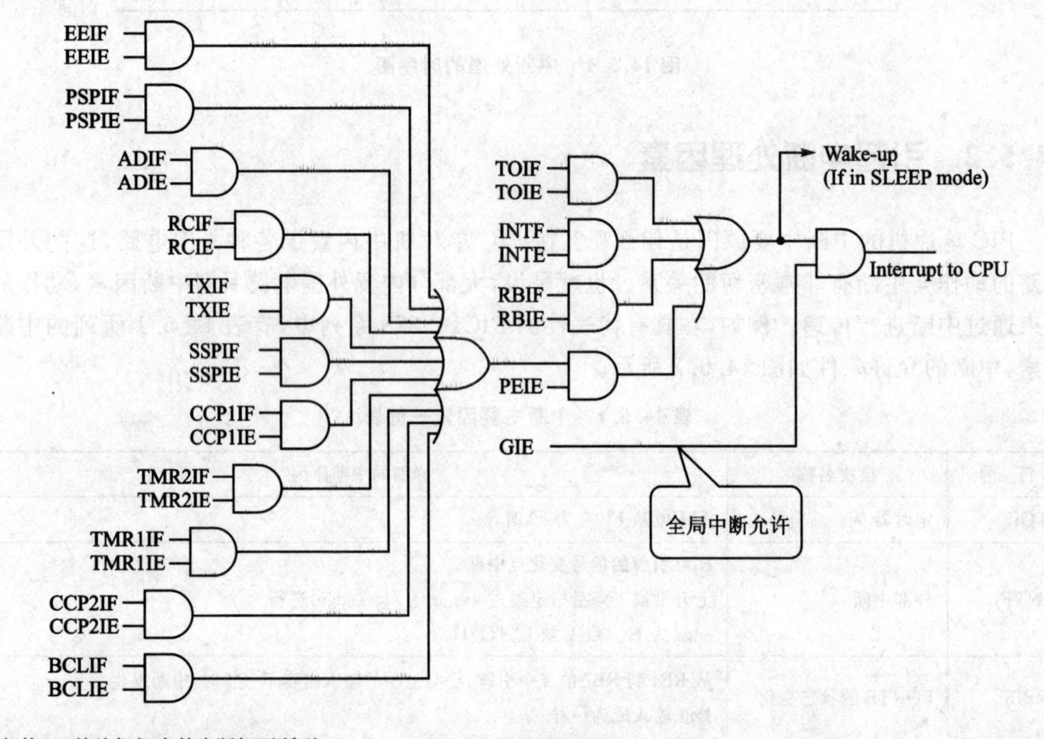

各款PIC单片机拥有的中断如下所列：

Device	T0IF	INTF	RBIF	PSPIF	ADIF	RCIF	TXIF	SSPIF	CCP1IF	TMR2IF	TMR1IF	EEIF	BCLIF	CCP2IF
PIC16F876/873	Yes	Yes	Yes	—	Yes	Yes	Yes	Yes	Yes	Yes	Yes	Yes	Yes	Yes
PIC16F877/874	Yes	Yes	Yes	Yes	Yes	Yes	Yes	Yes	Yes	Yes	Yes	Yes	Yes	Yes

图 14.5.2　中断的允许条件

以下对中断进行概要说明。

1. 输入的变化(RBIF、INTE)

端口 B 的输入/输出引脚中，每个输入信号发生变化时可以产生中断。例如，按下开关，想让电机的运转相反时，开关接点的输入处使用此中断。在计数连续脉冲时也能使用，但不能用于过于高速的脉冲。

2. 定时器的中断(TOIF、TMR1IF、TMR2IF)

包括 PIC 在内的绝大多数单片机内部都内置定时器。由此定时器的计数结束付加中断,就能够在一定的时间后产生中断,或产生一定周期的中断,如可以在保持某个时间的延迟或在时间间隔测量器上使用此中断。

3. A/D 转换的结束(ADIF)

由内部 A/D 转换结束后引起的中断故在 A/D 转换期间可以进行其他程序的处理,从而提高了时间的利用率。不过,在实际问题中,因 A/D 转换的时间仅有几十 μs,所以实际上基本不用 A/D 转换中断的功能。

4. USART 的接收信号中断(RCIF、TXIF)

USART 是通用串行通信用的外围电路。串行通信通过中断,在速度迟缓时可以实现特别有效的处理。

有这么多的中断原因,分别有各种中断允许,其中断允许条件逻辑如图 14.5.2 所示。在图中 xxIF 为中断因素,xxIE 是使“与”门选通信号。由此可以明确,各中断原因全部都能够独立中断允许,而且也可以如 PEIE 一样将几个中断集中起来中断允许。

最后 GIE 为全局中断允许信号,能够全部总括在一起进行控制。

要通过 PIC 单片机制作出处理中断的程序,则首先 PIC 单片机自身必须能够接收中断。为成为能够接收中断的状态,则必须有一些项目,列举如下。

(1) 准备从 4 号地址开始的中断处理程序。

(2) INTCON 寄存器的 GIE 位为 ON,全局中断允许状态。

(3) 在 INTCON 寄存器中,将中断源允许位置于 ON,而且必要时总允许的 PEIE 也为允许状态。此 PEIE 位编译程序自动进行处理。

(4) 中断接受后,自动禁止 GIE,强制跳转到 4 号地址。

(5) 执行从 4 号地址开始的中断处理,在其中避开寄存器类别后,清除中断因素 xxIF,就能够进行下一个中断准备。

(6) 中断处理结束后复位寄存器类,由 RETFIE 命令返回,再次允许中断(使 GIE 为自动允许)。

14.5.3　中断用预处理器

在 CSS 公司的 C 编译程序中,预备有自动生成中断处理框架结构的预处理器,能够处理比较简单的中断。

表14.5.2为中断处理用的预处理器函数，使用这些函数自动生成处理中断的程序结构。那么使用这些生成的结构，就能够处理比较简单的中断。

表14.5.2 中断用预处理器函数

预处理器函数	功能和其他
#int_xxx	紧接其后的函数指定为处理 xxx 中断因素的函数，由此准备从4区域开始的中断处理 中断因素 xxx 有下面的描述 # INT_EXT　外部中断(INT(RB0)) # INT_RTCC　定时器0溢出中断 # INT_TIMER0　定时器0溢出中断 # INT_RB　RB4～RB7的变化中断 # INT_AD　A/D转换器转换结束中断 # INT_EEPROM　EEPROM写入结束中断 # INT_TIMER1　定时器1溢出中断 # INT_TIMER2　定时器2溢出中断 # INT_CCP1　CCP1捕获(capture)中断 # INT_CCP2　CCP2捕获(capture)中断 # INT_SSP　SPI、I^2C中断 # INT_PSP　并行入口(parallel port)中断 # INT_RDA　USART数据受信中断 # INT_RBE　USART送信号缓冲器空中断 # INT_BUSCOL　以I^2C通信的BUS(总线)冲突检出中断
#int_default	当没有发现中断因素时，在这之后的函数指定为中断处理函数
#int_global	在这之后的函数指定为独自的中断处理函数 用户请注意，因为此时不能自动生成分支处理和寄存器内容的保护，故必须将其编入函数中 在独自进行中断处理时使用

14.5.4 中断处理的程序设计

使用# int_xxx预处理器，进行基本的中断处理。由# int_xxx预处理器编译程序自动生成下面的执行程序，这样就能具备处理中断的条件。

- 将中断时的跳转命令设定在从4号地址开始的中断向量处。
- 进行寄存器类的STATUS、存储区、页面的压栈和出栈处理。
- 产生重设中断标志的命令。

有了以上的工作，在中断处理的函数方面，就可以不用在意中断关于硬件方面的处理，只要处理好应用方面的事就可以了。这样,中断处理就变得很简单。

在C语言中,中断处理的编码方法有一定的模式。首先必须有表14.5.3所列的函数。

表14.5.3 中断处理有关函数

函数名称	功能和其他
disable_interrupts(level1)	由level禁止指定的中断 在GLOBAL(全局)指定时,level禁止所有的中断
enable_interrupts(level)	由Level允许指定的中断 但是GLOBAL(全局)的Level(级别)中断不允许时,不能接收实际的中断
ext_int_edge(edge)	进行外部INT(RBO)中断界限(edge)的上升/下降的指定。edge是L_TO_H或H_TO_L的某一个

注:level有下面的描述。(在各PIC标准头文件中进行定义。)

GLOBAL INT_EXT INT_RTCC INT_RB INT_AD
INT_EEPROM INT_TIMER1 INT_TIMER2 INT_CCP1
INT_CCP2 INT_SSP INT_PSP INT_TBE INT_RDA

实际中根据C语言进行的中断处理时,上面的各函数的使用如表14.5.1所列的步骤。因为总是同样的模式,请予以牢记。

由main开始的语句中前面追加# int-xxx中断处理用函数。即使使用多个中断,如果单纯连续生成中断处理函数,编译程序也自动产生中断的各分配部分。并且在main函数中,允许中断且允许全局中断,这样就可以执行中断了。

例14.5.1 中断处理模式

```
#include <16fxxx.h>                //标准头文件指定
      ⋮
#int_aaa                           //aaa中断处理的开始指定
aaa_isr() {                        //aaa中断处理函数
      ⋮
}
#int_bbb                           //bbb中断处理的开始指定
bbb_isr() {                        //bbb中断处理函数
      ⋮
}

main() {                           //main函数
      ⋮
      ⋮
   enable_interrupts(aaa);         //aaa中断允许
   enable_interrupts(bbb);         //bbb中断允许
```

```
      ⋮
    enable_interrupts(GLOBAL)          //GLOBAL 中断允许
      ⋮
      ⋮
}
```

注意：● # int-xxx 函数和 xxx_isr()函数之间什么也没有插入。

● 如果插入，则不能正常展开中断处理。请注意不要产生编译错误。

14.5.5　实例 1

根据 14.5.4 小节的模式，在此使用通用单元 A 来制作一个实例。最简单的中断处理实例为时间间隔测量器。在此，使用定时器 0 的中断。在例 14.5.2 中，时间间隔测量器的每个中断中计测中断次数，约每 0.1 s 切换发光二极管的显示和熄灯动作。

首先由 # int-timer0 说明为定时器 0 的中断处理，然后 intval()函数定义为定时器 0 的中断处理函数。

在 intval()函数中，由 counter 计算中断次数，如果超过 76 次，就使发光二极管的显示和熄灯逆转。为此设定称为 flag 的标志，由 0 和 1 进行切换。因为 counter 和 flag 如果不能确保为变量，则无法继续使用，故进行 static 说明。

在 main 中，由 setup_timer_0 函数设定在定时器上的动作条件，使定时器的初始值为 0，计时开始。其后，为使中断允许，进行定时器的中断允许和 GLOBAL 中断允许。这样中断就能进入，其后仅是循环和等待中断进入即可。

下面是 1 s 时间的制作方法。将定时器 0 的用法设置为 8 位预分频器的功能，从而形成 16 位的计数器。所以，中断间隔即为 16 位的计数值。时钟频率(20 MHz)由下面求得。

$$
\begin{aligned}
\text{中断周期} &= 50\ \text{ns} \times 4 \times 256 \times 256 \\
&= 13107200\ \text{ns} \\
&= 13.1072\ \text{ms}
\end{aligned}
$$

所以，要求得多少次中断后为 1 s，可由下式求得。

$1\,000 \div 13.1072 \approx 76.29$

可知，76 次中断约需经过 1 s 时间。

例 14.5.2　中断程序实例

```
/////   interpt2   /////
///// use unit A /////
#include <16f84a.h>
#fuses HS, NOWDT, PUT, NOPROTECT
```

```
#use delay(CLOCK = 20000000)                    //指定时钟频率
#use fast_io(B)                                 //固定输入/输出模式
///// 定时器 0 中断处理函数
#int_timer0
void intval()
{
    static int counter = 0;                     //静态变量说明
    static int flag = 0;
    counter ++ ;                                //定时器更新
    if (counter > 76)                           //是否为 100 ms
    {
        counter = 0;                            //返回定时器的初始值
        if (flag == 0)                          //LED 显示标志检查
        {
            output_B(0);                        //LED 显示
            flag = 1;                           //标志反转
        }
        else
        {
            output_B(0x0F);                     //LED 灭
            flage = 0;                          //标志反转
        }
    }
}

///// 主函数
void main()
{
    set_tris_b(0);                              //端口 B 所有引脚为输出模式
    ///// 定时器 0 初始化
    setup_timer_0(RTCC_INTERNAL | RTCC_DIV_256);
    set_timer0(0);
    ///// 中断允许
    enable_interrupts (INT_TIMER0);
    enable_interrupts(GLOBAL);
    ///// 等待中断的循环
    while(1)
    {
    }
}
```

14.5.6　寄存器的让路等待和回复原状

在使用中断的情况下，中断处理结束返回原先的处理时，必须从中断进入前状态开始继续进行处理。因此中断处理中，首先要保存最初那个时刻的寄存器状态，中断处理结束返回前，需要将已保存的寄存器返回，即进行返回处理。

在 CSS 公司编译程序的中断处理函数中，在函数的开始处，会进行寄存器压栈，结束时会进行出栈处理，还会自动进行中断标志清除处理。在此用实例说明这一点。

例 14.5.2 的编译结果和从 4 号地址开始的中断处理函数的最初和最后部分如例 14.5.3 所示。分析此结果如注释所示，在函数的最初寄存器确实进行退避，保存表 14.5.4 的项目，中断处理结束时分别恢复原状。在此例中因为选用的是 PIC16F84A 单片机，故较简单，在选用 PIC16F87x 系列单片机时，因为页面和存储单元多，会稍稍复杂一些。

表 14.5.4　退避和回复以前的内容

退避地址	退避寄存器	退避内容
0x0E	W	保存中断将要执行时的 W 寄存器内容
0x0F	STATUS	标志和存储单元的保存
0x13	PCLATH	页面保存
0x10	FSR	间接指针保存
0x11	PIR1	中断标志
0x12	PIR2	中断标志

例 14.5.3　编译结果的中断部分

```
//中断向量
0004:  BTFSC   03.5           //是否为页面 0?
0005:  GOTO    00A            //不是 0 则到 A 地址
//页面 0 的情况
0006:  MOVWF   0E             //W 寄存器压栈
0007:  SWAPF   03,W           //STATUS 寄存器取出
0008:  MOVWF   0F             //标志和存储单元压栈
0009:  GOTO    00F            //去 F 地址
//页面 1 的情况
000A:  BCF     03.5           //切换为页面 0
000B:  MOVWF   0E             //W 寄存器压栈
000C:  SWAPF   03,W           //STATUS 寄存器取出
000D:  MOVWF   0F             //标志和存储单元压栈
```

```
000E:  BSF     0F.1             //页面标志 ON
//公共处理
000F:  MOVF    0A,W             //PCLATH 寄存器取出
0010:  MOVWF   13               //退避页面(PCLATH)
0011:  CLRF    0A               //页面 0 指定
0012:  SWAPF   0E,F             //保存 W 寄存器上下替换
0013:  MOVF    04,W             //FSR 寄存器取出
0014:  MOVWF   10               //间接指针(pointer)压栈(FSR)
0015:  MOVF    0C,W             //PIR1 寄存器取出
0016:  MOVWF   11               //中断标志压栈(PIR1)
0017:  MOVWF   0D,W             // PIR2 寄存器取出
0018:  MOVWF   12               //中断标志压栈(PIR2)
0019:  BCF     03.5             //切换为页面 0
001A:  BTFSS   0B.5             //定时器 0 中断是否允许
001B:  GOTO    01E              //禁止中,什么也不动作,到 RETFTE
001C:  BTFSC   0B.2             //定时器 0 中断标志是否 ON?
001D:  GOTO    02B              //ON,故定时器 0 中断处理
//结束中断的处理
001E:  MOVF    10,W             //FSR 出栈
001F:  MOVWF   04
0020:  MOVF    11,W             //PIR1 出栈
0021:  MOVWF   0C
0022:  MOVF    12,W             //PIR2 出栈
0023:  MOVWF   0D
0024:  SWAPF   0F,W             //STATUS 出栈
0025:  MOVWF   03
0026:  BCF     03.5             //切换为页面 0
0027:  SWAPF   0E,W             //W 寄存器恢复
0028:  BTFSC   0F.1             //页面标志是否 ON?
0029:  BSF     03.5             //切换为页面 1
002A:  RETFIE                   //中断处理结束
```

14.5.7 实例 2

下面是另一个使用中断的例子。这次使用部件 B,由定时器 0 的间隔中断进行段发光二极管的动态显示控制。首先是时间间隔测量器的情况,由 flag 的 0 和 1 区别上位位数和下位位数,控制各自的显示动作。所显示的内容是在主函数中执行 delay_ms()函数后,每秒将显

示数据加1,低位表示数字,高位表示比低位多1的数字。数字0～9,最后显示负号,共反复显示11种信息。

例14.5.4为此例的程序,通过64预分频器整计数方式使用定时器0。其周期如下:

50 ns×4×256×64=3.2 ms

以此周期进行动态显示控制。

例14.5.4 中断实例2

```
/////  interpt1  /////
///// use unit B /////
#include <16f873.h>
#fuses HS, NOWDT, NOPROTECT, PUT, BROWNOUT, NOLVP
#use delay(CLOCK = 20000000)                    //指定时钟频率
#use fast_io(B)                                 //固定输入/输出模式
/////全局变量说明
static int number, flag;
///// 从数值到段数据的转换表
int const LED_SEG[11] =
      {0x7E, 0x0C, 0xB6, 0x9E, 0xCC, 0xDA, 0xFA, 0x0E, 0xFE, 0xCE, 0x80};
///// 定时器0中断处理函数
#int_timer0
void intval()
{
    output_low(PIN_C0);                         //首先关断所有显示位
    output_low(PIN_C5);
    if (flag)                                   //位标志检查
    {
        flag = 0;                               //位标志反转
        output_B(LED_SEG[number]);              //上位位数分段输出
        output_high(PIN_C5);                    //上位位数显示
    }
    else
    {
        flage = 1;                              //位标志反转
        output_B(LED_SEG[number + 1]);          //下位位数分段数据输出
        output_high(PIN_C0);                    //下位位数显示
    }
}
///// 主函数
void main()
```

```
{
    set_tris_b(0);                              //端口 B 全引脚输出模式
    number = 0;
    flag = 0;                                   //位标志初期设定
    ///// 定时器初始设定,内部时钟,64 预分频器
    setup_timer_0(RTCC_INTERNAL | RTCC_DIV_64);
    set_timer0(0);
    ///// 中断允许
    enable_interrupts(INT_TIMER0);              //定时器 0 中断允许
    enable_interrupts(GLOBAL);                  //全局中断允许
    /////显示循环
    while(1)                                    //无限循环
    {
        delay_ms(1000);                         //1 s 间隔
        if (number < 9)                         //9 以下吗?
            number ++ ;                         //数值 + 1
        else
            number = 0;                         //返回数值 0
    }
}
```


14.5.8　实例 3

这是端口 B 状态变化的中断例子,在此也使用通用单元 B。

端口 B 的高 4 位 RB4～RB7 有特别的功能,在内部保持上次输出时的状态,并与现在的状态经常比较,发生变化时就在那个时刻发生中断。这样,输入现在状态,则在此时刻内部保持被更新成为相同的状态,解除中断因素。

因此,需要注意的是,在允许状态变化的中断之前,首先要对端口 B 进行输入操作,将内部保持电路更新为寄存状态,在保持同一状态之后可允许中断,否则,会错误地立即进入中断。

实际的使用例子如例 14.5.5 所示,在此例中,由于端口 B 的变化中断,读入端口 B 的状态,对应于端口 A 的 RA2～RA5 的发光二极管,输出从 RB4～RB7 的状态。这样,在端口 B 接上开关,使其为 ON/OFF 时,端口 B 输入为 Low 的引脚会使发光二极管点亮,而 High 的情况下则熄灭。

例 14.5.5　状态变化中断的使用方法

```
/////  COS01  /////
///// use unit B /////
```

```
#include <16f873.h>
#fuses HS, NOWDT, NOPROTECT, PUT, BROWNOUT, NOLVP
#use fast_io(B)                              //输入/输出模式固定
//端口 B 状态变化中断处理
#int_rb
void isr_cos()                               //状态变化中断
{
    int state;
    state = input_b();                       //从端口 B 输入
    output_a(state >> 2);                    //RB4～RB7 移位到 RA2～RA5
}
///// 主函数
void main()
{
    setup_adc(NO_ANALOGS);                   //端口 A 全部设定为数字
    set_tris_a(0);                           //端口 A 全部为输出模式
    set_tris_b(0xFF);                        //端口 B 全部为输入模式
    port_b_pullups(TRUE);                    //端口 B 的负载 ON
    ///// 中断允许
    enable_interrupts(INT_RB);               //状态变化中断允许
    enable_interrupts(GLOBAL);               //全局中断允许
    ///// 中断等待空循环
    while(1)
    {
    }
}
```

14.6　定时器 0 模块的使用方法

在 PIC 单片机的中等系列中，定时器中一定有定时器 0。它用作基本的时间间隔测量器和计数器。

14.6.1　定时器 0 的概要

定时器 0 的实际内部构成如图 14.6.1 所示。基本为称之为 TMR0 的 8 位计数器，在这上面可以追加最大为 8 位的预分频器。

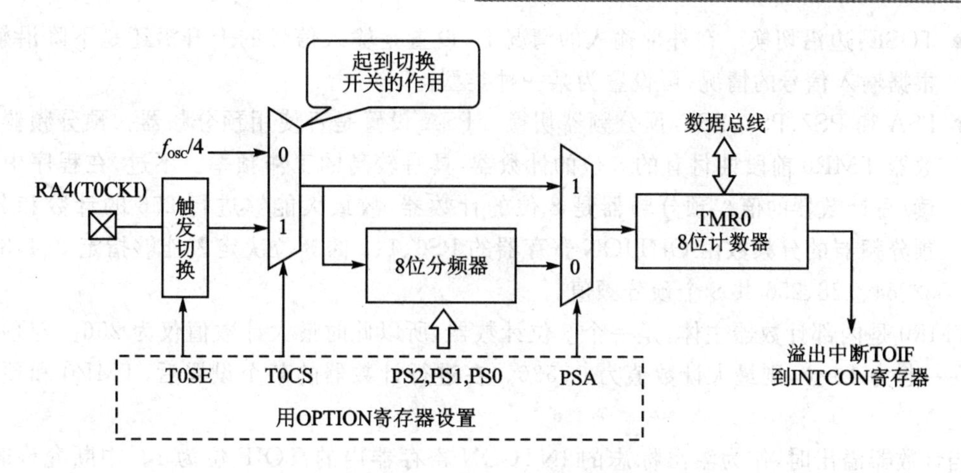

图 14.6.1　定时器 0 的内部构成

图中 TOSE、TOCS、PSx、PSA 信号为内部切换控制信号，在 PIC 单片机内的 OPTION 寄存器中设置。OPTION 寄存器内容如图 14.6.2 所示。通过设置各位，进行定时器 0 的控制。一旦进行设置，除了掉电或 RESET 外，定时器 0 将一直保持此状态。

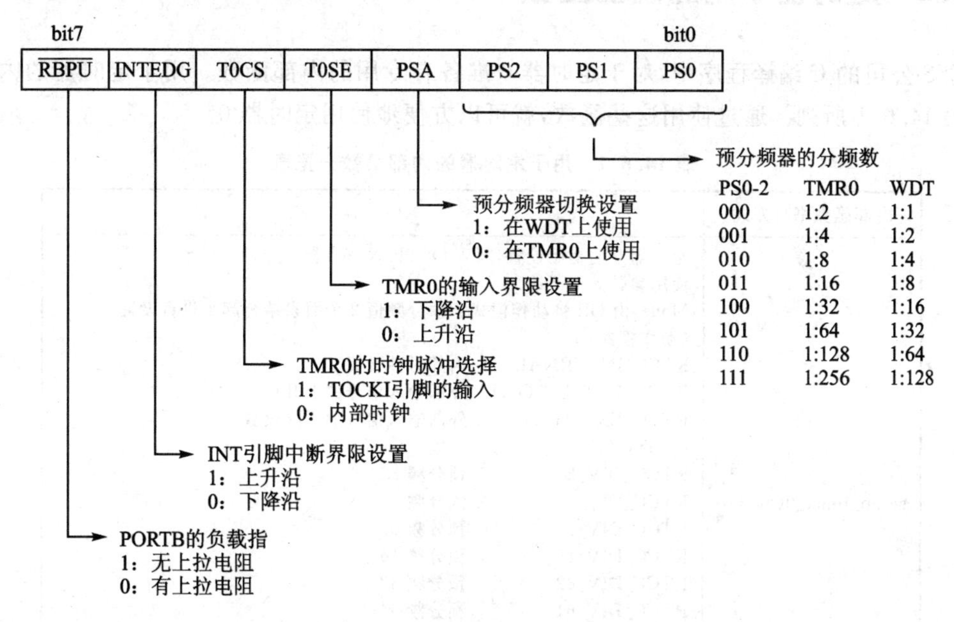

图 14.6.2　OPTION 寄存器内容

以下对 OPTION 寄存器各控制信号的意义和动作进行说明。

● TOCS：输入切换　设定到计数器的输入信号是内部时钟信号还是外部时钟信号。等使用内部计数器时，其输入频率为时钟的 1/4。

- TOSE:边沿切换　在外部输入的情况下,设置是输入信号的上升沿还是下降沿触发。根据输入信号的情况,可设置为某一种类型。
- PSA 和 PS2、PS1、PS0:预分频器切换　PSA 设置是否使用预分频器。预分频器是计数器 TMR0 前段处付有的 8 位的计数器,具有较高的工作频率。不过,在程序中不能读/写计数器的值。预分频器是 8 位的计数器,故最大能够进行 256 的计数和分频。预分频器的分频数由 OPTION 寄存器的 PS0、1、2 的 3 位决定。能够指定 2、4、8、16、32、64、128、256 共 8 个预分频值。

TMR0 是内部计数器主体,是一个 8 位计数器,所以此时最大计数值仅为 256。与预分频器合在一起为 16 位,则最大计数值为 65536。在进行计数器的某个设置后,TMR0 和预分频器会清 0。

当计数器溢出时,作为溢出标志的 INTCON 寄存器内的 TOIF 位为 1。中断允许时,在此时发生中断。此 TOIF 位在程序中直到清除为止一直保持为 1。所以中断处理中,不清除它,中断将保持进入。

14.6.2　定时器 0 用的内部函数

CSS 公司的 C 编译程序中,对于定时器 0 准备有专用的内部函数。用于定时器的内部函数如表 14.6.1 所列。通过使用这些函数,就可以方便地使用定时器 0。

表 14.6.1　用于定时器的内部函数一览表

内部函数书写方式	内　容
setup_timer_0(mode)	定时器 0 的初始设置,写入 OPTION 寄存器 使用参数如下所述。 Mode:由 OR 将动作模式和预分频值 2 个因素结合起来进行设置 (动作模式) RTCC_INTERNAL　内部时钟设置 RTCC_EXT_L_TO_H　外部输入信号的上升设置 RTCC_EXT_H_TO_L　外部输入信号的下降设置 (预分频值) RTCC_DIV_2　预分频 2 RTCC_DIV_4　预分频 4 RTCC_DIV_8　预分频 8 RTCC_DIV_16　预分频 16 RTCC_DIV_32　预分频 32 RTCC_DIV_64　预分频 64 RTCC_DIV_128　预分频 128 RTCC_DIV_256　预分频 256 例如: setup_timer_0(RTCC_DIV_2 | RTCC_EXT_L_TO_H); setup_timer_0 (RTCC_INTERNAL | RTCC_DIV_64);

续表 14.6.1

内部函数书写方式	内　容
get_timer0()	写入 TMR0 寄存器的现在值。以 INT 类型返回 例如：while(get_timer0()<200)；
set_timer0(value)	在 TMR0 寄存器写入 value。value 为 INT 类型 例如：setup_timer0(81)；

14.6.3　时间间隔测量器的使用方法

经常遇到这种情况，以一定的时间间隔由定时器带有中断进行周期处理。在此，对在一定间隔中中断进入，作为时间间隔测量器的定时器 0 的使用方法进行说明。

首先，从必要的间隔时间，由 setup—timer0()函数求得设定值。TMR0 寄存器设置内部时钟模式后，以 CPU 时钟为基础进行计数。所以，为求得某个间隔时间的计数值，以下面的式子进行计算。

计数值＝(间隔时间)/(CPU 时钟×4)

例如，CPU 时钟频率为 20 MHz 时，要实现 10 ms 的间隔，则需要 50 000 个计数值，如下式所示。

10 ms/(50 ns×4)＝50 000

TMR0 上连接 8 位的预分频器。所以，8 位＋8 位＝16 位，最大能够计数到 65 536。相反，使用内部时钟的时间间隔测量器，也仅能产生的时间为时钟的 65 536×4。20 MHz 的时钟频率情况下，最大值约为 13 ms。需要在此以上的间隔时，不能使用内部时钟，只能够使用外部时钟或由程序解决。

预分频器的工作方式有 2、4、8、16、32、64、128、256 计数，共 8 种。所以计数器的设置方法如下所示。

TMR0 的计数值＝需要的计数值/预分频设定值

要做 10 ms 的定时器时，50000/256≈195(十六进制为 0xC3)，故预分频器的值为 256。这是因为在此以下时 TMR0 的计数值在 8 位时不足的缘故。

其次，对 TMR0 设置计数值，因 TMR0 为增量数计数器，故 0xFF－0xC3＝0x3C 即为设置值。

这样，由于对预分频器中不能写入设置值，只能以 256 计数单位进行设置，间隔时间也只能设置为 256 的倍数。而且，由于进入中断在时间上会有偏差，故精度不会很高。

以下是实际的时间间隔测量器的制作方法。例 14.6.1 为此时间间隔测量器的例子，以 10 ms 的时间间隔测量器进行设定，当以此时间间隔测量器进入中断 100 次，1 位的段式发光二极管的显示数值进行＋1 动作。

main 函数中，中断次数计数器 icount 检查是否成为 100，一旦超过显示数字＋1，icount 返回 0，这样的动作重复进行。在进行中断处理时，每次中断只是将中断次数计数器 icount 加 1。但是在此中断处理中，需要重新设置 TMR0 寄存器的值为 0x3C。

在这种情况下，由于不需要 delay 函数，所以也不需要包含 # use delay 预处理器。

例 14.6.1　时间间隔测量器的例子

```
/////  timer01  /////
//// use unit B /////
#include <16f873.h>
#fuses HS, NOWDT, NOPROTECT, PUT, BROWNOUT, NOLVP
#use fast_io(B)
///// 全局变量说明
static int icount
///// BCD 到段显示数据的变换表
int const LED_SEG[11] =
        {0x7E, 0x0C, 0xB6, 0x9E, 0xCC, 0xDA, 0xFA, 0x0E, 0xFE, 0xCE, 0x80};
///// 定时器 0 中断处理函数
#int_timer0
void intval()
{
    set_timer0(0x3C);                          //10 ms 再设定定时器 0
    icount++;                                  //次数计数结束
}
///// 主函数
void main()
{
    int data;                                  //显示数据
    icount = 0;                                //次数计数器初始清除
    set_tris_b(0);                             //全引脚输出模式
    output_B(0);                               //全引脚 Low
    output_high(PIN_C5);                       //1 位数连续显示
    ///// 定时器中断允许
    setup_timer_0(RTCC_INTERNAL | RTCC_DIV_256);
    set_timer0(0x3C);                          //设定为 10 ms
    ///// 中断允许
    enable_interrupts(INT_TIMER0);             //定时器 0 中断允许
```

```
    enable_interrupts(GLOBAL);
    ///// 主循环
    while(1)                                //永久循环
    {
        if (icount >= 100)                  //等待1 s
        {
            icount = 0;                     //计数器再初始化
            data++;                         //显示数据+1
            if (data >9)                    //为10时返回0
                data = 0;
            output_B(LED_SEG[data]);        //显示输出
        }
    }
}
```


14.6.4 计数器应用实例

定时器0输入除了使用内部时钟信号外，也可以使用外部的脉冲信号。输入引脚为RA4(TOCKI)。使用这个引脚，能够对外部信号进行计数，故可作为诸如人数统计计数器或频率计数器使用。

如果仅在一定时间内能够计数外部信号，就会非常方便。如图14.6.3所示，对于输入脉冲，空置一定时间门脉冲，在此之间对脉冲数进行计数，则作为计数器的功能也能提高。PIC的RA4电路和其他电路不同，为漏极开路输出电路。所以，RA4即使保持输出模式，也能够作为定时器0的计数器输入引脚使用，所以可以通过RA4本身就能够实现。

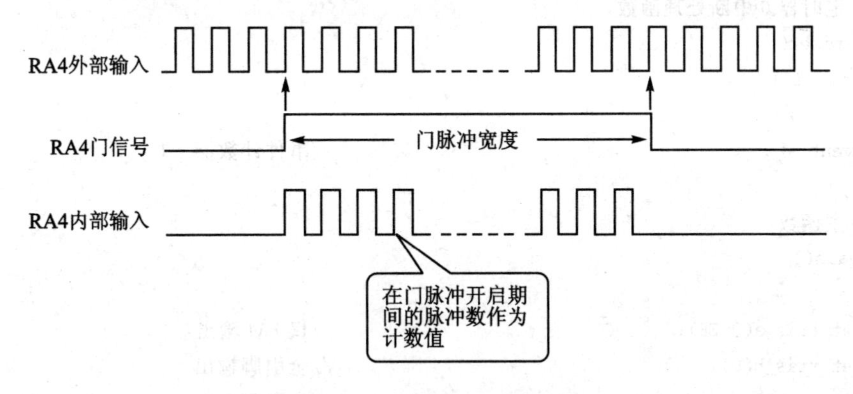

图14.6.3 门脉冲与计数器的原理

例14.6.2为8位计数器，在约1 s的时间内计数RA4的输入脉冲，并在液晶显示器上显示。由于 1 s 不是那么准确，故存在精度问题，但作为信号计数器的基本动作是可以满足的。首先在定时器的中断处理中，软件计数器部分仅进行+1 操作。中断是在定时器 0 发生溢出时，每 256 次计数时形成的。

在 main 函数中，初始设置后，进入计数循环，计数器归 0 后，门脉冲只持续 1 s，在此期间由于中断而计数，1 s 以后显示计数值。在这种情况下门脉冲时间，由于进入了中断，其门脉冲时间延长了一个中断处理时间，故不能说是正确的控制时间，但作为简单的信号计数器是可以使用的。

例 14.6.2　计数的例子

```
/////  timer02  /////
///// use unit B /////
#include <16f873.h>
#fuses HS, NOWDT, NOPROTECT, PUT, BROWNOUT, NOLVP
#use delay(clock = 20000000)
#use fast_io(B)
///// 全局变量声明
static int32 event;                                 //事件计数器声明
///// 液晶显示器初始化
#define mode        0
#define input_x     input_B                         //使用端口 B
#define output_x    output_B
#define set_tris_x  set_tris_B
#define stb         PIN_B3
#define rs          PIN_B2
#include <lcd_lib.c>
///// 定时器 0 中断处理函数
#int_timer0
void intval()
{
    event ++ ;                                      //事件计数器 + 1
}
///// 主函数
void main()
{
    set_tris_a(0xEF);                               //仅 RA4 输出
    set_tris_b(0);                                  //全引脚输出
    output_B(0);                                    //全引脚 Low
    ///// 定时器 0 初始化
    setup_timer_0(RTCC_EXT_L_TO_H);                 //事件计数器模式
```

```
    ///// 中断允许
    enable_interrupts(INT_TIMER0);                  //定时器 0 中断允许
    enable_interrupts(GLOBAL);
    lcd_init();                                     //LCD 初始化
    lcd_clear();                                    //LCD 全部熄灭
    printf(lcd_data, "Start!!");                    //LCD 初始信息
    ///// 主循环
    while(1)
    {
        output_low(PIN_A4);                         //关闭脉冲门
        event = 0;                                  //事件计数器清 0
        set_timer0(0);                              //定时器清 0
        output_high(PIN_A4);                        //打开脉冲门
        delay_ms(1000);                             //等待 1 s
        output_low(PIN_A4);                         //关闭脉冲门
        ///// 数据显示
        lcd_clear();                                //LCD 全消
        event = event * 256 + get_timer0();         //计算数据
        printf(lcd_data, "Count = %08lu", event);   //显示数据
    }
}
```

14.7　定时器 1 模块的使用方法

定时器 1 与定时器 0 具有同样的功能，而且具有更先进的性能，其显著特点是计数器为 16 位。

另外，定时器 1 在其单独的使用方法以外，通过与捕获功能和比较功能的结合，能够实现不被时间测定和程序影响的一定间隔循环等，还可以有更加高级的使用方法。

14.7.1　定时器 1 简介

定时器 1 的内部构成如图 14.7.1 所示。作为基本元件的计数器的 TMR1 为 16 位计数器，在其上可以添加 3 位的预分频器，所以合起来可用作 19 位的计数器。

定时器 1 输入工作方式较多，可以切换为外部时钟输入、内部时钟输入、振荡电路输入。当为内部时钟时，其频率为系统时钟频率的 1/4。然后通过专用的 3 位的预分频器和内部时

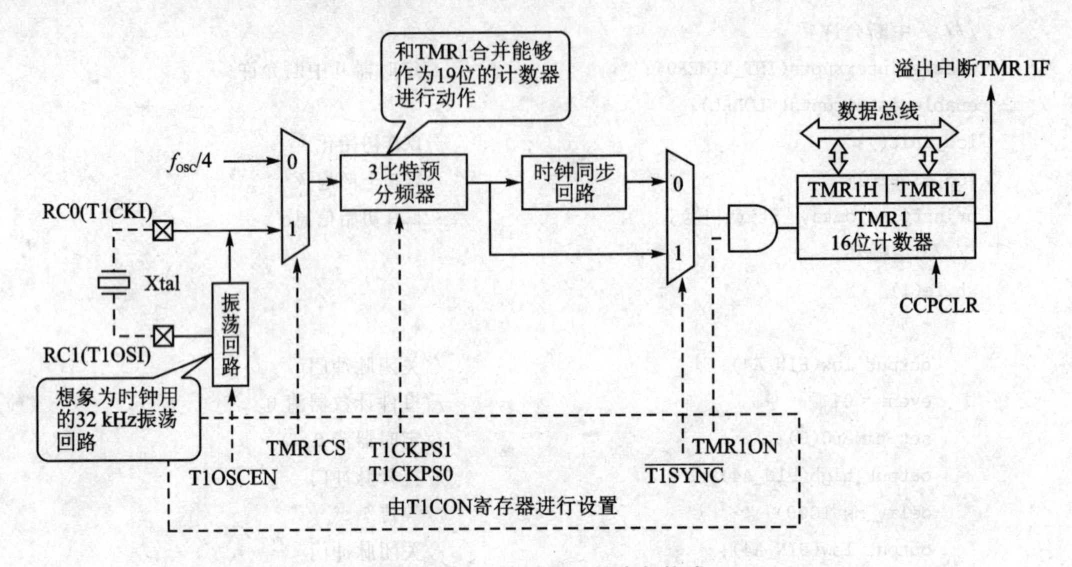

图 14.7.1　定时器 1 的内部构成

钟的同步电路，在 16 位的 TMR1 寄存器上进行计数。TMR1 寄存器由各为 8 位的 TMR1H 和 TMR1L 构成，通过程序可以自由进行读/写。TMR1 也可以在计数器产生溢出时，使得 TMR1IF 标志位置位，从而产生中断。

定时器 1 用了专用的控制寄存器 T1CON，图 14.7.2 为 T1CON 寄存器的内容。

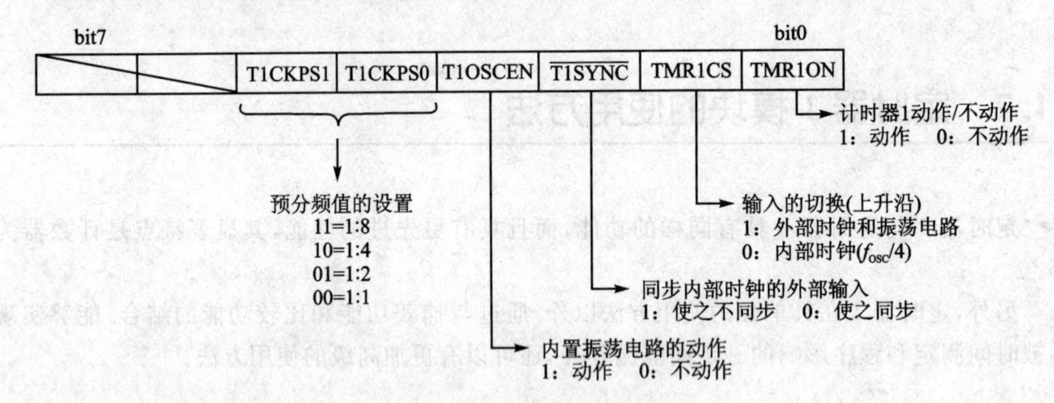

图 14.7.2　T1CON 寄存器的内容

在使用定时器 1 时，TMR1ON 首先必置于 1。TMR1ON 为 0 时，对定时器 1 电路的电源供给停止，故可以减少消耗的电能。

其次预分频器的设置如表 14.7.1 所列的 2 位进行设置。

定时器 1 的工作方式共有 3 种，分别为内部时钟方式、由专用内置振荡电路的定时器方式以及由外部输入的计数器方式。其设置方法如表 14.7.2 所列。

当为外部输入的计数器方式时，可以取得与内部时钟的同步。预先取得同步，则在 TMR1 的读出正在进行时能够避免计数器发生计数结束动作，这样就能够读出正确的数值。通常，设置为同步，但是相反情况下，因为高于时钟的频率时，不能正确取得同步，则在这种情况下，若不使其同步，则外部信号就会直接输入至计数器。

表 14.7.1　预分频器的设置

预分频器值	T1CKPS1	T1CKPS0
1:8(为 1/8)	1	1
1:4(为 1/4)	1	0
1:2(为 1/2)	0	1
1:1(不使用)	0	0

当为内部时钟方式时，定时器 1 和预分频器合起来为 19 位的计数器，内部时钟即使在 20 MHz 时，也能够实现最长约 105 ms 的长间隔时间。

表 14.7.2　定时器 1 的输入工作方式设置

工作方式	输入种类	T1OSCEN	TMR1CS	$\overline{\text{T1SYNC}}$
内部时钟	内部时钟	0	0	0
内置振荡电路	内置振荡电路	1	1	0
外部输入方式	外部输入(非同步)	0	1	1
	外部输入(同步)	0	1	0

所谓内置振荡电路方式，是使用专用的定时器 1 用的振荡电路，通过专用的振荡电路进行动作。此振荡电路和系统时钟振荡电路的 LP 模式相同，可用于最高到 200 kHz 的晶体振荡电路。设想用于钟表的 32 kHz 的晶体振荡电路(在实际的例子中使用 32.768 kHz 的晶体)，那么在定时器上设置的数值和到溢出中断发生时的时间做成一览表，则如表 14.7.3 所列，这样就能够得到易于处理的间隔数值。此时的预分频器数值为 1。

表 14.7.3　定时器 1 的间隔(32.768 kHz 时)

TMR1 的值	到溢出时的时间/s
0x8000	1
0xC000	0.5
0xE000	0.25
0xF000	0.125

14.7.2　定时器 1 的内部函数

CSS 公司的 C 编译程序中设置的用于定时器的内部函数如表 14.7.4 所列。使用这些函数，就能够非常容易地处理中断。

setup_timer_1 函数中设置有各种设置用的参数常量，通过 OR 可以设置工作方式。根据此 setup_timer_1 函数，即可设置 T1CON 寄存器。

表 14.7.4 定时器 1 的内部函数

内部函数	内 容

setup_timer_1(mode)	进行定时器 1 的初始设置
	mode 数值使用下面所示的值
	复数的设置通过 OR(
		)进行设置
		T1_DISABLED 不使用定时器 1
		T1_INTERNAL 内部时钟模式设置
		T1_EXTERNAL 外部输入、非同步模式设置
		T1_EXTERNAL_SYNC 外部输入同步模式设置
		T1_CLK_OUT 指定使用内置振荡电路
		T1_DIV_BY_1 预分频值为 1
		T1_DIV_BY_2 预分频值为 2
		T1_DIV_BY_4 预分频值为 4
		T1_DIV_BY_8 预分频值为 8
		《例》
		setup_timer_1(T1_DISABLED);
		setup_timer_1(T1_INTERNAL | T1_DIV_BY_4);
		setup_timer_1(T1_INTERNAL | T1_DIV_BY_8);

get_timer1()	返回现在的 TMR1 的内容,因为是 16 位,故有必要通过 long 进行处理 《例》 while (get_timer1() ! = 0)

set_timer1(value)	在 TMR1 寄存器上设置 value 的数值
	《例》
	if (get_timer1() == 1000)
	set_timer1(0);

14.7.3 基于中断的时间间隔测量器的实例

下面为定时器 0 和定时器 1 双方作为时间间隔测量器进行工作的例子。由定时器 0 的中断进行 2 位的段式发光二极管的动态显示控制,同时使用定时器 1 以 100 ms 的时间间隔测量器作出 1 s 间隔,在段式发光二极管上显示的 2 位数值进行+1 动作。

如例 14.7.1 所示,首先进行 2 个定时器的中断处理。在定时器 0 的中断处理中,交互驱动 2 位的段式发光二极管的其中一个,此时显示的数值为全局变量在 number 处的数值。

其次,在定时器 1 的中断处理中,为使以 0.1 s 的间隔产生中断,每次要进行 TMR1 的设置。一旦计数达到 10 次中断,则 number 数值+1,成为 99 后再返回到 0。

在 main 函数内，初始设置完成以后，不做任何工作，仅仅进行循环等待中断。

在此，允许定时器 1 的中断。此时需要将 PEIE 设定为 1，不过编译程序也会自动进行判断，生成 PEIE 位为 1 的编码。

例 14.7.1　基于中断的时间间隔测量器的实例

```
/////  timer11  /////
///// use unit B /////
#include <16f873.h>
#fuses HS, NOWDT, NOPROTECT, PUT, BROWNOUT, NOLVP
#use fast_io(B)
///// 全局变量声明
static int number, counter;                        //显示数字、时间计数器
///// 从 BCD 到分段数据的转换表
int const LED_SEG[11] =
    {0x7E, 0x0C, 0xB6, 0x9E, 0xCC, 0xDA, 0xFA, 0x0E, 0xFE, 0xCE, 0x80};
///// 定时器 0 中断处理函数
#int_timer0
void isr0()
{
    static int flag;                               //位标志 static 说明
    output_low(PIN_C0);                            //全位数消去
    output_low(PIN_C5);
    if (flag == 0)                                 //第 2 位吗?
    {
        output_B(LED_SEG[number % 10]);            //第 2 位数据输出
        output_high(PIN_C0);                       //第 2 位显示
        flag = 1;                                  //flag 反转
    }
    else                                           //第 1 位时
    {
        output_B(LED_SEG[number / 10]);            //第 1 位数据输出
        output_high(PIN_C5);                       //第 1 位显示
        flag = 0;                                  //flag 反转
    }
}
///// 定时器 1 中断处理函数
#int_timer1
void isr1()
{
```

```
        set_timer1(0x0BDC);                       //再设置为 100 ms
        counter ++;                               //次数计数器 + 1
        if (counter > 9)                          //第 10 回吗?
        {
            counter = 0;                          //次数计数器清 0
            number ++;                            //显示数字 + 1
            if (number > 99);                     //超过 99 了吗?
                number = 0);                      //返回到 00
        }
    }
    ///// 主函数
    void main()
    {
        counter = 0;                              //次数计数器初始清 0
        number = 0;                               //显示数据初始 00 清除
        set_tris_b(0);                            //全引脚输出模式
        output_B(0);                              //全引脚 Low
        ///// 定时器 0 初始化
        setup_timer_0(RTCC_INTERNAL | RTCC_DIV_64);
        set_timer0(0);
        ///// 定时器 1 初始化
        setup_timer_1(T1_INTERNAL | T1_DIV_BY_8);
        set_timer1(0x0BDC);                       //100 msec
        ///// 中断允许
        enable_interrupts((INT_TIMER0);           //定时器 0 中断允许
        enable_interrupts(INT_TIMER1);            //定时器 1 中断允许
        enable_interrupts(GLOBAL);                //GLOBAL enable
        ///// 主循环
        while(1)                                  //空循环
        {
        }
    }
```


图 14.7.3 为段式发光二极管正在执行时的发光状态。

图 14.7.3　发光状态

14.8　A/D 转换器的使用方法

PIC16F87x 系列的 A/D 转换为逐次比较转换方式，分辨率为 10 位，故可将信号分割为 1024份进行测定。所谓具有 1024 的分辨程度就是测定 5 V 的电压时可以以 5 mV 的单位进行测量。

14.8.1　A/D 转换器简介

A/D 转换器的内部构成如图 14.8.1 所示，选择右侧输入引脚中的某一个，通道开关的一个为 ON，则采样保持电容器接通并开始充电。在电容器充电后，开始 A/D 转换，转换结果保存在寄存器中。为决定转换动作的基准值，可以设置正负的 V_{REF} 电压。在不使用外部 V_{REF} 时，V_{REF} 电压为 0 V 和 5 V(电源电压)。而且有需要注意的是，如果 V_{REF} 不在 2.5 V 以上时，就不能保证 10 位精度。

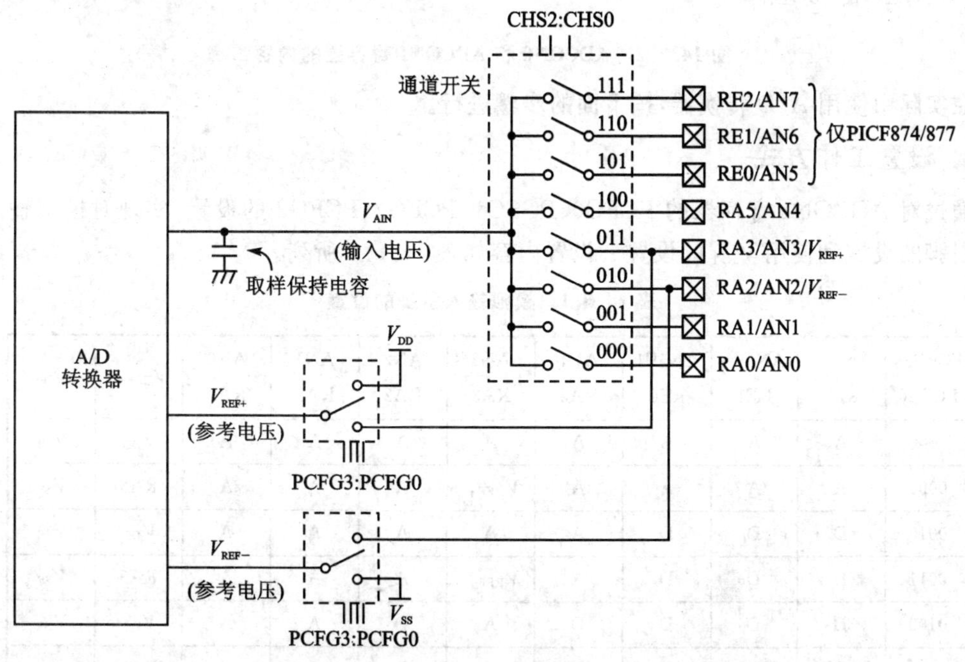

图 14.8.1　A/D 转换器的内部构成

为使此 A/D 转换器工作，要在 ADCON0 和 ADCON1 控制寄存器上进行设置。这两个寄存器的内容如图 14.8.2 所示。

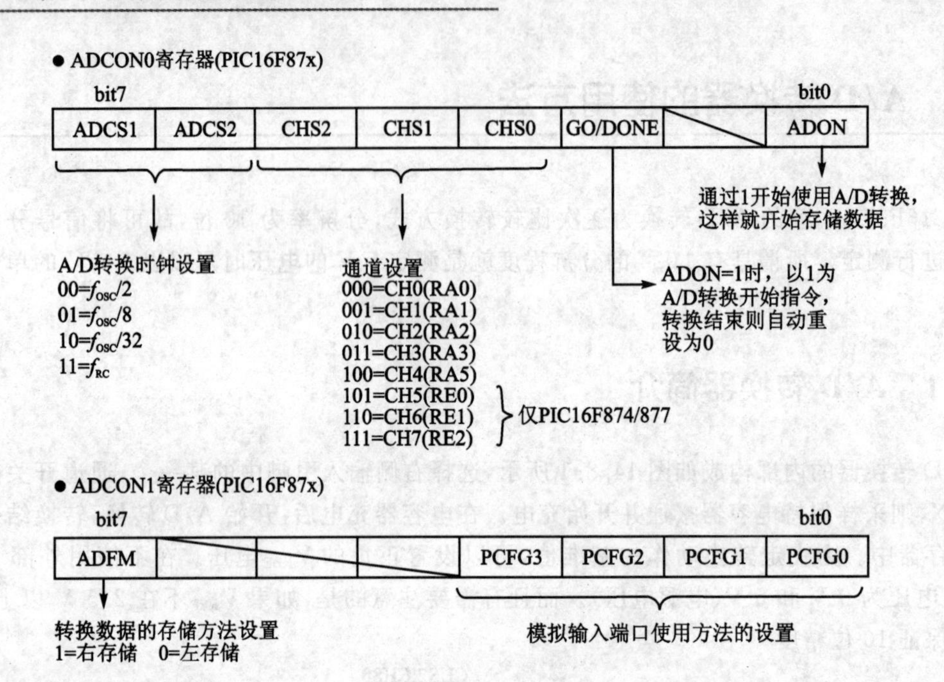

图 14.8.2　ADCON0 和 ADCON1 寄存器的内容

在实际中使用 A/D 转换器，按下面的步骤进行。

1. 设置工作方式

通过对 ADCON1 寄存器的 PCFG0、PCFG1、PCFG2、PCFG3 的设置，实现对模拟输入的输入引脚的设置和使用 V_{REF} 的设置。设置内容如表 14.8.1 所列。

表 14.8.1　模拟输入引脚的设置

PCFG3：PCFG0	AN7(1) RE2	AN6(1) RE1	AN5(1) RE0	AN4 RA5	AN3 RA3	AN2 RA2	AN1 RA1	AN0 RA0	V_{REF+}	V_{REF-}
0000	A	A	A	A	A	A	A	A	V_{DD}	V_{SS}
0001	A	A	A	A	V_{REF+}	A	A	A	RA3	V_{SS}
0010	D	D	D	A	A	A	A	A	V_{DD}	V_{SS}
0011	D	D	D	A	V_{REF+}	A	A	A	RA3	V_{SS}
0100	D	D	D	D	A	D	A	A	V_{DD}	V_{SS}
0101	D	D	D	D	V_{REF+}	D	A	A	RA3	V_{SS}
011x	D	D	D	D	D	D	D	D	V_{DD}	V_{SS}

续表 14.8.1

PCFG3：PCFG0	AN7[1] RE2	AN6[1] RE1	AN5[1] RE0	AN4 RA5	AN3 RA3	AN2 RA2	AN1 RA1	AN0 RA0	V_{REF+}	V_{REF-}
1000	A	A	A	A	V_{REF+}	V_{REF}	A	A	RA3	RA2
1001	D	D	A	A	A	A	A	A	V_{DD}	V_{SS}
1010	D	D	A	A	V_{REF+}	A	A	A	RA3	V_{SS}
1011	D	D	A	A	V_{REF+}	V_{REF-}	A	A	RA3	RA2
1100	D	D	D	A	V_{REF+}	V_{REF-}	A	A	RA3	RA2
1101	D	D	D	D	V_{REF+}	V_{REF-}	A	A	RA3	RA2
1110	D	D	D	D	D	D	D	A	V_{DD}	V_{SS}
1111	D	D	D	D	V_{REF+}	V_{REF-}	D	A	RA3	RA2

注：A=Analog input，D=Digital I/O，(1) 仅适用于 PIC16F874/877。

在设置引脚的同时，进行 A/D 转换用时钟的设置。A/D 转换用时钟虽然取自 PIC 的时钟，但因为有 A/D 转换用时钟最小在 1.6 μs 以上的限制，故根据 PIC 的时钟频率数如表 14.8.2 所列，有必要设置 A/D 转换用时钟（T_{ad}）的分频比。表中的 f_{OSC} 为时钟频率数，f_{RC} 为内置 RC 振荡场合的频率数。

表 14.8.2　A/D 转换用时钟设置和 A/D 时钟频率数（T_{ad}/μs）

设　置	ADCS1、0	PIC 的时钟频率			
		20 MHz	10 MHz	4 MHz	1 MHz
$f_{OSC}/2$	00	--	--	--	2.0
$f_{OSC}/8$	01	--	--	2.0	8.0
$f_{OSC}/32$	10	1.6	3.2	8.0	16
f_{RC}	11	2～6			

到此为止都是相当于初始设置的步骤，在使用 A/D 转换之前只要实行一次就可以了，但是以下的步骤在每次进行测量时都有须要执行。

2. 选择输入通道

选择设置输入模拟数据、进行 A/D 转换的引脚。它通过 ADCON1 寄存器的 CHS0、CHS1、CHS2 进行设置。

3. 采样保持电容器充电时间

指定通道后，连接一个通道开关，开始对采样保持电容器充电。因为不等待充电结束后就进行下一个 A/D 转换，则不能测量正确的电压。这个充电时间也叫采集时间（Acquisition Time）。在 PIC16F87x 系列单片机中此时间大约为 20 μs。

4. 开始 A/D 转换

设置 ADCON0 寄存器的 ADON，将 GO 位设置为 1，并开始转换动作。转换动作的结束是通过检查 ADCON0 的 GO/DONE 标志从 1 替换为 0 或中断寄存器 PIR1 的 ADIF 位的中断标志进行确认的。如果允许 A/D 转换的中断发生，则在此时刻发生 A/D 转换结束中断。

5. 取出转换结果

转换结果写入 ADRESL、ADRESH 这两个寄存器中，读出后取 10 位作为 A/D 转换值。

A/D 转换动作时间如图 14.8.3 所示。从通道选择开始到充电结束的采集时间通常在 20 μs以上，随后的 A/D 转换执行时间由时钟决定。

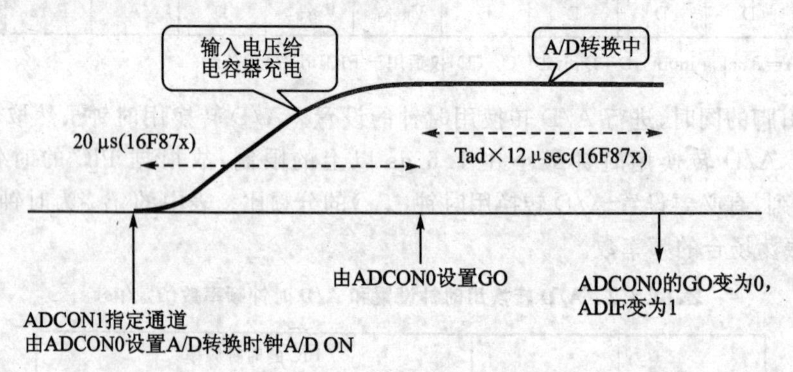

图 14.8.3　A/D 转换的过程及需要的时间

14.8.2　A/D 转换的内部函数

在 CSS 公司的 C 编译程序中，设置有与 A/D 转换有关的内部函数。使用这些函数就能够非常简便地应用 A/D 转换功能。

CSS 公司的 C 编译程序中设置的内部函数，如表 14.8.3 所列，通过各自简单的参数设置就能够进行动作设置。

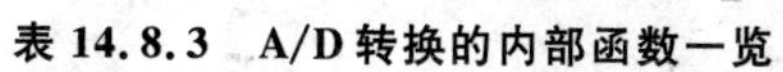

表 14.8.3　A/D 转换的内部函数一览

函　数	功能内容

setup_adc(mode)	A/D 转换的 ON/OFF 和时钟设置
	mode 有下面的描述
	ADC_OFF(将 A/D OFF 时,能够减少消耗的电流)
	ADC_CLOCK_DIV_2(CLOCK 的 1/2)
	ADC_CLOCK_DIV_8(CLOCK 的 1/8)
	ADC_CLOCK_DIV_32(CLOCK 的 1/32)
	ADC_CLOCK_INTERNAL(内部 RC 时钟)
	《例》
	setup_adc(ADC_CLOCK_INTERNAL);
	setup_adc(ADC_CLOCK_DIV_32);

setup_adc_ports(value)	在每个 A/D 转换用的引脚设置模拟或数字的使用方法
	value 有下面的描述
	有 REx 则表示仅限于 PIC16F874/877
	0x80　ALL_ANALOG
	0x81　ANALOG_RA3_REF
	0x82　A_ANALOG
	0x83　A_ANALOG_RA3_REF
	0x84　RA0_RA1_RA3_ANALOG
	0x85　RA0_RA1_ANALOG_RA3_REF
	0x86　NO_ANALOGS
	0x88　ANALOG_RA3_RA2_REF
	0x89　ANALOG_NOT_RE1_RE2
	0x8A　ANALOG_NOT_RE1_RE2_REF_RA3
	0x8B　ANALOG_NOT_RE1_RE2_REF_RA3_RA2
	0x8C　A_ANALOG_RA3_RA2_REF
	0x8D　RA0_RA1_ANALOG_RA3_RA2_REF
	0x8E　RA0_ANALOG
	0x8F　RA0_ANALOG_RA3_RA2_REF
	《例》
	setup_adc_ports(RA0_RA1_RA3_ANALOG);
	setup_adc_ports(ALL_ANALOG);

set_adc_channel(chan)	设置读入模拟通道的号码(引脚设置) 设置通道后,等待 A/D(时钟×10+20 μs)以上写入 chan 有 0～7 的范围,但根据 PIC 单片机有所差异,请予以注意。 《例》 set_adc_channel(1);

续表 14.8.3

函　数	功能内容

value=read_adc()	从在此之前设置的通道写入模拟数据
	根据 # device ADC=8 或者是 10 指定的内容为 8 位或 10 位
	value=read_adc();
	10 位的情况下，value 必须为 long 型

#device chip options	PIC 的种类和选择(option)设置 CHIP 指定 PIC 单片机名称(PIC16F84A、PIC16F873) option 如下描述： · ADC=x　x 为 8 或 10，即 A/D 转换的位数 · *=x　　x 为 5、8、16，即指针(pointer)的位数 《例》 #device PIC16F877 ADC=10 *=16 #device ADC=10

14.8.3　电压测量实例

以下用实例来说明如何使用 A/D 转换器。例 14.8.1 为单纯的测量例子，它选择通道 0 的引脚输入模拟量，然后开始 A/D 转换。结果转换为满量程(full scale)50 V 的电压值，在段式发光二极管以 2 位数来显示。

A/D 转换后的数据因为是 10 位，故作为 long 型数据进行处理。由定时器 0 的中断以动态显示控制的方式控制 2 位的段式发光二极管。

例 14.8.1　电压测量实例

```
/////   adcon1   /////
///// use unit B /////
#include <16f873.h>
#fuses HS, NOWDT, NOPROTECT, PUT, BROWNOUT, NOLVP
#device ADC = 10                                    //A/D 转换 10 位方式
#use delay(CLOCK = 20000000)                        //时钟频率 20 MHz
#use fast_io(B)                                     //输入/输出模式固定
///// 全局变量定义
static int digit0, digit1;                          //全局联合变量
///// 从数值到分段数据转换表
int const LED_SEG[11] =
    {0x7E, 0x0C, 0xB6, 0x9E, 0xCC, 0xDA, 0xFA, 0x0E, 0xFE, 0xCE, 0x80};
```

```
///// 定时器 0 中断处理
#int_timer0
void intval()
{
    static int flag;                        //位切换标志
    output_low(PIN_C0);                     //全熄灯
    output_low(PIN_C5);
    if (flag)
    {
        flag = 0;                           //标志切换
        output_B(LED_SEG[digit1]);          //高位输出
        output_high(PIN_C5);                //高位显示
    }
    else
    {
        flag = 1;                           //标志切换
        output_B(LED_SEG[digit0]);          //低位输出
        output_high(PIN_C0);                //低位显示
    }
}
///// 主函数
void main()
{
    long data;                              //A/D 转换数据,定义为 long 型
    setup_adc_ports(RA0_RA1_RA3_ANALOG);
    setup_adc(ADC_CLOCK_DIV_32);            //fosc/32 最高速度
    set_tris_b(0);                          //全引脚输出模式
    ///// 定时器 0 初始化
    setup_timer_0(RTCC_INTERNAL | RTCC_DIV_64);
    set_timer0(0)                           //设定 0 到 TMR0
    ///// 中断允许
    enable_interrupts(INT_TIMER0)           //定时器 0 的中断允许
    enable_interrupts(GLOBAL);              //中断总允许
    ///// 模拟输入循环
    while(1)
    {
        set_adc_channel(1);                 //选择通道 1
        delay_us(50);                       //采集时间(Acquisition Time)等待
        data = read_adc();                  //A/D 转换结果读入
```

```
        data = (data * 50)/1024;                  //转换为 BCD
        digit0 = data % 10;                       //下位数值取出
        digit1 = data/10;                         //上位数值取出
        delay_ms(500);                            //等待 0.5 s
    }
}
```

图 14.8.4 为实际正在执行此例题时,测量温度传感器的输出电压。

图 14.8.4　输出电压的情形

14.8.4　2 通道测量显示实例

下面的例子为测量 2 通道的模拟输入并显示于液晶显示器上,其中一个为测量电压,另一个为测量温度。

如例 14.8.2 所示,满量程为 0.5 V 的 10 位的分辨率,显示小数点以下的 3 位数。温度显示为 0 ℃～50 ℃,以 0.1 ℃的分辨率显示。测量的 10 位数据都是作为浮点数处理,并进行刻度转换运算。

例 14.8.2　2 通道测量显示

```
/////  adcon2  /////
///// use unit B /////
#include <16f873.h>
#fuses HS, NOWDT, NOPROTECT, PUT, BROWNOUT, NOLVP
#device ADC = 10                                  //A/D 转换 10 位方式
```

```
#use delay (CLOCK = 20000000)                         //时钟 20 MHz
#use fast_io(B)                                       //输入/输出模式固定
///// 液晶显示库函数使用设置
#define mode        0                                 //空置引脚的输入/输出模式
#define input_x     input_B                           //设置连接端口
#define output_x    output_B
#define set_tris_x  set_tris_B
#define stb         PIN_B3                            //设置控制信号
#define rs          PIN_B2
#include <lcd_lib.c>                                  //包含程序库
///// 主函数
void main()
{
    float data;                                       //测量数据 float 设置
    setup_adc_ports(RA0_RA1_RA3_ANALOG);              //RA0、RA2、RA3 引脚模拟输入
    setup_adc(ADC_CLOCK - DIV_32);                    //fosc/32 最高速度
    set_tris_b(0);                                    //全引脚输出模式
    output_B(0);                                      //清 0 除
    ///// 液晶显示器初始化信息
    lcd_init();                                       //液晶显示器初始化
    lcd_clear();                                      //全消去
    printf(lcd_data, "start!!");                      //开始信息输出
    ///// 测量显示循环
    while(1)
    {
        ///// 温度测量
        set_adc_channel(0);                           //选择通道 0
        delay_us(50);                                 //采集等待
        data = read_adc();                            //A/D 转换数据 10 位读入
        data = (data * 50.0) /1024;                   //温度数据刻度转换
        lcd_cmd(0xC0);                                //移动到第 2 行行首
        printf(lcd_data, "ondo = %2.1f DegC", data);
        /////电压测量
        set_adc_channel(1);                           //选择通道 1
        delay_us(50);                                 //采集时间等待
        data = read_adc();                            //以 10 位读入
        data = (data * 0.5) / 1024;                   //以 0.5 V 满量程转换
        lcd_cmd(0x94);                                //移动到第 3 行前面
        printf(lcd_data, "volt = %1.3f V", data);
```

```
        delay_ms(500);                              //等待 0.5 s
    }
}
```

图 14.8.5 的内容为正在执行中的情形。

图 14.8.5 执行中的情形

14.9 USART 模块的使用方法

USART(Universal Synchronous Asynchronous Receiver Transmitter)(通用同步/异步接收发送器)为具有通用串行通信功能的外围回路模块,通过 RS－232C 串行通信和个人计算机以及其他设备之间进行数据通信。

对应于全双工(Full Duplex)的非同步通或半双工(Half Duplex)的同步通信,可以很方便地使用。如果使用诸如 HDLC 这样的高级同步通信上,在性能和步骤支持方面有些不太现实,但可以适用于非同步式的起止同步。以下的说明都是基于起止同步式的。

14.9.1 USART 简介

USART 组件的构成中,发送部分如图 14.9.1 所示,接收部分如图 14.9.2 所示,从图中可以看出由于发送信号和接收信号部分都是独立的,故能够进行全双工通信。也就是说,任何时候可以同时发送信号和接收信号。但是,在实际中要使用全双工通信方式,发送接收信号的程序侧也必须以全双工通信方式动作。因为无论何时都要能够进行发送信号和接收信号,故有必要使用中断以能够进行同时工作。如果不用全双工,而采用半双工通信,则只需收发的任何一方工作即可,所以即使不使用中断方式也便于写程序。

1. 发送信号

发送信号的情况如图 14.9.1 所示,首先 TRMT 或 TXIF 确认为准备状态,如果发送信号不忙,则将发送信号数据写入 TXREG 寄存器中。紧接着 TRMT 为忙状态。在这之后数据自

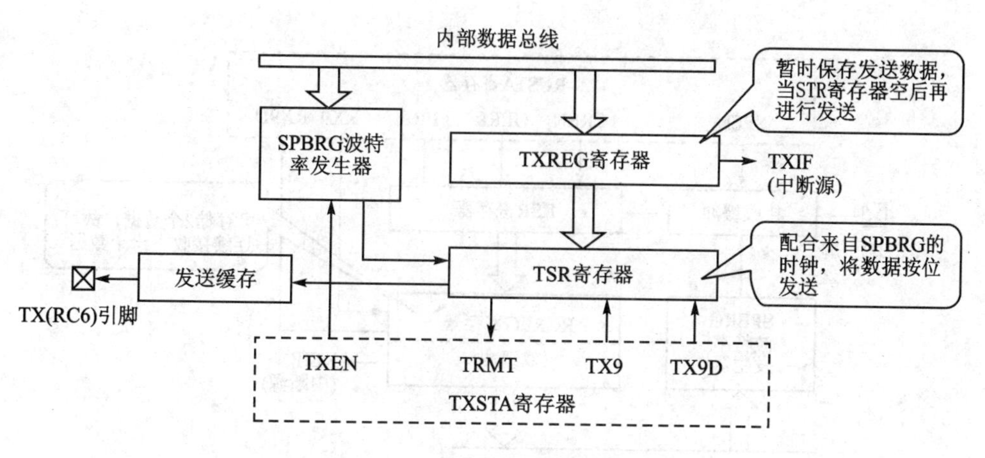

图 14.9.1　USART 发送部分的组成

动从 TXREG 寄存器发送到 TSR 寄存器中，从 TSR 寄存器出来后，和波特率发生器的时钟信号同步，变换为串行数据在 TX(RC6)引脚上按顺序输出。

从 TXREG 发送到 TSR 之后，TXIF 为准备状态，下一个数据能够在 TXREG 寄存器进行设置，但实际中的输出当然是前面发送的数据从 TSR 寄存器中输出结束之后。TXIF 为准备状态时，如果中断允许，USART 发送信号结束，并发生中断。

串行输出结束后，TRMT 返回准备状态，这样就能够发送下一个数据。

以串行数据输出时的输出脉冲幅度是根据确定在 SPBRG 上设置波特率的数值进行控制的。

2. 接收信号

接收信号的情况如图 14.9.2 所示，系统一直等待着从 RX(RC7)的信号输入。此时接收信号的采样周期是由事先在 SPBRG 设置的波特率决定的。

对输入信号进行采样，一旦检验出起始位，则以 1 位宽度为周期，在这之后的数据按照顺序存储入 RSR 寄存器中。一旦检验出最后的停止位，则数据从 RSR 寄存器发送到 RCREG 寄存器。在这时，RCIF 标志为 ON，通知接收信号已准备好。如果中断允许，则在此时产生 USART 的接收中断。

程序监视中断或 RCIF，一旦位为 ON 时，从 RCREG 寄存器读入数据。此 RCREG 寄存器为 2 层的双缓冲，即使刚接收信号数据紧接着又可以连续接收下一个数据，到接收完 3 个数据之前，如果能取出数据，则可以正常连续地接收信号。

由于双缓冲结构，接收信号的处理时间很宽裕，但是接收 3 字节以上的连续信号时，即使双缓冲也要在接收下一个数据时必须结束处理。如果不这样，就赶不上接收下一个数据，产生数据丢失的情况。在接收信号中途发生错误时，超越错误、框架错误等位为 ON，而且 RCIF 标志为 ON，则发生中断。所以，在中断发生时，需要用 RCSTA 寄存器的内容来进行错误校验。

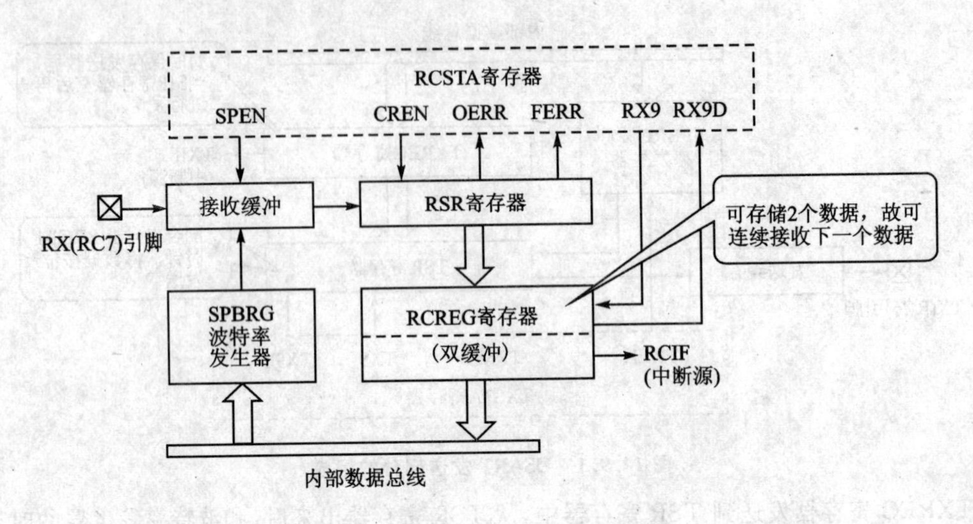

图 14.9.2　USART 接收部分的组成

14.9.2　USART 用内部函数

CSS 公司的 C 编译程序中，USART 限定在起止同步上使用。因为能够处理上面的大部分步骤,程序设计变得非常简单。使用 USART 的步骤如下所示。

1. 说明使用 USART,设置参数

为达成上述目的,应使用# use rs232 预处理器。而且在此之前,需要使用# use delay 预处理器对时钟频率进行说明。此预处理器的使用方法如表 14.9.1 所列。

表 14.9.1　预处理器

预处理器表达式	功能和其他
#use delay(CLOCK＝speed) speed 为常量 1～100000000	对编译程序给定时钟速度的基准。由此确定内部延迟函数、通信速度等参数 在 speed 设置时钟频率 能够设置 1 Hz～100 MHz,但要符合硬件进行设置 需要放在#ust rs232 函数之前 由此预处理器能够利用下面的延迟函数 delay_cycles(count)　　count 周期的延迟 delay_ms(time)　　time(ms)的延迟 delay_us(time)　　time(us)的延迟

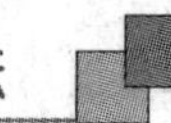

续表 14.9.1

预处理器表达式	功能和其他
#use rs232(BAUD=baud, XMIT=pin, RCV=pin...)	说明使用 USART 和设置参数 参数有下面的种类,用“,”并列起来进行设置 <<参数>> BAUD=x　:设置通信速度 (x 能够设置 100～115 200 的范围)注 XMIT=pin　:设置传送信号引脚(限定于 RC6) RCV=pin　:设置接收信号引脚(限定于 RC7) (设置 RC6 和 RC7 以外时,不使用 USART) INVERT　:对信号极性进行反转 PARITY=x　:奇偶设置, x 为 N、E、O 其中之一 BITS=x　:数据位长度(x 为 5～9) FLOAT_HIGH　:在 High 侧固定 Float 状态 ERRORS　:保存产生错误 保存于 RS232_ERRORS BRGH1OK　:不用理睬波特率设置错误,设置速度 ENABLE=pin　:发送信号中设置引脚(pin)为 high(RS485 方式时很方便) 上面设置的缺省设置为: · 数据长度=8 位 · STOP 位=1 位 · 奇偶=不存在

注:速度设置时使用了指定时钟的内部设置,如误差不在 3%以内,则会发生编译错误。

2. 用 RS-232 通信用的内部函数进行发送和接收信号

CSS 公司的 C 编译程序情况下的标准输入/输出设备,指的是通过 RS-232C 进行连接的个人计算机等的终端设备。

由 USART 组合 RS-232C 通信后,能够作为标准输入/输出设备使用的有关函数如表 14.9.2 所列。在这其中使用起来特别方便的为 printf 语句,指定格式就能够自由输出语句和数值。

表 14.9.2　串行通信用内部函数一览表

函数名称	表达式和参数	举例和功能

getc()
getch()
getchar()
哪个都可以
	value=getc();	等待从 RS-232 的接收信号(RCV)引脚来的数据输入,一旦有输入则以 1 字节数据返回
		do{
		　answer=getch();
		} while(answer!='Y' && answer!='N');

续表 14.9.2

函数名称	表达式和参数	举例和功能
gets()	gets(string)； string 是文字排列的指针	从 RS－232 到输入 CR 编码为止，将字符列排列输入，CR 编码输入后在排列最后追加￥0 gets(string)； if(strcmp(string, password)) 　　printf("OK")；

kbhit()	value＝kbhit()；
	value 是 int 型
		平常返回 FALSE(0)，但在 RS－232 有输入后，返回 TRUE(1)。在想要回避由于 getc()引起的永久等待状态时使用
		if (kbhit())
		　　return(getc())；
		else
		　　return(0)；

putc() putchar() 哪个都可以	putc(cdata)； cdata 是 8 位数据	cdata 从 RS－232 的发送信号(XMIT)引脚以串行方式输出 putc('＊')； for(i＝0; i＜10; i＋＋) 　　putc(buffer[i])； putc(0xD)；
puts()；	puts(string)； string 是字符列常量或字符排列	string 的字符编码从 RS－232 的 XMIT 引脚串行输出。结束通过￥0 编码判断 puts("--------")； puts("| HI |")； puts("--------")；
printf()	printf(string)； printf(cstring, string)； printf(fname, cstring, 　　values...)； string 是字符列常量或排列名 value 是变量名 cstring 是格式指定 fname 是 1 字符输出函数名	在 RS－232 或指定函数 fname 顺序输出 string 的数据 输出格式根据 cstring 的内容设置。输出数据的格式由 % wt 设置。 (1) w 是由字符数指定的下面格式中的某一个。 　1～9 的 1 字符：输出字符数的设置 　01～09 的 2 字符：没有消零(zero suppress)的字符数设置。 　1.1～9.9 付有小数点：以浮动小数点形式。整数位数。小数位数 (2) t 是下面输出形式中的某一个 　C：字符　　S：字符列或字符 　u：没有符号的整数　　x：十六进制形式(小写) 　X：十六进制形式(大写)　　d：带有符号的十进制 　e：实数的指数形式　　f：浮动小数点的实数 　Lx：long 型的十六进制(小写) 　LX：long 型的十六进制(大写) 　lu：long 型的没有符号整数十进制形式 　ld：long 型的带有符号整数十进制形式 　%：% 字符

续表 14.9.2

函数名称	表达式和参数	举例和功能

set_uart_speed()	set_uart_speed(baud);
	baud 是 100～115 200 的数值
		改变内置 USART 的通信速度
		switch(input_b() & 3) {
		case 0: set_uart_speed(2400);
		break;
		case 1:set_uart_speed(4800);
		break;
		default:set_uart_speed(9600);
		}

14.9.3　USART 应用举例(接收中断实例)

至此本书已用很多例子说明在实际中如何使用 USART。以下是边进行 USART 的中断式通信,边使用其他中断的实例。

如例 14.9.1 所示,USART 的接收信号处理是通过中断进行的,它接收从计算机来的字符数据存储入缓冲器。由于换行编码接收,字符数据在液晶显示器的第 2 行和第 4 行显示。如果没有数据只有换行编码,则液晶显示器就不会显示。另外,它接收并行定时器 1 的中断,约每 1 s 测量温度并在液晶显示器的第 3 行重复显示。

通过中断进行 USART 接收的情况下,由 getc()函数进行单字符的接收,在此,使用 1 行接收的 getc()函数,此函数由于程序循环等待数据输入,直到接收到换行编码之前,在此函数中永久等待,而不能执行其他程序。

例 14.9.1　串行通信的例子

```
/////   USART1   /////
///// use unit B /////
#include <16f873.h>
#fuses HS, NOWDT, NOPROTECT, PUT, BROWNOUT, NOLVP
#device ADC = 10
#use fast_io(B)
///// RS232C 使用声明
#use delay(CLOCK = 20000000)
#use rs232(BAUD = 9600, XMIT = PIN_C6, RCV = PIN_C7)
///// 液晶显示器初始化
#define mode          0
#define input_x       input_B
#define output_x      output_B
```

```
#define set_tris_x      set_tris_B
#define stb             PIN_B3
#define rs              PIN_B2
#include <lcd_lib.c>
///// USART 接收中断处理函数
#int_rda
void isr_rcv()
{
    char data;
    static int t = 0;
    static char buffer[40];                         //接收缓冲器 static
    data = getc();                                  //取出接收的数据
    if (data == 0x0d || data == 0x0A)               //换行吗?
    {
        buffer[t] = 0;                              //字符串 END
        if (t<1)
            lcd_clear();                            //LCD 全消去
        else
        {
            lcd_cmd(0xC0);                          //到 LCD 第 2 行的前面
            printf(lcd_data," % s", buffer);        //接收数据显示
        }
        t = 0;                                      //存储索引再初始化
    }
    else
    {
        buffer[t] = data;                           //存储入缓冲器中
        t ++ ;                                      //索引 + 1
        if(t>38)                                    //上限检查
            t = 0;
    }
}
///// 定时器 1 中断处理函数
#int_timer1
void isr_timer1(0
{
    static int counter;
    float data;
    set_timer1(0x0BDC);                             //100 ms
```

```
        counter ++ ;                                    //次数计数器 + 1
        if (counter > 9)                                //第 10 次吗？(1 s)
        {
            counter = 0;                                //计数器再次清 0
            ///// 温度测量
            set_adc_channel(0);                         //选择 # 0 通道
            delay_us(50);                               //取数据时间
            data = read_adc();                          //以 A/D 数据 10 位取出
            data = (data * 50.0)/1024;                  //刻度变换
            lcd_cmd(0x94);                              //到 LCD 第 3 行的前端
            printf(lcd_data, "ondo = % 2.1f DegC", data);
        }
    }
///// 主函数
void main()
{
    set_tris_b(0);                                      //全引脚输出
    output_B(0);                                        //全引脚 Low
    ///// A/D 转换初始化
    setup_adc_ports(RA0_RA1_RA3_ANALOG);                //RA0、RA2、RA3 模拟输入
    setup_adc(ADC_CLOCK_DIV_32);                        //fosc/32 full speed
    ///// 定时器 0 初始化
    setup_timer_1(T1_INTERNAL | T1_DIV_BY_8);
    set_timer1(0x0BDC);                                 //100 ms
    lcd_init();                                         //LCD 初始化
    lcd_clear();                                        //LCD 全消去
    printf(lcd_data, "Start!!");                        //初始信息
    enable_interrupts(INT_TIMER1);                      //定时器 1 中断允许
    enable_interrupts(INT_RDA);                         //USART 接收中断允许
    enable_interrupts(GLOBAL);                          //中断总允许
    ///// 主循环
    while(1)                                            //闲置循环
    {
    }
}
```

图 14.9.3 为正在执行例题的液晶显示情况，是从计算机发送来的字母数字。在 20 字符以上时，液晶显示器自动在第 4 行显示。

图14.9.3　执行中的情况

14.10　MSSP模块的使用方法(SPI通信)

MSSP(Master Synchronous Serial Port,主同步串行口模块)是通过专用的串行接口和外设的EEPROM、A/D转换器等外围IC以及其他小型计算机连接,从而实现高速同步通信。SSP的使用方法有下面2类。

1. SPI(Serial Peripheral Interface)(串行外设接口)

这是一种由原Motorola(摩托罗拉)公司半导体部提出的接口方式,用3根连接线构成,能够实现几Mbps速率的串行通信。

2. I^2C(Inter-Integrated Circuit)(内部互联)

这是一种由Philips(飞利浦)公司提出的接口方式,通过2条连接线在1个主动(master)和多个从动(slave)芯片之间构成共线,最大能够实现400 kbps速率的通信。

这两种方式的串行通信都是在主板上的IC间进行,并非面向如设备间距离的通信,所以也叫做主板上的串行通信。本节对SPI模式的使用方法进行说明。

14.10.1　SPI通信简介

SPI通信的结构简图如图14.10.1所示。2个SPI模块相互间通过3条线连接,一方为主动方,另一方为从动方。

通信以主动方输出的时钟信号(SCK)为基准,相互间面对的移位寄存器通过SDI和SDO信号线环状连接,同时接收和发送8位数据。平常主动方拥有主导权进行下面的通信。

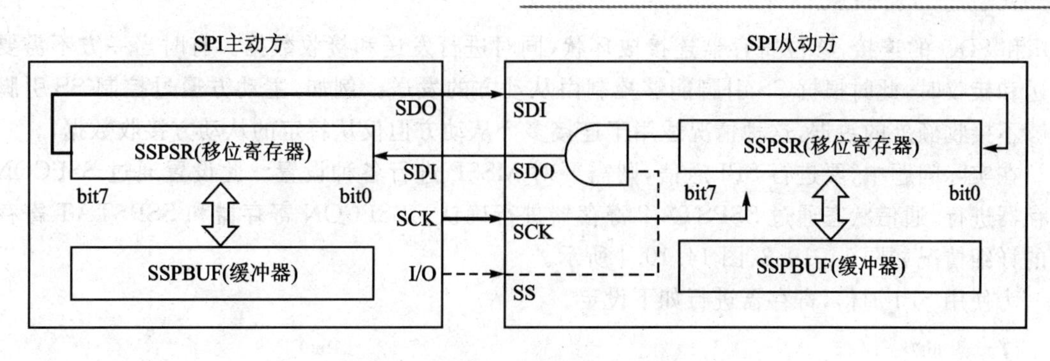

图 14.10.1　SPI 通信的结构简图

1. 主动方发送数据

从主动方控制发送的数据，从动方在接收的同时，从动方控制发送无效数据，主动方接收无效数据。

2. 主动方和从动方同时发送数据

主动方在发送数据的同时，从动方也发送有效数据，所以主动方和从动方双方同时接收数据。

3. 主动方接收数据

主动方发送无效数据，同时根据其时钟，从动方发送有效数据到主动方。

这样使用 SPI 通信，2 个设备之间就能够很简单地进行通信。

图 14.10.2 为 PIC 单片机内部的 SPI 模式时的 SSP 详细构成。如图所示设备之间通过

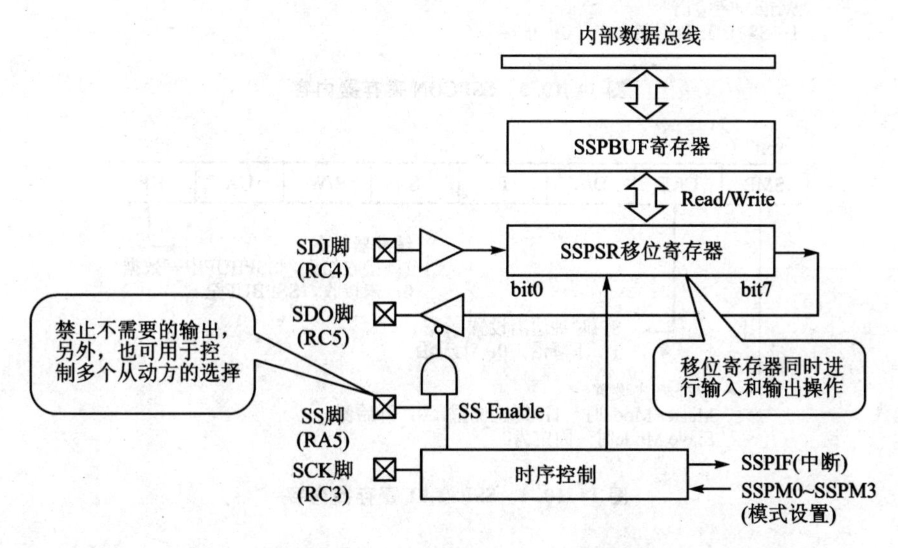

图 14.10.2　SPI 模式的 SSP 内部结构

SDI和SDO的连接，移位寄存器连接成环状，同时进行发送和接收数据。有时当一方不需要发送和接收时，此时根据SS引脚能够控制由从动方的发送。例如，主动方通过控制SS引脚能够不接收额外的数据，这种情况适用于连接多个从动方但仅从特定的从动方接收数据。

在实际问题中，要进行SPI通信，则需要对MSSP进行各种设置。此设置通过SSPCON寄存器进行，通信状态通过SSPSTAT寄存器进行确认。SSPCON寄存器和SSPSTAT寄存器的详细情况如图14.10.3、图14.10.4所示。

为使用SPI通信，寄存器进行如下设定。

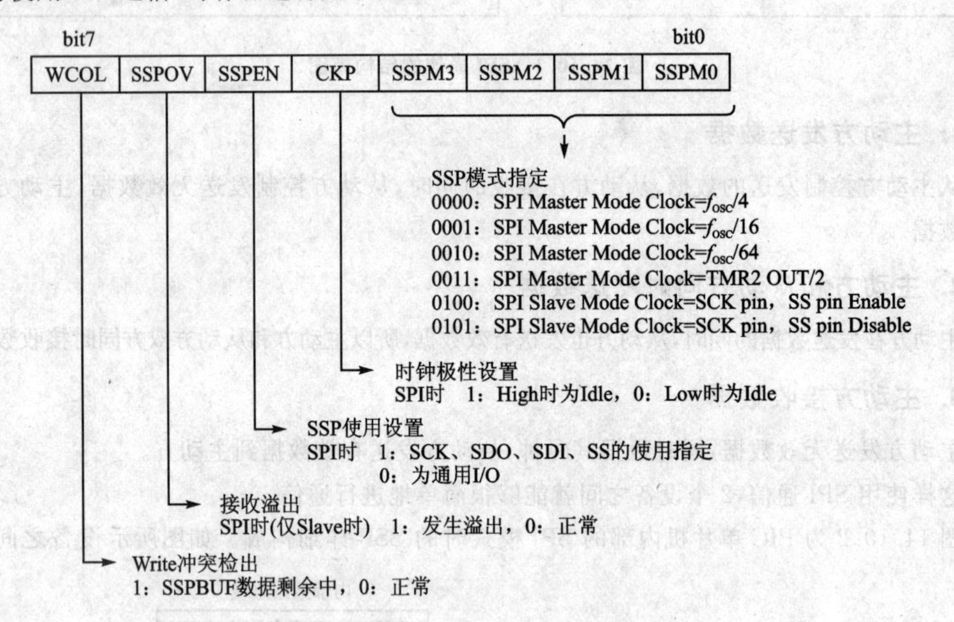

图14.10.3　SSPCON寄存器内容

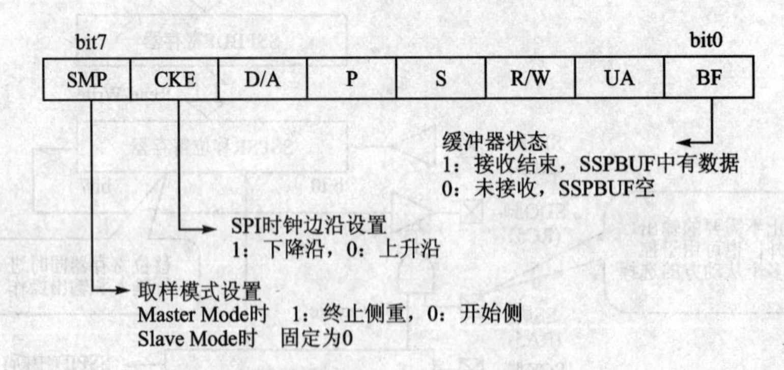

图14.10.4　SSPSTAT寄存器内容

1. SPI 模式设定

由 SSPCON 寄存器中的 SSPM0～SSPM3 设置各种模式,但如要决定为 SPI 模式,首先应决定是主动方式还是从动方式,其次如果决定时钟的频率,就能够确定为 SPI 模式。当然 SSPEN 必须为有效。

2. 时钟极性和边沿设置

由 SSPCON 寄存器的 CKP 位,确定时钟的逻辑是正还是负。其次,由 SSPSTAT 寄存器的 CKE 位,设置移位数据同步的时钟信号为上升沿有效还是下降沿有效。

3. 由 TRIS C 设置输入/输出模式

和 SDI(RC4)、SDO(RC5)、SCK(RC3)相对应的各引脚的输入/输出根据 SPI 设定模式为主动方还是从动方,从而进行适当的方向设定。

4. 开始发送和接收

一边由 SSPSTAT 的 BF 位确认 SSPBUF 是否为空,一边执行数据的发送和接收。发送或接收结束后,PIR1 寄存器处的 SSPIF 位为 1,如果中断允许,则发生 MSSP 的中断。

14.10.2 SPI 用内部函数

CSS 公司的 C 编译程序中设置有如表 14.10.1 所列的支持 SSP 的 SPI 通信模式的内部函数。

表 14.10.1 SPI 用内部函数一览表

内部函数的表达式	功能内容
setup_spi(mode)	将 SSP 初始化为 SPI 模式。mode 有下面的 4 组,最终的数据是将其取 OR 后的值 SPI_MASTER　SPI_SLAVE SPI_L_TO_H　SPI_H_TO_L SPI_CLK_DIV_4 SPI_CLK_DIV_16 SPI_CLK_DIV_64 SPI_CLK_T2 SPI_SS_DISABLED 《例》 setup_spi(SPI_MASTER | SPI_L_TO_H | SPI_CLK_DIV_16);

续表 14.10.1

内部函数的表达式	功能内容

return＝spi_data_is_in()	数据接收结束则返回 TRUE(1)，没有结束则返回 FALSE(0)。
	《例》
	while(!spi_data_is_in() && input(PIN_B2))；
	
	if (spi_data_is_in())

indata＝spi_read(outdata) indata：输入 INT 型数据。 outdata：输出 INT 型数据。	从 SSPBUF 取出接收数据。如果没有接收的数据，则一直等待到接收为止。接收时如果有发送数据，作为 outdata 同时输出。 《例》 if (spi_data_is_in()) 　new_data＝spi_read()；
spi_write(value) value 是发送 INT 型数据。	value 作为发送数据写入 SSPBUF 中然后以 SPI 发送。 《例》 spi_write(data_out)； data_in＝spi_read()；

14.10.3　SPI 通信应用举例

以下为一个实际的 SPI 通信的例子。该例使用 2 个通用部件 B。对 PIC16F873 进行如图 14.10.5 所示的连接示意图。也就是说通过 SPI 连接 2 个 PIC16F873，相互之间能够通信。

在此接续状态中，通用部件 B NO1 为主动方，通用部件 B NO2 为从动方。主动方以 0.5 s 的周期反复测量温度和电压，其状况在自己的液晶显示器上显示的同时，通过 SPI 发送同样的数据到从动方。

主动方平常置于能够从 SPI 接收数据的状态，一旦接收数据，则根据数据进行处理，在液晶显示器显示和主动方相同的信息内容。主动方为 16 字符×2 行的小型液晶显示器。

主动方和从动方的液晶显示内容如图 14.10.6 和图 14.10.7 所示。图 14.10.6 为主动方的显示内容，在第一行显示开始信息，下面以 0.5 s 的间隔在第 2 行显示温度测量值，在第 3 行显示电压测量值。

图 14.10.7 为从动方的显示内容，开始之后就显示开始信息，数据一旦接收就显示出来，其后与主动方一样以 0.5 s 的间隔用 2 行显示测量数据。

主动方的程序如例 14.10.1 所示，以 10 位模式进行 A/D 转换，每 0.5 s 进行 2 通道的测量，进行刻度变换后通过 printf 语句在自己的液晶显示器上显示，然后通过 printf 语句以 SPI 通信方式输出到主动方。

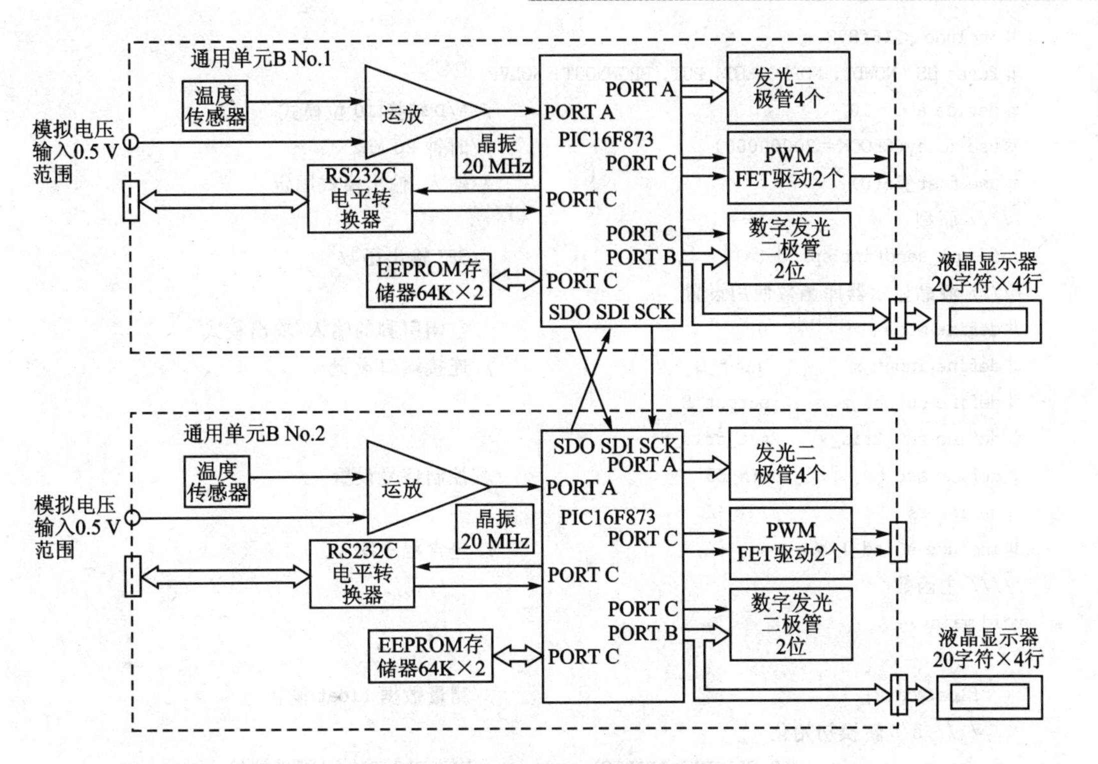

图 14.10.5　SPI 通信的连接示意图

图 14.10.6　主动方的显示内容

图 14.10.7　从动方的显示内容

为能够通过 printf 语句进行 SPI 输出，新追加称为 spi_send()的单字符输出函数。在以 SPI 通信发送数据到从动方时，从动方一方面在液晶显示器上显示数据，一方面发送数据。

如上所述，SPI 通信全部由主动方进行控制，主动方以全速连续发送数据时，从动方的接收处理如果跟不上就会发生数据遗漏，所以需要注意这一点。

例 14.10.1　主动方程序

```
/////  spimaster  /////
///// use unit B /////
```

```
#include <16f873.h>
#fuses HS, NOWDT, NOPROTECT, PUT, BROWNOUT, NOLVP
#device ADC = 10                                      //A/D 转换 10 位模式
#use delay(CLOCK = 20000000)                          //时钟 20 MHz
#use fast_io(B)                                       //输入/输出模式固定
///// 原型
void spi_send(int spi_data);                          //SPI 输出函数
///// 液晶显示器库函数使用设置
#define mode          0                               //空闲引脚的输入/输出模式
#define input_x       input_B                         //连接端口设置
#define output_x      output_B
#define set_tris_x    set_tris_B
#define stb           PIN_B3                          //控制信号设置
#define rs            PIN_B2
#include <lcd_lib.c>                                  //包含程序库
///// 主函数
void main()
{
    float data;                                       //测量数据 float 设置
    /////A/D 转换初始化
    setup_adc_ports(RA0_RA1_RA3_ANALOG);              //RA0、RA2、RA3 引脚模拟输入
    setup_adc(ADC_CLOCK_DIV_32);                      //fosc/32 最高速度
    ///// MSSP 初始化 SPI 模式
    setup_spi(SPI_MASTER | SPI_L_TO_H | SPI_CLK_DIV_16 | SPI_SS_DISABLED);
    ///// 端口 B 初始化
    set_tris_b(0);                                    //全引脚输出模式
    output_B(0);                                      //清 0
    set_tris_C(0x17);                                 //SPI 主动方制用输出模式
    ///// 液晶显示初始信息
    lcd_init();                                       //液晶显示器初始化
    lcd_clear();                                      //全消除
    printf(lcd_data, "Start Master!!");               //开始信息输出
    ///// 测量显示循环
    while(1)
    {
        ///// 温度测量
        set_adc_channel(0);                           //选择通道 0
        delay_us(50);                                 //读取时间等待
        data = read_adc();                            //A/D 转换数据 10 位读入
```

```
        data = (data * 50.0) / 1024;            //温度数据刻度变换
        lcd_cmd(0xC0);                          //移动至第 2 行的前面
        printf(lcd_data, "Ondo = %2.1f DegC", data);
        printf(spi_send, "$Ondo = %2.1f DegC", data);
        ///// 电压测量
        set_adc_channel(1);                     // 选择通道 1
        delay_us(50);                           // 读取时间等待
        data = read_adc();                      // 以 10 位读入
        data = (data * 0.5) / 1024;             //以 0.5 V 满量程进行变换
        lcd_cmd(0x94);                          //移动至第 3 行的前面
        printf(lcd_data, "Volt = %1.3f V", data);
        printf(spi_send, "#Volt = %1.3f V", data);
        delay_ms(500);                          //等待 0.5 s
    }
}
///// SPI1 字节发送处理函数
void spi_send(int spi_data)
{
    int dumy;
    spi_write(spi_data);                        //1 字节发送
    if((spi_data == '$') || (spi_data == '#'))
        delay_ms(2);
    else
        delay_us(100);
}
```

与此相对应，从动方的程序如例 14.10.2 所示。

从动方平常重复接收 SPI 的信号，一旦接收数据，则根据数据进行如表 14.10.2 所列的处理。

表 14.10.2　数据和处理内容

数　据	处理内容
$	通过光标，移动到第 1 行的前面
#	移动到第 2 行的前面
其他	显示为字符数据

例 14.10.2　从动方的程序

```
/////  spislave  /////
///// use unit B /////
#include <16f873.h>
#fuses HS, NOWDT, NOPROTECT, PUT, BROWNOUT, NOLVP
#use delay(CLOCK = 20000000)                    //时钟 20 MHz
#use fast_io(B)                                 //输入/输出模式固定
///// 液晶显示器库函数使用设置
#define mode         0                          //闲置引脚的输入/输出模式
#define input_x      input_B                    //连接端口设置
```

```
#define output_x       output_B
#define set_tris_x     set_tris_B
#define stb            PIN_B3                              //控制信号设置
#define rs             PIN_B2
#include <lcd_lib.c>                                       //包含程序库
///// 主函数
void main()
{
    ///// MSSP 初始化 SPI 模式
    setup_spi(SPI_SLAVE | SPI_L_TO_H | SPI_CLK_DIV_16 | SPI_SS_DISABLED);
    ///// 端口 B 初始化
    set_tris_b(0);                                         //全引脚输出模式
    output_B(0);                                           //清 0
    set_tris_C(0x1F);                                      //SPI 从动方用输入/输出模式
    ///// 液晶显示初始信息
    lcd_init();                                            //液晶显示器初始化
    lcd_clear();                                           //全消除
    printf(lcd_data, "Start Slave!!");                     //开始信息输出
    ///// 数据接收显示循环
    while(1)
    {
        int data;
        if(spi_data_is_in())
        {
            data = spi_read();                             //单字符 SPI 输入
            switch(data)
            {
                case ´$´: lcd_cmd(0x01);                   //是字符 s 吗?
                    break;                                 //如果是 s,全消除
                case ´#´: lcd_cmd(0xC0);                   //到第 2 行的前面
                    break;
                default: lcd_data(data);                   //如果是其他则显示
            }
        }
    }
}
```

14.11 MSSP的使用方法(I^2C通信)

I^2C(Inter-Integrated Circuit)是由飞利浦公司提出的和外围设备进行串行通信的一种方式,主要是为了与EEPROM存储器IC等实现高速通信。除了EEPROM以外,各公司也出售由显示控制设备、A/D转换IC等组成的内置I^2C接口产品。

I^2C通信当初主要用于如相同底板之间近距离连接设备之间的通信,以100 kbps或400 kbps的速度进行串行通信,并非面对设备间距离的通信。

I^2C和SPI一样明确区别主动方和从动方,主动方掌握所有的控制主导权。I^2C能够构成共线配置,一个主动方能够和多个从动方进行通信。

在PIC16F87x系列单片机中将I^2C通信的硬件模块功能进行了大幅强化,即使是主动方模式,硬件也能自动进行处理,I^2C通信变得非常轻松方便。

14.11.1 I^2C通信简介

I^2C通信的结构如图14.11.1所示,一个主动方和多个主动方通过称为SCL和SDA的两根线连接成共线状态。与SPI通信一样,平时主动方持有权限,以主动方发送的时钟信号SCL为基准,数据信号通过SDA线进行发送。多主动方模式(multi-master mode)由多个主动方构成,通信时根据通信情况由某个主动方掌握主导权。

其通信方式和SPI的主要区别在于每个主动方都持有地址,数据中包含地址,每发送1字节从接收方返回ACK信号,相互之间一边进行确认一边发送数据。

飞利浦公司的I^2C英文说明书可以从下面的地址进行下载。

http://www.semiconductors.philips.com/buses/i2c/facts/index.html

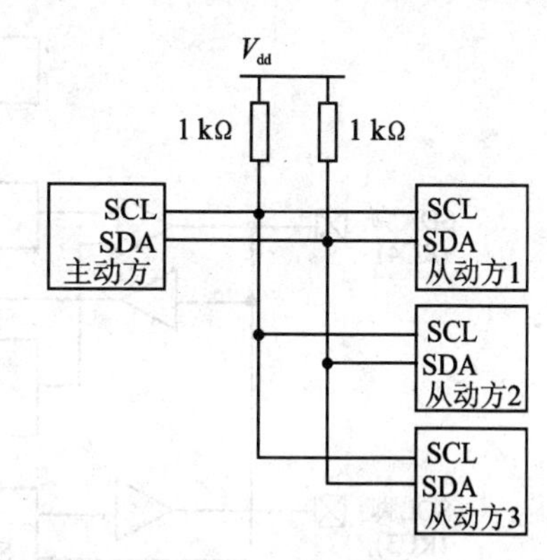

图14.11.1 I^2C通信的基本构成

在I^2C模式下使用MSSP模块,其内部结构因在主动模式或从动模式下工作状态不同,所以结构也有很大差异。

主动方模式的构成如图14.11.2所示,以SCL和SDA两根信号线接收和发送所有的数据。因为SCL引脚和SDA引脚都连接多个从动方,所以选择I^2C模式,则两引脚内部都为漏极开路输出。而且,从动方两引脚平常为输入模式,即成为高阻抗状态,只有与指定地址的设备一致时才有必要设为输出模式。为此,从动方模式的特征为有地址一致检测电路。

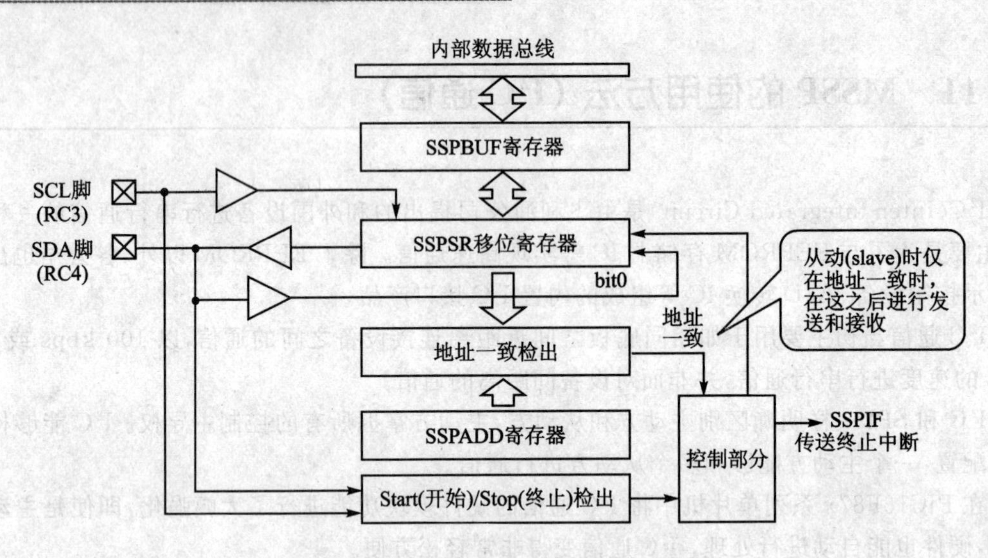

图 14.11.2　I²C 从动方模式时的内部构成

主动方模式时，必须输出自己的时钟、Start/Stop 信号。内部构成如图 14.11.3 所示，信号输出控制部分较为复杂。

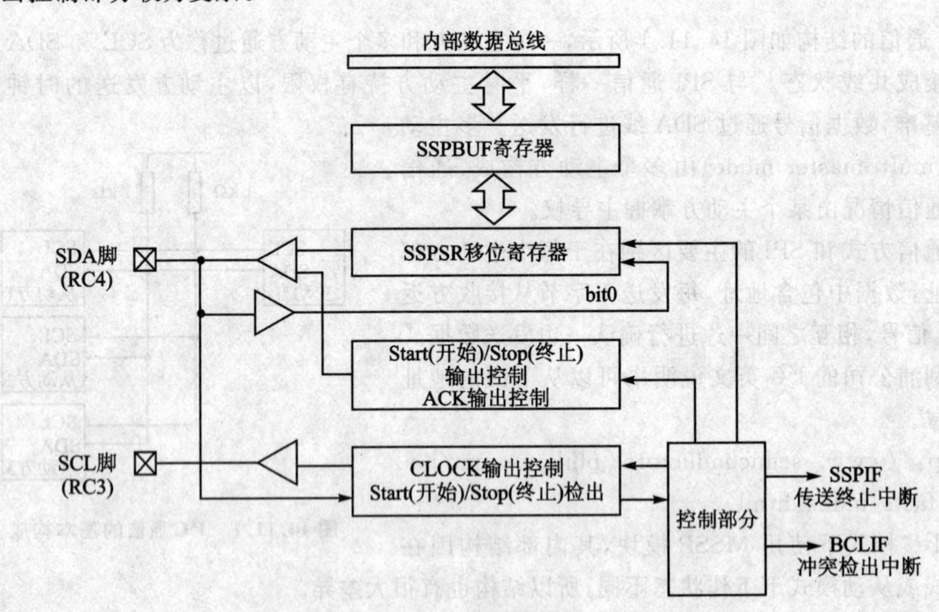

图 14.11.3　I²C 主动方模式时的内部构成

I²C 通信的基本传输时序如图 14.11.4 所示。主动方 SCL 为 High 状态，SDA 为 Low 时作为开始条件，在其后主动方一边进行时钟的供给，一边发送地址指定与 Read/Write 区别的数据。然后通过地址指定的1台从动方和主动方以1对1、按照指定的方向进行通信。

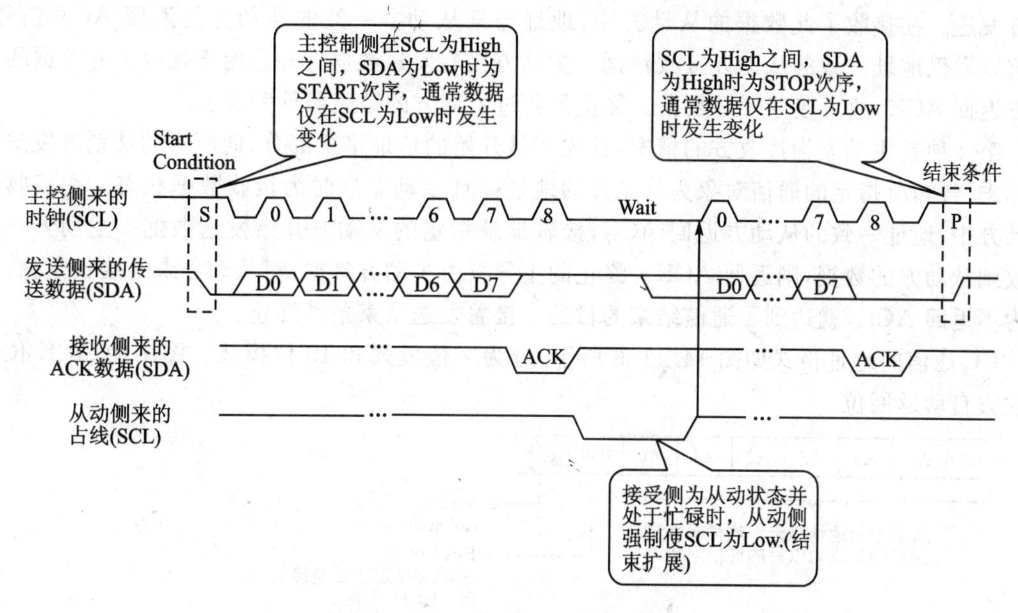

图 14.11.4 I²C 通信的基本时序

根据SCL的时钟从发送方输出8位数据，然后接收方返回确认(ACK)信号。此时接收方作为时钟扩展(clock stretch)，一直到接收数据取出之前，只要将SCL强制为Low，则在此期间看上去等于没有时钟，所以可以等待到发送方发送下一个数据输出。

发送完最后的数据，确认ACK后，因从动方释放SDA，故主动方使SDA为Low，停止时钟，输出为High。之后，将SDA置为High，成为结束条件，通信结束。这就是基本的传输步骤。

I²C整体通信的数据结构如图14.11.5所示，根据主动方为发送还是接收有两种形式。

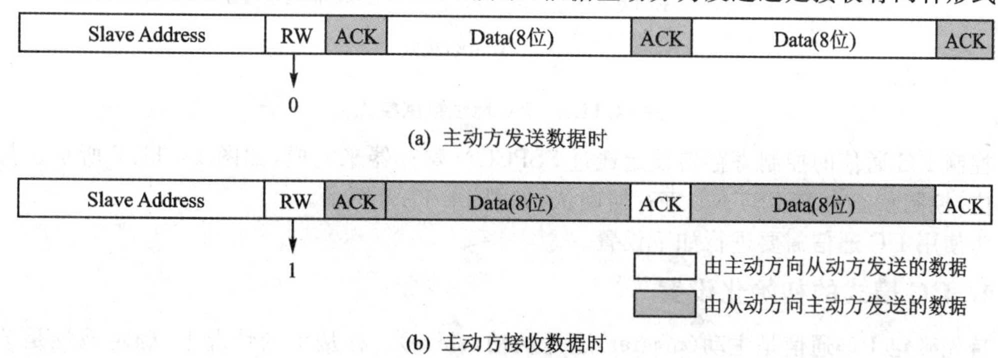

图 14.11.5 I²C 整体通信的数据结构

主动方为发送时，最初为地址格式部分，然后，将指定地址发向从动方的数据向所有的从动方发送。在接收了此数据的从动方中，地址与某从动方一致的从动方便返回 ACK 信号。在这以后仅地址一致的从动方接收数据。主动方接着发送数据。并且由于接收了此数据的从动方返回 ACK，故可接着发送数据。终止是通过主动方的结束条件完成。

第 2 种是主动方为接收方的情况，首先在最开始的地址格式部分，向所有的从动方发送一个标志，告知所指定的通信对象为从动方的地址并且主动方这时为接收数据状态。在接收的从动方中，地址一致的从动方返回 ACK，接着地址指定的从动方开始发送数据。主动方一旦接收到从动方的数据，则返回 ACK。终止的主导权由主动方掌握，对从动方来的接收数据，只要为不返回 ACK，就达到了通信结束的目的。接着发送结束条件终止。

I^2C 通信的地址格式如图 14.11.6 所示，分为 7 位模式和 10 位模式。图中的 ACK 位为接收方自动返回位。

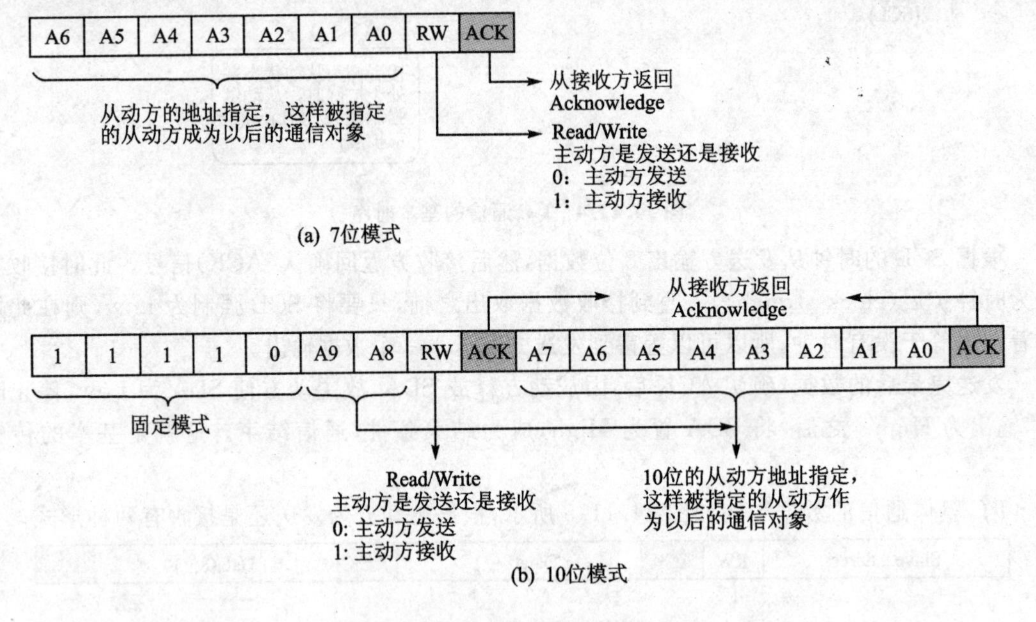

图 14.11.6　I^2C 地址数据格式

控制 I^2C 通信的控制寄存器设定通过 SSPCON 寄存器来完成，如图 14.11.7 所示。与此相对应，控制状态由 SSPSTAT 寄存器确认，如图 14.11.8 所示。

为使用 I^2C 通信需要进行如下设置。

1. I^2C 模式的初始化设置

首先确定 I^2C 通信是主动(master)还是从动(slave)。在从动的情况下，确定地址是 7 位还是 10 位，是否使用开始/停止条件的中断，这些在 SSPCON 寄存器中进行设定。当然在此 SSPEN 位为 1，指定使用 SSP。根据连接的对象确定为 7 位还是 10 位，如果当 7 位地址就足

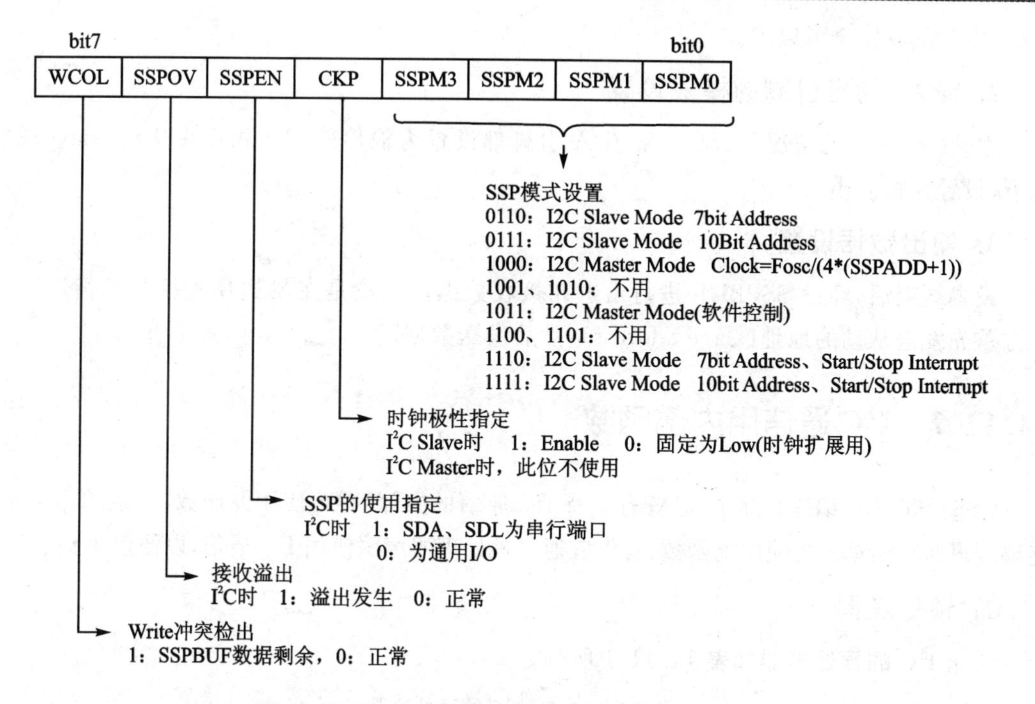

图 14.11.7　SSCON 寄存器内容(I^2C 模式的情况)

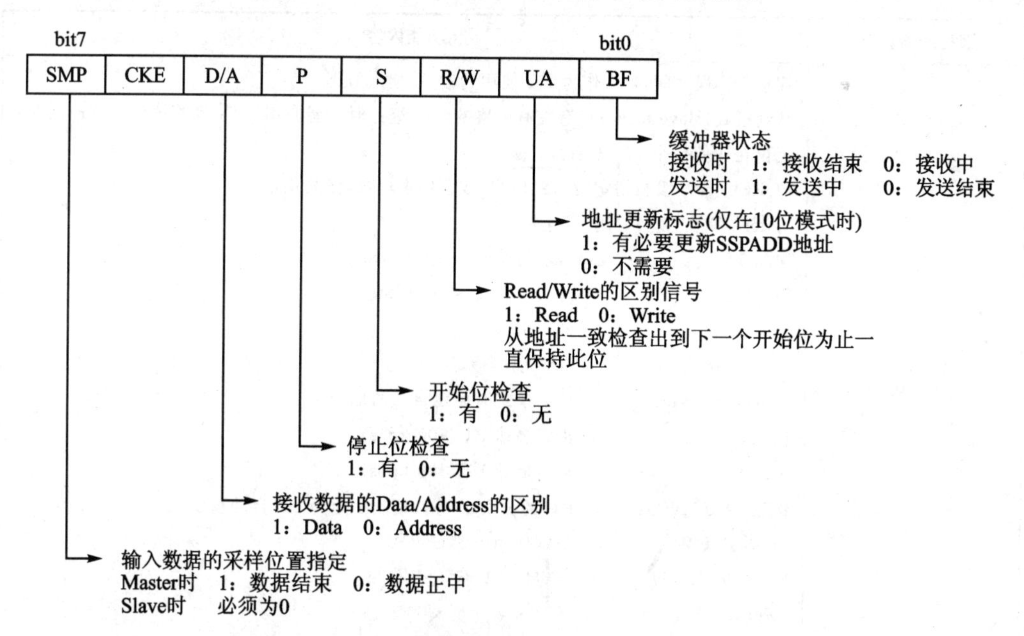

图 14.11.8　SSPSTAT 寄存器内容(I^2C 模式的情况)

够时，则 7 位就完全可以了。

2. 输入/输出引脚的模式设置

主动(master)的情况下，SCL 和 SDA 引脚都设置为输出模式。相反在从动(slave)的情况下，设置为输入模式。

3. 输出数据设置

设置结束后，经过 SSPBUF 进行发送和接收数据。无论是在发送还是接收的情况下，主动方首先发送从动的地址(slave address)，然后发送数据。

14.11.2　I²C 通信用内部函数

CSS 公司的 C 编译程序中，设置有支持 I²C 通信的内部函数，使用此函数，复杂的通信步骤能够变得非常简单。为使用此函数，首先应通过预处理器声明使用 I²C 通信，以便包含函数库。

1. 预处理器

用于 I²C 的预处理器如表 14.11.1 所列。

表 14.11.1　I²C 的预处理器

预处理器函数	功能内容
# use i2c(options)	连接 I²C 程序库，指定作为 I²C 使用的输入/输出引脚 从动模式(slave mode)只有在有内置的 SSP 组件时才能使用，而主动模式(master mode)无论在任何一个 PIC 都有效。 FORCE_HW 没被指定时，将自动生成程序模块，以使其正常工作 options 参数(复数时用“，”连接) MASTER　　为主动模式(master mode) SLAVE　　为从动模式(slave mode) SCL=pin　　SCL 引脚指定 SDA=pin　　SDA 引脚指定 ADDRESS=nn　　从动模式时设定自己的地址 FAST　　指定高速 I²C(400 kpbs) SLOW　　指定低速 I²C(100 kpbs) RESTART_WDT　　I²C 的 READ 等待期间指定 WDT 自动重设 FORCE_HW　　指定使用内置 SSP 模块 NOFORCE_SW　　指定使用内置 SSP 模块 《例》 # use i2c(MASTER, SDA=PIN_B0, SCL=PIN_B1) # use i2c(SLAVE, SDA=PIN_C4,SCL=PIN_C3,ADDRESS=0xa0, FORCE_HW)

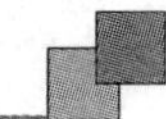

2. I^2C 用内部函数

利用前面的预处理器确定使用 I^2C 后，表 14.11.2 的函数就被包含了，即可以使用了。这样就可以利用 C 语言处理 I^2C 通信。

表 14.11.2 用于 I^2C 的内部函数一览

内部函数	功能内容
i2c_start()	I^2C 的主动模式时，输出开始条件 在这之后，一直到 i2c_read 或 i2c_write 执行为止，SCL 保持为 Low 水平(level) i2c_stop()执行前执行此函数时，作为特殊的开始条件处理
i2c_stop()	I^2c 的主动模式时，输出结束条件
ack=i2c_write(data)	在 I^2C 输出 1 字节的数据 主动模式时输出时钟，从动模式时等待从主动方来的时钟 不使用内置 SSP 模块时，不会发生超时溢出，故一直等待到发送结束 发送结束，返回对方 ACK 位。 正常 ACK 时为 0，没有 ACK 时返回 1 《例》 i2c_start()；　　　//start condition i2c_write(0xa0)；　//device address i2c_write(5)；　　//device command send i2c_write(12)；　　//device data send i2c_stop()；　　　//stop condition
data=i2c_read() data=i2c_read(ack)	从 I^2C 读入数据 主动模式时，由此函数输出时钟，从动模式时等待时钟输入 使用此函数，将处于永久等待接收数据状态，所以使用 WDT 时，通过 # use i2c 设置 RESTART_WDT 参数 将参数 ack 指定 0 后，则对于接收数据将不返回 ACK 缺省值为 1，自动返回 ACK 《例》 i2c_start()；　　　　//start condition i2c_write(0xa1)；　　//device address data1=i2c_read()；　//read first byte data2=i2c_read()；　//read second byte i2c_stop()；　　　　//stop condition

续表 14.11.2

内部函数	功能内容

i2c_poll()	此命令仅在使用内置 SSP 模块时有效
	接收数据的缓冲器中有数据时返回 TRUE(1)
	返回 TRUE,执行 i2c_read 函数,立即返回数据。
	例:主动方接收的情况下
	i2c_start();　　//start condition
	i2c_write(0xc1);　　//deveice address
	count=0;
	while(count!=4) {
	　if(i2c_poll())
	　　r[count++]=i2c_read();　　//read next
	}　　//do something here
	i2c_stop;　　//stop condition

14.11.3　I²C 通信实例 1(外设 EEPROM)

以下是一个实际的 I²C 通信例子。在此,通过 I²C 通信实现对外设 EEPROM 的访问,即对 2 个 256 KB 的 EEPROM 进行访问读/写。

用 RS-232C 通信与计算机等连接,使用超文本,发送从计算机来的测试命令,执行对 EEPROM 的操作。命令如表 14.11.3 所列。

表 14.11.3　EEPROM 测试命令

命　令	功能名称	动作简介
c0 c1	存储器清除	由 0x00 清除所有的存储器,清除结束后返回 Compltete 信号
w0 w1	写入测试	对指定的存储器写入从 0x20～0xFF 的 ASCⅡ编码,0 为第 1 个 IC,1 为第 2 个 IC
r0 r1	读出测试	设置存储器的内容依次读出,作为文字编码发送至计算机

首先,作为外置的 EEPROM,使用 24LC64 或 24LC256。如图 14.11.9 所示,通过 I²C 通信,对 EEPROM 发送和接收数据,实现对存储器的读/写。这次仅是以字节为单位进行的读/写测试,没有进行大容量方式的连续读/写测试。

图 14.11.9 的 A2、A1、A0 组成的 3 位是由 EEPROM 的地址在硬件中进行设置的。在通用部件 B 中为 000 和 001。

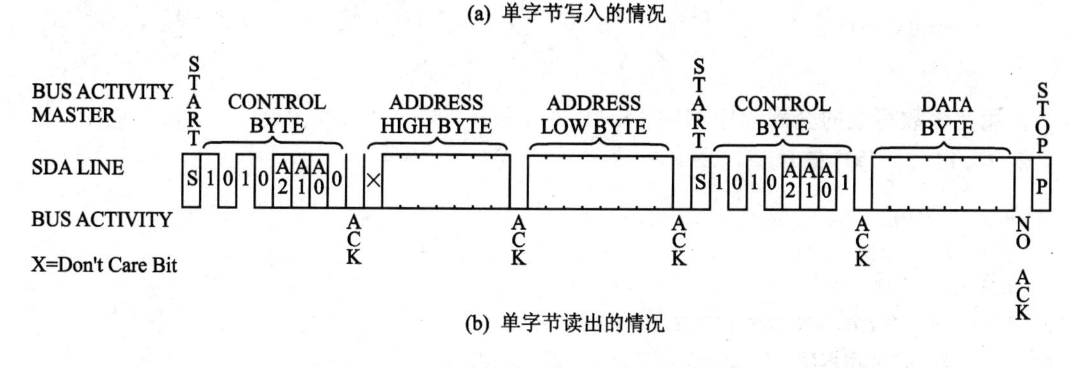

图 14.11.9　EEPROM 的 I²C 通信数据格式

根据此内容访问 EEPROM 的函数如例 14.11.1 所示。此函数执行读/写每一个字节。用 I²C 通信用的内部函数可以非常简便地进行描述，所以可以按照图 14.11.9 所示的数据格式进行描述。写入时等待写入结束，仅 10 ms 的延迟等待时间。

例 14.11.1　EEPROM 存取函数

```
///// 外部 EEPROM 写入函数
void write_ext_eeprom(int chip, long address, int data)
{
    i2c_start();
    i2c_write(chip);                        //write mode
    i2c_write((address>>8) & 0x7F);         //upper address
    i2c_write(address);                     //lower address
    i2c_write(data);                        //data
    i2c_stop();
    delay_ms(10);
}
///// 外部 EEPROM 读出函数
int read_ext_eeprom(int chip, long address)
{
    int data;
    i2c_start();
```

```
    i2c_write(chip);                                //write mode
    i2c_write((address>>8) & 0x7F);                 //upper address
    i2c_write(address);                             //lower address
    i2c_start();
    i2c_write(chip | 0x01);                         //read mode
    data = i2c_read(0);                             //get data with no ACK
    i2c_stop();
    return(data);
}
```

使用此函数写成的全部程序如例 14.11.2 所示。

例 14.11.2　程序清单


```
/////  i2c01  /////
///// use unit B /////
#include <16f873.h>
#fuses HS, NOWDT, NOPROTECT, PUT, BROWNOUT, NOLVP
///// RS232C 使用声明
#use delay(CLOCK = 20000000)
#use rs232(BAUD = 9600, XMIT = PIN_C6, RCV = PIN_C7)
#use fast_io(B)
///// I²C 使用声明
#use i2c(MASTER, SDA = PIN_C4, SCL = PIN_C3, ADDRESS = 0xa0, FORCE_HW)
///// 原型
void clear_mem();
void fill_mem();
void disp_mem();
void write_ext_eeprom(int chip, long address, int data);
int read_ext_eeprom(int chip, long address);
///// 全局变量和常数声明
#define MAX_EEPROM 0x0400                            //Maximum 0x8000
static char buffer[40];                              //receive buffer
static int chipadrs;                                 //IC chip address
///// 主函数
void main()
{
    output_float(PIN_C3);                            //SCL 脚定义
    output_float(PIN_C4);                            //SDA 脚定义
    while(1)                                         //无限循环
    {
```

```
        int i, cmd;
        i = 0;
        buffer[0] = 0;
        printf("¥r¥nCommand = ");                    //初始信息
        gets(buffer);                                //命令输入
        ///// 命令解释
        if ((buffer[1] == '0') || (buffer[1] == '1'))
        {
            if(buffer[1] == '0')                     //IC 芯片地址检查
                chipadrs = 0xA0;
            else
                chipadrs = 0xA2;
            switch (buffer[0])                       //命令处理执行
            {
                case 'c': clear_mem(); break;        //清除
                case 'w': fill_mem(); break;         //写入
                case 'r': disp_mem(); break;         //读出
                default : printf("¥r¥nError?");      //命令错误
            }
        }
        else
            printf("¥r¥nError¥r¥n");                 //地址错误
    }
}
///// 存储器刷新处理函数
void clear_mem()                                     //write all 0x00
{
    long address;
    printf("¥r¥nClearing ");
    for (address = 0; address<MAX_EEPROM; address ++ )
    {
        if (address > 16) && ((address % 16) == 0))
            printf("·");                             //每 16 字节显示一个点
        write_ext_eeprom(chipadrs, address, 0);
    }
    printf("¥r¥nComplete!¥r¥n");
}
///// 写入处理函数
void fill_mem()
```

```
{
    int j;
    long address;
    address = 0;                                         //开始地址设置
    j = 0x20;                                            //写入数据初始值
    do
    {
        write_ext_eeprom(chipadrs, address, j);          //数据写入
        address ++;
        j ++;
        if (j>0x4F)                                      //检验最后的写入数据
        {
            printf("¥raddress = %04LX", address);
            j = 0x20;                                    //再设置初始值
        }
    } while (address < MAX_EEPROM);                      //检查地址
    printf("¥r¥nComplete!¥r¥n");                         //终止信息
}
///// 读出处理函数
void disp_mem()
{
    int data, j;
    long address;
    address = 0;                                         //地址初始值
    do
    {
        printf("¥r¥n%04LX  ", address);                  //地址读出索引
        for (j = 0; j<32; j++)                           //每 32 字节换行
        {
            data = read_ext_eeprom(chipadrs, address);
            address ++;
            printf("%C", data);                          //以字符显示数据
        }
    } while(address < MAX_EEPROM);                       //地址最终检查
    printf("¥r¥nComplete!¥r¥n");
}
///// 外部 EEPROM 写入函数
void write_ext_eeprom(int chip, long address, int data)
{
```

```
    i2c_start();
    i2c_write(chip);                        //write mode
    i2c_write((address>>8) & 0x7F);         //upper address
    i2c_write(address);                     //lower address
    i2c_write(data);                        //data
    i2c_stop();
    delay_ms(10);
}
///// 外部 EEPROM 读出函数
int read_ext_eeprom(int chip, long address)
{
    int data;
    i2c_start();
    i2c_write(chip);                        //write mode
    i2c_write((address>>8) & 0x7F);         //upper address
    i2c_write(address);                     //lower address
    i2c_start();
    i2c_write(chip | 0x01);                 //read mode
    data = i2c_read(0);                     //get data with no ACK
    i2c_stop();
    return(data);
}
```

执行此程序时，计算机使用超级终端，将返回设置为 ON，执行的实例如例 14.11.3 所示。输入命令错误时会输出 Error 信号，并且再次等待命令输入。Clear 命令时，每 16 字节写入结束时会以圆点显示。Write 命令时，48 种 ASCⅡ编码写入结束时，在同一个位置显示下一个写入地址。Read 命令时，读出的数据每 32 字节以 ASCⅡ字符用一行显示。

写入此程序后，电源 OFF 并过一段时间后重新设置为 ON。执行 Read 命令，就可以确认存储器的内容没有消失。

例 14.11.3　执行结果

```
命令错误时
Command = r3
Error
Command = f
Error
Clear 命令的情况下
Command = c1
Clearing................................................................
```

```
Complete!
write命令的情况下
address = 03F0
Complete!
Read命令的情况下
Command = r0
0000     ! " # $ % & ' ( ) * + , - . / 0 1 2 3 4 5 6 7 8 9 : ; < = > ?
0020   @ A B C D E F G H I J K L M N O   ! " # $ % & ' ( ) * + , - . /
0040   0 1 2 3 4 5 6 7 8 9 : ; < = > ? @ A B C D E F G H I J K L M N O
0060     ! " # $ % & ' ( ) * + , - . / 0 1 2 3 4 5 6 7 8 9 : ; < = > ?
0080   @ A B C D E F G H I J K L M N O   ! " # $ % & ' ( ) * + , - . /
00A0   0 1 2 3 4 5 6 7 8 9 : ; < = > ? @ A B C D E F G H I J K L M N O
00C0     ! " # $ % & ' ( ) * + , - . / 0 1 2 3 4 5 6 7 8 9 : ; < = > ?
00E0   @ A B C D E F G H I J K L M N O   ! " # $ % & ' ( ) * + , - . /
0100   0 1 2 3 4 5 6 7 8 9 : ; < = > ? @ A B C D E F G H I J K L M N O
0120     ! " # $ % & ' ( ) * + , - . / 0 1 2 3 4 5 6 7 8 9 : ; < = > ?
0140   @ A B C D E F G H I J K L M N O   ! " # $ % & ' ( ) * + , - . /
0160   0 1 2 3 4 5 6 7 8 9 : ; < = > ? @ A B C D E F G H I J K L M N O
```


14.11.4　I^2C通信实例2(PIC间通信)

下面使用I^2C通信，进行与SPI例子同样的通信。也就是说2个通用部件B，以I^2C通信方式连接，PIC16F873之间分别作为主动方(master)和从动方(slave)进行I^2C通信。

连接方式如图14.11.10所示。

图中通用部件B NO1为主动方，通用部件B NO2为从动方，在主动方以0.5 s的周期反复测量温度和电压，其数据在自己的液晶显示器上显示的同时，同样的数据以I^2C通信的方式发送到主动方。

从动方平时处于从I^2C接收数据的状态，一旦接收数据，则根据数据进行处理，在液晶显示器上显示与主动方同样的内容。从动方使用的是16字符×2行的小型液晶显示器。

主动方和主动方显示的内容格式和前面章节中SPI实例相同。主动方在第1行显示开始信号，然后以0.5 s间隔在第2行显示温度测量值，在第3行显示电压测量值。

从动方开始之后就显示开始信号，接收数据显示在上面。其后与主动方一样以0.5 s的间隔，用2行显示测量数据。

主动方的程序如例14.11.4所示。在此以10位模式进行A/D转换，每0.5 s测量2通道进行比例转换后，通过printf语句在自己的液晶显示器上显示，然后开始I^2C通信，随后由printf语句通过I^2C通信输出至从动方。

为能够以printf语句进行I^2C输出，添加称为i2c_send()的I^2C1字符输出函数。在以I^2C通信发送至从动方时，为在从动方的液晶显示器上显示，需要一边等待需要的处理时间一边进

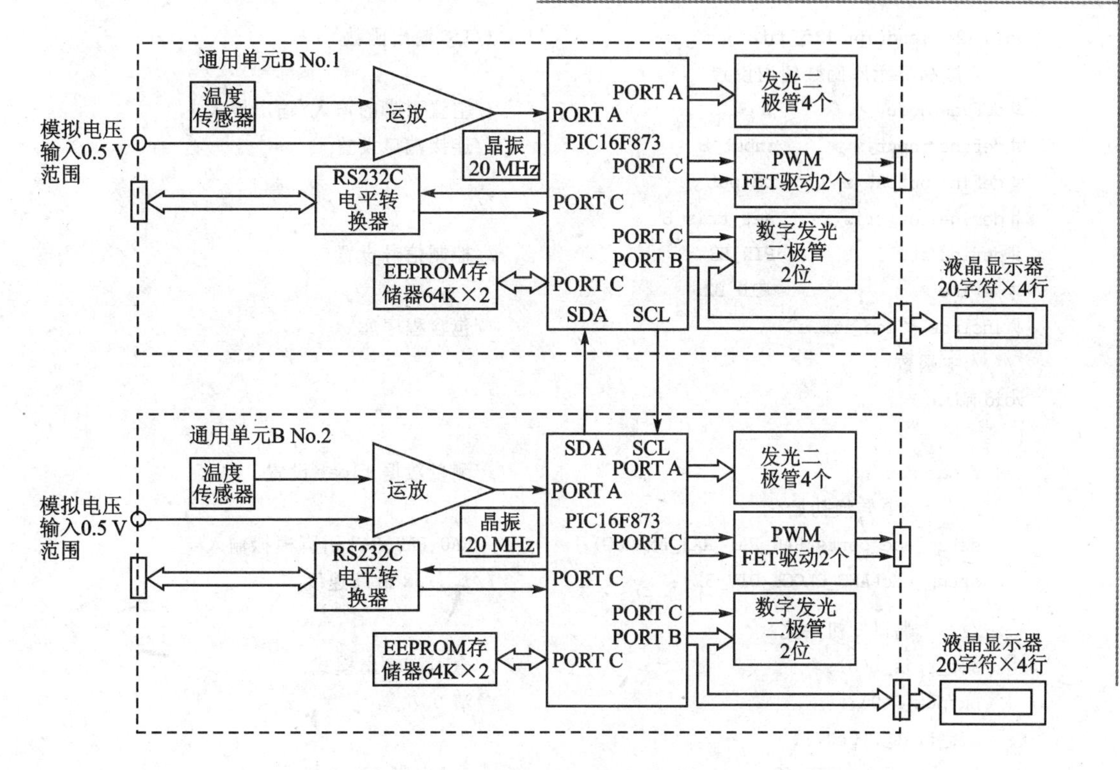

图 14.11.10　I^2C 通信的连接示意图

行发送。

由以上可知，主动方控制所有的 I^2C 通信，当主动方以全速连续发送数据时，如果从动方跟不上接收处理，那么就会发生数据丢失。请注意这一点。

在 I^2C 通信中，因为用 2 根数据线与多个设备相连，所以各设备与线路相连的输入/输出引脚有必要通过 output_float()函数设置为高阻抗状态。

例 14.11.4　主动方的程序

```
/////  i2c02mst  /////
///// use unit B /////
#include <16f873.h>
#fuses HS, NOWDT, NOPROTECT, PUT, BROWNOUT, NOLVP
#device ADC = 10                          //A/D 转换 10 位模式
#use delay(CLOCK = 20000000)              //时钟频率 20 MHz
///// MSSP I²C 模式使用声明
#use i2c(MASTER, SDA = PIN_C4, SCL = PIN_C3, FAST, FORCE_HW)
#use fast_io(B)                           //输入/输出模式固定
///// 原型
```

```
void i2c_send(int i2c_data);                       //I²C输出函数
///// 液晶显示库函数使用设置
#define mode           0                           //空置引脚的输入/输出模式
#define input_x        input_B                     //连接端口设置
#define output_x       output_B
#define set_tris_x     set_tris_B
#define stb            PIN_B3                      //控制信号设置
#define rs             PIN_B2
#include <lcd_lib.c>                               //包含程序库
///// 主函数
void main()
{
    float data;                                    //测量数据 float 设置
    ///// A/D转换初始化
    setup_adc_ports(RA0_RA1_RA3_ANALOG);           //RA0、RA2、RA3引脚模拟输入
    setup_adc(ADC_CLOCK_DIV_32);                   //f_osc/32最高速度
    ///// 端口B初始化
    set_tris_b(0);                                 //全引脚输出模式
    output_B(0);                                   //清0
    set_tris_C(0x07);
    output_float(PIN_C3);                          //I²C引脚 float 模式
    output_float(PIN_C4);
    ///// 液晶显示初始信息
    lcd_init();                                    //液晶显示器初始化
    lcd_clear();                                   //全消除
    printf(lcd_data, "Start Master!!");            //开始信号输出
    ///// 测量显示循环
    while(1)
    {
        delay_ms(500);                             //等待0.5 s
        ///// 温度测量
        set_adc_channel(0);                        //选择通道0
        delay_us(50);                              //取数据等待
        data = read_adc();                         //A/D转换数据10位读入
        data = (data * 50.0) / 1024;               //温度数据刻度转换
        lcd_cmd(0xC0);                             //移动到第2行的前面
        printf(lcd_data, "Ondo = %2.1f DegC", data);
        i2c_start();                               //I²C发送开始
        i2c_write(0xa8);                           //地址AB发送模式
```

```
        printf(i2c_send, "$Ondo = %2.1 f DegC", data);
        i2c_stop();                             //I²C发送结束
        ///// 电压测量
        set_adc_channel(1);                     //选择通道1
        delay_us(50);                           //取数据时间等待
        data = read_adc();                      //以10位读入
        data = (data * 0.5) / 1024;             //以0.5 V满量程变换
        lcd_cmd(0x94);                          //移动到第3行的前面
        printf(lcd_data, "Volt = %1.3f V", data);
        i2c_start();                            //I²C发送开始
        i2c_write(0xa8);                        //地址AB发送模式
        printf(i2c_send, "#Volt = %1.3f V", data);
        i2c_stop();                             //I²C发送结束
    }
}
///// I²C单字节发送处理函数
void i2c_send(int i2c_data)
{
    i2c_write(i2c_data);                        //I²C发送数据
    if((i2c_data == '$') || (i2c_data == '#'))
        delay_ms(2);                            //LCD动作发送
    else
        delay_us(100);
}
```

与上面的相对应，从动方的程序如例14.11.5所示。

从动方平常重复接收I²C通信的数据，接收数据后根据数据内容进行如表14.11.4所列的处理。为检查数据接收结束，可利用i2c_poll函数来实现。

表14.11.4　数据和处理内容

数　据	处理的内容
$	通过光标移动到第1行的前面
#	移动到第2行的前面
其他	显示为字符数据

例14.11.5　从动方控制程序

```
/////  i2c02slv  /////
///// use unit B /////
#include <16f873.h>
#fuses HS, NOWDT, NOPROTECT, PUT, BROWNOUT, NOLVP
#use delay(CLOCK = 20000000)                    //20 MHz时钟频率
///// MSSP初始化，I²C SLAVE模式
#use i2c(SLAVE, SDA = PIN_C4, SCL = PIN_C3, ADDRESS = 0xa8, FAST, FORCE_HW)
```

```
#use fast_io(B)                                          //输入/输出模式固定
///// 液晶显示库函数使用设置
#define mode          0
#define input_x       input_B                            //连接端口设置
#define output_x      output_B
#define set_tris_x    set_tris_B
#define stb           PIN_B3                             //控制信号设置
#define rs            PIN_B2
#include <lcd_lib.c>                                     //包含程序库
///// 主函数
void main()
{
    ///// 端口初始化
    set_tris_b(0);                                       //全引脚输出模式
    output_B(0);                                         //清 0
    set_tris_C(0x1F);
    output_float(PIN_C3);                                //I²C 引脚 float 模式设定
    output_float(PIN_C4);
    ///// 液晶显示初始信息
    lcd_init();                                          //液晶显示器初始化
    lcd_clear();                                         //全消除
    printf(lcd_data, "Start Slave!!");                   //开始信号输出
    ///// 数据接收显示
    while(1)
    {
        int data;
        if(i2c_poll())
        {
            data = i2c_read();                           //单字节 I²C 输入
            switch(data)
            {
                case ´$´: lcd_cmd(0x01);                 //字符 S 吗?
                        break;                           //如果是 S 则全消除
                case ´#´: lcd_cmd(0xC0);                 //到第 2 行的前面
                        break;
                default: lcd_data(data);                 //如果是其他则显示
            }
        }
    }
}
```

14.12　CCP模块的使用方法

CCP(Compare/Capture/PWM的简写)模块由16位的比较器和16位的寄存器构成，和定时器1配合，进行捕获模式和比较模式两个动作；而且和定时器2配合能够进行称为PWM模式的动作。以下分别进行说明。

14.12.1　捕获(Capture)模式

捕获功能是CCPx引脚(由于装配有2个CCP模块，x表示1或2)的信号作为触发信号，在此瞬间定时器1的值在16位寄存器中进行存储。使用这项功能，能够通过硬件进行短时间的时间测定。

但是定时器1必须进行同步模式的计时或计数动作。如果是非同步模式，则不能进行正常的捕获。

捕获器的内部构成如图14.12.1所示，根据外部CCPx引脚的输入边沿触发，16位计数器的TMR1的内容存入比较寄存器CCPRx。与此同时，对CCPxIF设置中断信号，使其产生中断。捕获后，定时器1的计数也不停止并持续计数。

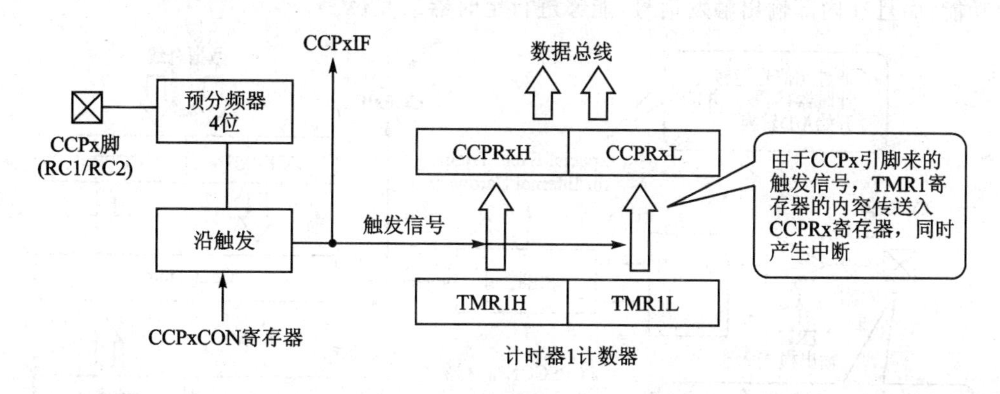

图14.12.1　捕获模式时的CCP构成

控制CCP的是CCPxCON寄存器，其构成如图14.12.2所示，为进行捕获模式设置，可通过低位的4位CCPxM0～CCPxM3进行设置。

捕获模式有5种类型，能够进行边沿和预分频器设置。

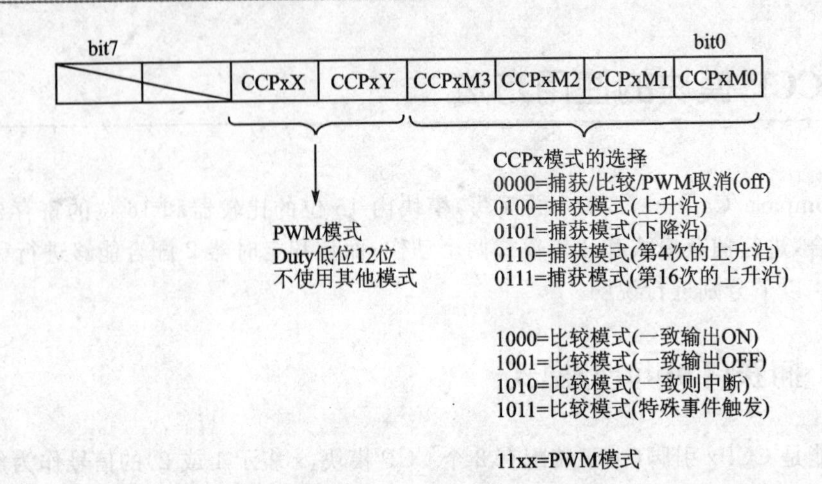

图 14.12.2 CCPxCON 寄存器的构成

14.12.2 比较模式

在比较模式时,CCP 模块的构成如图 14.12.3 所示。这种情况下,当定时器 1 的计数值与事先在 CCPRx 寄存器中的设定值相同时,使 CCPxIF 中断发生的同时,在 CCPx 引脚持有输出功能;而且在内部输出触发信号,能够进行定时器的复位。

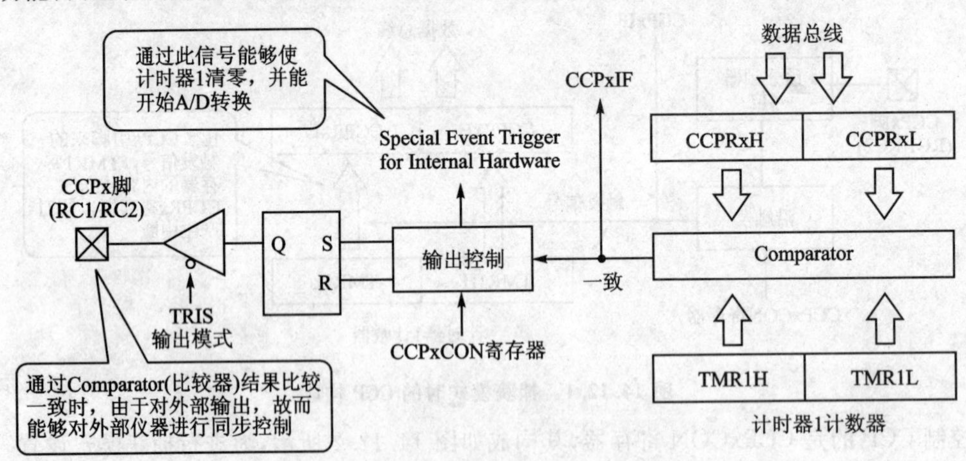

图 14.12.3 比较模式时 CCP 的构成

比较操作时,定时器应首先置于同步模式(定时器设定为非同步模式工作时,比较模式无法正常动作)。此计数结束动作中,定时器 1 的计数器常通过比较器与事先设定比较寄存器(CCPRx)的内容进行比较,相同时发生中断信号 CCPxIF,同时在 CCPx 引脚能够输出 High

或Low信号。

另外，当比较一致时，定时器1的计数器有清0功能。这是通过Special Event Trigger信号进行的。

通过Trigger可以启动A/D转换。使用此功能，以一定的时间间隔采集模拟信号，进行A/D转换。

此时控制用的寄存器仍为前面的CCPxCON寄存器，该寄存器的工作由图14.12.2所示的输出信号High/Low指定和中断以及Special Event Trigger的其中之一所决定。

14.12.3　PWM模式

现在对CCP模块的PWM(Pulse Width Modulation，脉冲宽度调制)模式的使用方法进行说明。

什么是PWM呢？它的基本原理是：在周期一定的情况下，改变脉冲的1和0的宽度比，实现对通电时间的平均能量控制。

CCP模块在PWM模式的时间控制由定时器2设置。所以，CCP的动作需要与定时器2一起进行考虑。PWM模式时的CCP内部构成如图14.12.4所示。

TMR2平常通过PIC的时钟($T_{osc}/4$)进行加法计数操作。当有预分频器的指定时，在TMR2的前段插入4位预分频器进行12位操作。

PWM的输出脉冲周期由PR2寄存器决定。PR2和TMR2的高8位平常通过比较器进行比较，当两者的值相同时，从比较器输出，此时TMR2被清0，并重新开始计数。与此同时，CCPx引脚输出被设置为High。所以，TMR2开始重复从0到由PR2决定的计数，以一定的周期在CCPx引脚输出为High。

另一方面，决定占空的是CCPRxL寄存器(10位)，此内容由占空比寄存器(CCPRxH)传来，并将占空比初始化。(正确的说法是此CCPRxL寄存器是在原先的CCPRxL寄存器上付加CCPxCON的2位。)

此占空比寄存器(CCPRxH)和TMR2进行比较，如果一致，则由此比较器(Duty Comparator)的输出复位CCP，使其为Low。

所以，与PR2相比，CCPRxL的高8位数值较小时，CCP就输出一定周期的High和Low。此时的CCP输出周期、High和Low的比例(也就是占空比)和寄存器的关系如图14.12.5所示。也就是说，将PR2设为一定的值，改变CCPRxL的值，就可以自由地设定占空比，从而实现PWM。

那么，CCP的输出和占空比的实际设定值以及分辨率有什么关系呢？下面是以TMR2的时钟为基准的表达式：

$$周期(us)=(PR2+1)\times 4T_{osc}\times (TMR2的预分频值)$$

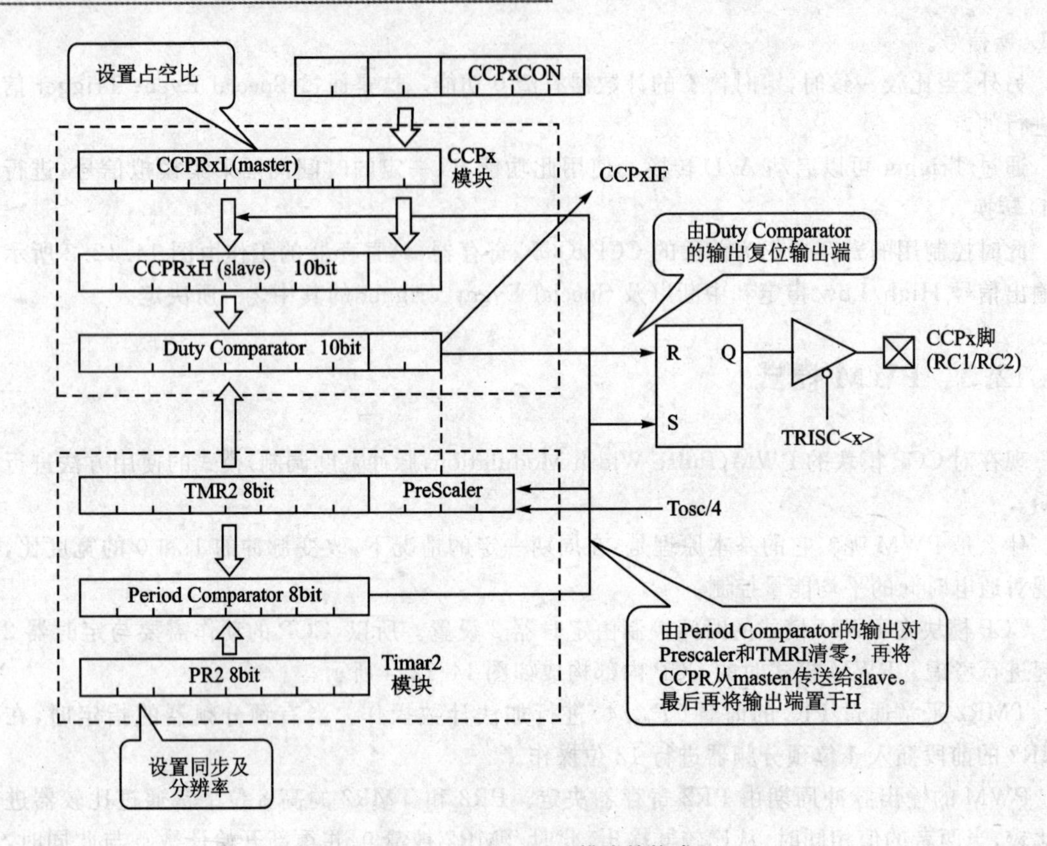

图 14.12.4 PWM 模式的构成

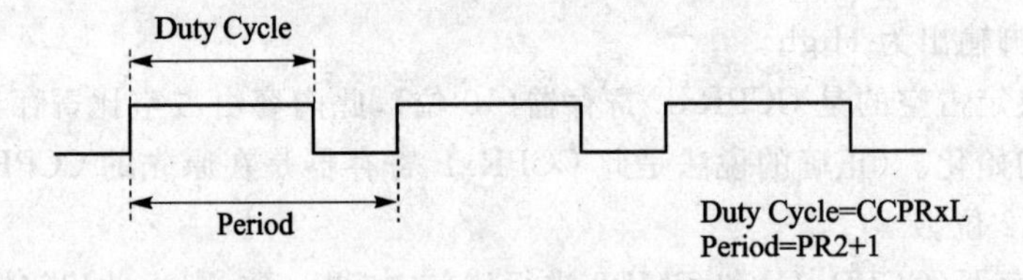

图 14.12.5 PWM 模式的周期和占空比

$$占空(us)=CCPRxL\times T_{osc}\times(TMR2 的预分频值)$$

代入实际的时钟频率，求得几种情况下的实际值如表 14.12.1 所列。关于周期的计算方法，可利用上式，例如，在时钟频率为 20 MHz，PR2＝0xFF(＝25)，预分频值＝1 的情况下，有：

周期＝256×4×0.05 μs×1＝51.2 μs→19.53 kHz

当时钟频率为 10 MHz 时，

周期＝256×4×0.1 μs×1＝102.4 μs→9.77 kHz

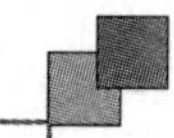

表 14.12.1 PWM 的设定和频率、分辨率

(1) PIC 的时钟为 20 MHz							
PWM 的频率(kHz)	1.22	4.88	19.53	39.06	78.12	156.3	208.3
预分频值	16	4	1	1	1	1	1
PR2 最大值	0xFF	0xFF	0xFF	0x7F	0x3F	0x1F	0x17
最大分辨能(位)注	10	10	10	9	8	7	5.5
(2) PIC 的时钟为 10 MHz							
PWM 的频率(kHz)	0.6	2.44	9.77	19.53	39.0	78.12	104.1
预分频值	16	4	1	1	1	1	1
PR2 最大值	0xFF	0xFF	0xFF	0x7F	0x3F	0x1F	0x17
最大分辨能(位)注	10	10	10	9	8	7	5.5

注：设置比 PR2 大的数值时，占空(duty)常为 100 %，故限定不能设置比 PR2 大的数值。

从实际的数值出发，在保持10位的最大分辨率的情况下进行 PWM 控制时，时钟频率为 10 MHz 时，PWM 的最高频率为 9.77 kHz；为 20 MHz 时，最高频率为 19.53 kHz。

14.12.4 CCP 模块用内部函数

CSS 公司的 C 编译程序中准备有用于 CCP 模块的内部函数，使用这些函数，就能够非常方便地使用 CCP 模块的功能。

控制 CCP 模块的内部函数如表 14.12.2 所列，仅通过 3 个函数就能够实现各种功能。因为有 2 个 CCP 模块，所以任何一个函数其下标有 1 和 2 这 2 种区别。

表 14.12.2 CCP 用内部函数一览表

内部函数表达式	功能内容
setup_ccp1(mode) setup_ccp2(mode)	初始设置 CCP 动作模式 对 mode 进行如下的设置 CCP_OFF (捕捉用) CCPP_CAPTURE_FE :下降则捕捉 CCP_CAPTURE_RE :上升则捕捉 CCP_CAPTURE_DIV_4 :第 4 次的上升则捕捉 CCP_CAPTURE_DIV_16 :第 16 次的上升则捕捉

续表 14.12.2

内部函数表达式	功能内容
setup_ccp1(mode) setup_ccp2(mode)	(比较用) CCP_COMPARE_SET_ON_MATCH ：一致则输出 High CCP_COMPARE_CLR_ON_MATCH ：一致则输出 Low CCP_COMPARE_INT ：一致则中断 CCP_COMPARE_RESET_TIMER ：一致则 TMR2 清除 (PWM 用) CCP_PWM (在 8 位模式的低位设置用) CCP_PWM_PLUS_1 CCP_PWM_PLUS_2 CCP_PWM_PLUS_3
set_pwm1_duty(value) set_pwm2_duty(value)	在占空计数器(duty counter)中设置占空值 根据 value 的数据类型自动切换为 8 位模式和 10 位高分辨率模式 int 类型→8 位模式 long 类型→10 位模式
setup_timer_2(mode, period, postscale)	定时器 2 中设置 Period，决定脉冲周期 mode 取下面的数值 预分频值设置和开始控制 T2_DISABLED T2_DIV_BY_1 T2_DIV_BY_4 T2_DIV_BY_16 period 以 8 位数值表示为表 14.12.1 中的 PR 最大值以下的数值 postscale 为 1～16，决定多少次定时器复位就产生中断 因为通常不使用这个，故设置为 1
CCP_1 CCP_2	访问 CCP 的计数器(CCPRxH、L 寄存器)的变量 该变量是 16 位，所以有必要作为 long 数据类型来处理

14.12.5 捕捉模式实例

以下是以捕捉模式在实际中使用 CCP 的例子。在此例中，能够测定脉冲幅度，被测定脉冲在 CCP1(RC2 引脚)和 CCP2(RC1 引脚)的双方输入相同的信号；而且用内部时钟将定时器 1 设置为自由运行状态，通过 CCP1 捕捉被测定脉冲的上升时刻，通过 CCP2 捕捉下降时刻。这样，求得 CCP1 和 CCP2 的 CCPR 寄存器的差值，就可以由 PIC 命令的循环时间获得被测定脉冲的脉冲幅度。在时钟为 20 MHz 的情况下，循环时间为 0.2 μs，将测量值除以 5 就可以求得以 μs 为单位的脉冲幅度。

此例的程序代码如例 14.12.1 所示。

例 14.12.1　脉冲宽度测定

```
/////   capture1   /////
///// use unit B /////
#include <16f873.h>
#fuses HS, NOWDT, NOPROTECT, PUT, BROWNOUT, NOLVP
#use delay(CLOCK = 20000000)
#use fast_io(B)                               //输入/输出模式固定
///// 液晶显示库函数使用声明
#define mode            0
#define input_x         input_B               //使用端口 B
#define output_x        output_B
#define set_tris_x      set_tris_B
#define stb             PIN_B3
#define rs              PIN_B2
#include <lcd_lib.c>
///// 全局变量声明
static long pulse;                            //脉冲幅度数据
///// CCP2 中断处理
#int_ccp2
void ccp_isr()
{
    long rise, fall;
    rise = CCP_1;                             //上升时间
    fall = CCP_2;                             //下降时间
    if(fall>rise)
        pulse = fall - rise;                  //脉冲幅度 = 时间差
    else
        pulse = (0xffff - rise) + fall;
}
///// 主函数
void main()
{
    set_tris_B(0);                            //端口 B 全引脚输出模式
    output_B(0);
    ///// 液晶显示初始化
```

```
    lcd_init();                              //LCD初始化
    lcd_clear();                             //LCD清除
    printf(lcd_data, "Start!!");             //LCD开始信息
    ///// setup CCP
    setup_ccp1(CCP_CAPTURE_RE);              //CCP1动作条件设置,上升
    setup_ccp2(CCP_CAPTURE_FE);              //CCP2动作条件设置,下降
    ///// 定时器1设置
    setup_timer_1(T1_INTERNAL | T1_DIV_BY_1);
    ///// 中断允许
    enable_interrupts(INT_CCP2);             //CCP2中断允许
    enable_interrupts(GLOBAL);               //中断总允许
    while(1)
    {
        delay_ms(1000);                      //1 s间隔
        lcd_cmd(0xC0);                       //到LCD的第2行
                                             //脉冲幅度 = 测定值×0.2 μs
        printf(lcd_data, "width =  %lu usec    ", pulse / 5);
    }
}
```

此例执行中的状态如图14.12.6所示。在此例中,不能测定比0.2 μs×65535=13107 μs更宽的脉冲宽度。

图14.12.6 执行画面

14.12.6 比较模式应用实例

下面是以比较模式使用CCP组件的例子。通过比较寄存器,定时器1每100 ms准确地中断进入,使4个发光二极管发生闪烁。

首先在CCP1的CCPR寄存器中,通过定时器1设置成为100 ms时间计数的数值,定时器1进行计数,当计数值一致时,只要将定时器1置于重设模式,定时器1就会一直反复从0计数到此CCPR寄存器的值。所以,比较一致的中断即能准确地以100 ms周期产生。在此

CCP 的中断处理中使发光二极管闪灭，就能实现每 100 ms 发光二极管发生一次闪烁。

因为定时器 1 是每一个命令周期即 0.2 μs 进行＋1 操作，所以通过预分频器取 8 倍的话，则 62500 计数正好是 100 ms。所以，在 CCPR1 寄存器中设置数为 62500 即可。(0.2 μs×8×62 500＝100 000 μs＝100 ms。)

此程序代码如例 14.12.2 所示。

例 14.12.2　比较模式测试

```
/////  compare1  /////
///// use unit B /////
#include <16f873.h>
#fuses HS, NOWDT, NOPROTECT, PUT, BROWNOUT, NOLVP
#use fast_io(B)                              //输入/输出模式固定
///// CCP1 中断处理函数
#int_ccp1                                    //CCP1 的中断
void ccp1_isr()
{
    static int flag;                         //LED 闪烁用标志
    if (flag == 0)                           //标志检查
    {
        flag = 1;                            //标志反转
        output_A(0xFF);                      //LED 熄灭
    }
    else
    {
        flag = 0;                            //标志反转
        output_A(0);                         //LED 点灯
    }
}
///// main function
void main()
{
    set_tris_A(0x03);                        //RA2～RA5 输出模式
    //定时器 1,分频系数为 8,内部时钟
    setup_timer_1(T1_INTERNAL | T1_DIV_BY_8);
    //CCP1,比较一致时定时器 1 复位
    setup_ccp1(CCP_COMPARE_RESET_TIMER);
    CCP_1 = 62500;                           //0.2 μs × 8 × 62500 = 100 ms
    set_timer1(0);                           //定时器 1 初始设置
    //中断允许
```

```
    enable_interrupts(INT_CCP1);
    enable_interrupts(GLOBAL);
    while(1)
    {                                           //闲置循环
    }
}
```

14.12.7　PWM 应用实例

作为 PWM 的测试,让我们看一个根据空调中风扇的温度进行控制的实例。如果简单考虑用于此测试,则部件的构成如图 14.12.7 所示。首先通过用于 CCP1 输出的 FET 器件与 DC 风扇相连。虽然风扇电源用的是 DC12V,但通用部件用的 DC9V 也是可以的。

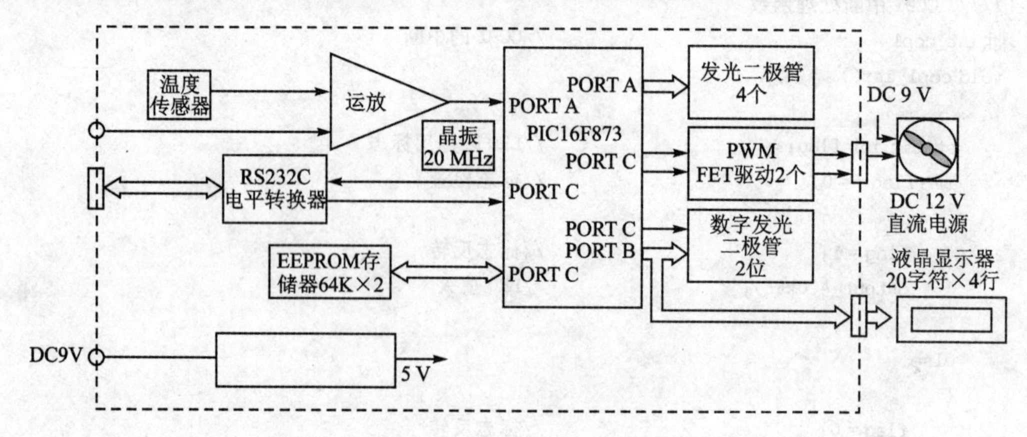

图 14.12.7　PWM 测试的构成

通过这样的连接,一边以 0.3 s 的周期测量温度,一边根据温度控制 PWM 的占空比。首先最低的占空比为 512,温度范围 0 ℃～60 ℃,若为 20 ℃以上,则控制转数提高。占空比从下式求得。在下式中一旦超过 1023,则固定为 1023。

占空比＝512＋1024×[(当前温度值－20)÷40)]

这样,温度从 20 ℃开始到 40 ℃为止转动次数逐渐上升,在此以上时则以全速运行。

在开始时刻,为使风扇启动容易,仅 3 s 以全速转动,然后根据温度开始进行控制。

例 14.12.3 为 PWM 的测试实例。因为液晶显示器的控制程序库是共用的程序库,所以请参考液晶显示器的有关章节。

例 14.12.3　PWM 的测试实例

```
/////  pwm01  /////
///// use unit B /////
```

```
#include <16f873.h>
#fuses HS, NOWDT, NOPROTECT, PUT, BROWNOUT, NOLVP
#device ADC = 10                                    //A/D 转换 10 位数据
#use delay(CLOCK = 20000000)                        //时钟频率设置
#use fast_io(B)                                     //固定输入/输出模式
///// 液晶显示库函数初始设置
#define mode            0
#define input_x         input_B                     //端口 B 使用
#define output_x        output_B
#define set_tris_x      set_tris_B
#define stb             PIN_B3
#define rs              PIN_B2
#include <lcd_lib.c>
///// 主函数
void main()
{
    long duty;                                      //占空比数据
    float data;                                     //测量数据
    ///// setup A/D
    setup_adc_ports(RA0_RA1_RA3_ANALOG);            //RA0、RA2、RA3 模拟输入
    setup_adc(ADC_CLOCK_DIV_32);                    //fosc/32,最高时钟
    set_tris_B(0);                                  //全引脚输出模式
    output_B(0);
    ///// CCP1 初始设置
    setup_ccp1(CCP_PWM);                            //将 CCP1 给 PWM
    setup_timer_2(T2_DIV_BY_1,0xFF,1);              //定时器 2 进行全计数
    ///// 液晶显示器初始化
    lcd_init();                                     //LCD 初始化
    lcd_clear();                                    //LCD 全消去
    printf(lcd_data, "Start!!");                    //初始信息
    set_pwm1_duty(0x3FF);                           //初始 100 % 占空比
    delay_ms(3000);                                 //3 s 持续
    while(1)                                        //无限循环
    {
        ///// 温度测量
        set_adc_channel(0);                         //选择 # 0 通道
        delay_us(50);                               //采集时间
        data = read_adc();                          //A/D 转换 10 位数据
        data = (data * 60.0) / 1024;                //转换为 BCD
        lcd_cmd(0xC0);                              //到 LCD 第 2 行的前面
        printf(lcd_data, "Temp = %2.1f deg", data); //以液晶显示
```

```
        ///// 占空比计算,对应 20 ℃ ～40 ℃,占空比变化为 50 % ～100 %
        duty = 512 + (1024 * (data - 20)/40);
        if (duty > 0x3FF)                                   //是否超过占空 100 %
            duty = 0x3FF;                                   //固定为 100 %
        set_pwm1_duty(duty);                                //占空比输出
        delay_ms(300);                                      //以 0.3 s 的间隔进行控制
    }
}
```

图 14.12.8 为进行 PWM 的测试,在通用部件 B 上连接小型风扇,确认其实际转动状况的情景。

图 14.12.9 为此时液晶显示器的显示内容。

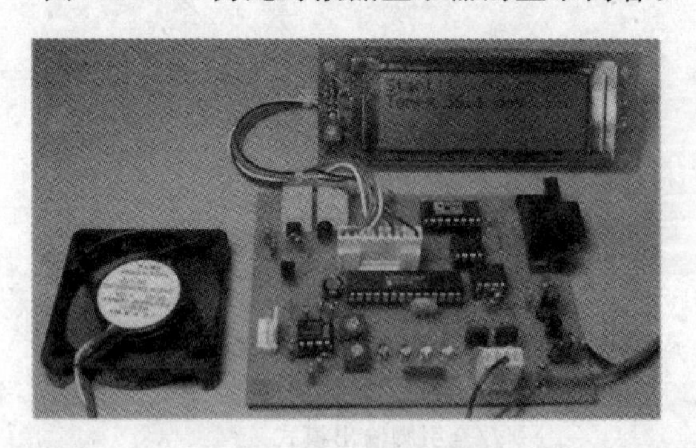

图 14.12.8　PWM 的测试情景

图 14.12.9　液晶显示器

14.13　内置 EEPROM 的使用方法

内置 EEPROM 是与其他存储器完全独立的数据存储器,其特点是即使电源关闭,存储的内容也不会消失,故称为不挥发性的闪存。所以,程序可以方便地修改,而且可以存放用于初始化的参数。

14.13.1　内置 EEPROM 简介

内置 EEPROM 由 8 位宽度的存储器构成,目前最大容量为 256 字节。但是实际中的容量根据 PIC 单片机系列有所不同,需要通过数据表进行确认。

EEPROM 的构成如图 14.13.1 所示,借助 4 个 Special Function Register(SFR)实现间接访问。也就是说,首先通过 EEADR 寄存器指定 EEPROM 的地址,这样经过 EEDATA 寄存

器就能够读/写数据。此时控制 Read/Write 时序的是 EECON1 和 EECON2 这两个寄存器。

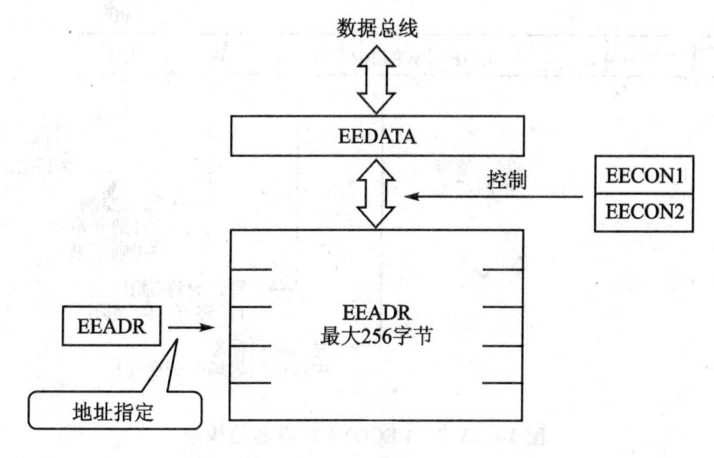

图 14.13.1　内置 EEPROM 的构成

下面对图中的内置 EEPROM 访问时相关控制寄存器的功能进行说明。

1. EEADR 寄存器

能够读/写 1 字节的寄存器，用于对 EEPROM 的地址进行指定。因为此地址指定的寄存器是 8 位，所以最大范围能够指定到 256 字节的范围。

2. EEDATA 寄存器

能够读/写 1 字节的寄存器。从 EEPROM 中读出和写入数据正是通过该寄存器。

3. EECON1 寄存器

控制 EEPROM 的读/写，监视访问状态的控制寄存器，其构成如图 14.13.2 所示，各位的功能如表 14.13.1 所列。

表 14.13.1　EECON1 的功能内容

位名称	功能内容
EEIF	写入结束中断标志。写入结束则变为 1，中断发生
WRERR	写入错误标志。写入中途被中断时变为 1。中断因素是由于电源中断或看门狗定时器等进行的复位
WREN	写入使能。1 允许，0 禁止
WR	写入开始控制 1 则开始，为 0 则结束并自动被清除
RD	读出开始控制 为 1 则开始，为 0 则结束并自动被清除

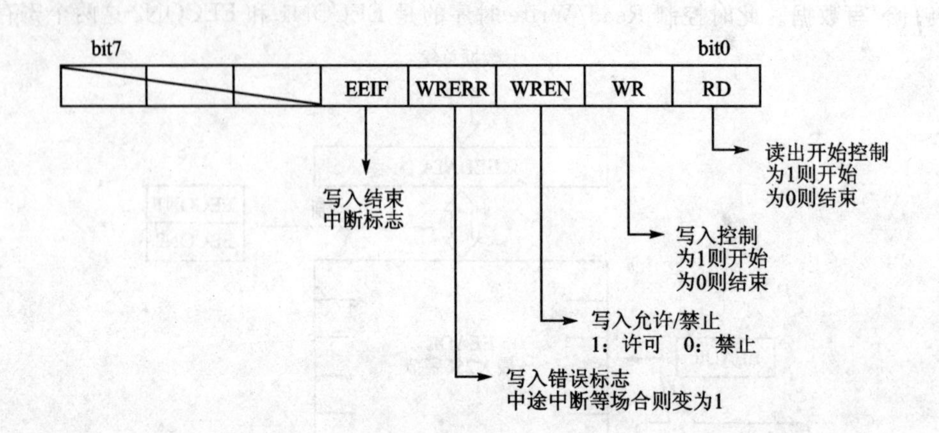

图 14.13.2 EECON1 寄存器的构成

4. EECON2 寄存器

它不是一个物理存在的数据寄存器，而是专门用在 EPROM 的写入操作时序上的寄存器。这是为了避免由于程序异常、电源掉电等情况下引起对 EEPROM 写入错误而设计的。

14.13.2 内置 EEPROM 用内部函数

由于在 CSS 公司的 C 编译程序中事先设置有内部函数，所以能非常方便地访问 EEPROM。

设置的两种函数如表 14.13.2 所列，即 Read 和 Write。本来内置 EEPROM 的读/写有必要以特别的步骤使用，但是由于在内部函数中进行处理，所以能够非常简单地进行描述。

表 14.13.2 内置 EEPROM 用内部函数

嵌入式函数的格式	内 容
data＝read_eeprom(address)	读出由 address 所指地址的内部 EEPROM 中的数据
write_eeprom(address, value)	将 Value 这一数据写入 EEPROM 中的 address 地址，写入需几个 ms

14.13.3 应用实例

以下介绍对内置 EEPROM 操作的例子。这是一个像对外部 EEPROM 操作一样的测试程序。它连接计算机和RS-232,具有如表14.13.3所列的命令功能。在计算机一侧,执行超级终端,由键盘输入指令。

表14.13.3　测试程序命令和功能

命　令	功能名称	动作简介
C	存储器清除	在0x00清除所有的存储器区域。清除结束后返回Complete信息
W	写入测试	对于全部存储器,重复写入从0x20~0xFF的ASCⅡ编码
r	读出测试	全部存储器的内容依次读出,以十六进制1位显示

实现此功能的程序代码如例14.13.1所示。EEPROM的最大容量为256字节。输入从计算机来的命令并跳转到不同的处理函数。在各自的处理过程中,因为使用内置EEPROM的Read/Write函数进行执行,所以能够简便地进行描述。

例14.13.1　内置EEPROM应用实例

```
/////  eeprom1  /////
///// use unit B /////
#include <16f873.h>
#fuses HS, NOWDT, NOPROTECT, PUT, BROWNOUT, NOLVP
///// RS232C使用声明
#use delay(CLOCK = 20000000)
#use rs232(BAUD = 9600, XMIT = PIN_C6, RCV = PIN_C7)
#use fast_io (B)                          //输入/输出模式固定
///// 原型
void clear_mem();
void fill_mem();
void disp_mem();
///// 全局变量、常数声明
#define MAX_EEPROM 0x100                  //最大地址(0xFF)
static char buffer[40];                   //接收缓冲器
///// 主函数
void main()
{
    while(1)                              //无限循环
    {
        int i, cmd;
        i = 0;
        buffer[0] = 0;                    //缓冲器初始化
        printf("¥r¥nCommand = ");         //信息
        gets(buffer);                     //接收命令
```

```
        ///// 命令分析
        switch (buffer[0])                          //分析和分支
        {
            case 'c': clear_mem(); break;           //存储器清除
            case 'w': fill_mem(); break;            //写入存储器
            case 'r': disp_mem(); break;            //存储器读出
            default : printf("¥r¥nError?");         //错误命令
        }
    }
}
///// 存储器清除处理函数
void clear_mem()                                    //全地址写入 0x00
{
    long address;
    printf("¥r¥nClearing ");
    for (address = 0; address<MAX_EEPROM; address++)
    {
        if((address > 16 ) && ((address % 16) == 0))
            printf(".");                            //每 16 字节以点显示
        write_eeprom(address, 0);                   //写入 0x00
    }
    printf("¥r¥nComplete!¥r¥n");                    //终止信息
}
///// 存储器写入处理函数
void fill_mem()
{
    int j;
    long address;
    address = 0;                                    //地址初始值
    j = 0x20;                                       //写入数据初始值
    do                                              //重复写入
    {
        printf("¥raddress= %02LX", address);
        write_eeprom(address, j);                   //ASCⅡ 数据写入
        address ++;                                 //地址增加
        j++;
        if (j > 0x4F)                               //ASCⅡ 的最后吗?
            j = 0x20;                               //ASCⅡ 重新进行初始值设定
    } while (address < MAX_EEPROM);                 //地址终止吗?
    printf("¥r¥nComplete!¥r¥n");                    //终止信号
```

```
}
///// 存储器读出处理函数
void disp_mem()
{
    int data, j;
    long address;
    address = 0;                              //地址初始值设置
    do
    {
        printf("¥r¥n%02LX  ", address);
        for(j = 0; j<16; j++)                 //每1行16字节
        {
            data = read_eeprom(address);      //读出
            address++;                        //地址增加
            printf("%02X ", data);            //以十六进制表示
        }
    } while(address < MAX_EEPROM);            //地址终止吗?
    printf("¥r¥nComplete!¥r¥n");              //终止信号
}
```

此程序的执行结果如例14.13.2所示。由于是通过PIC16F873单片机来执行的,所以Read命令后半部分实际的存储器不存在,以不定值表示(例中重复相同的值)。

例14.13.2　执行结果

```
命令异常时
Command = tr
Error?
Command = g
Error?
Clear 命令
Command = c
Clearing..............
Write 命令
address = 00FF
Complete!
Read 命令
Command = r
0000  20  21  22  23  24  25  26  27  28  29  2A  2B  2C  2D  2E  2F
0010  30  31  32  33  34  35  36  37  38  39  3A  3B  3C  3D  3E  3F
0020  40  41  42  43  44  45  46  47  48  49  4A  4B  4C  4D  4E  4F
```

```
0030  20  21  22  23  24  25  26  27  28  29  2A  2B  2C  2D  2E  2F
0040  30  31  32  33  34  35  36  37  38  39  3A  3B  3C  3D  3E  3F
0050  40  41  42  43  44  45  46  47  48  49  4A  4B  4C  4D  4E  4F
0060  20  21  22  23  24  25  26  27  28  29  2A  2B  2C  2D  2E  2F
0070  30  31  32  33  34  35  36  37  38  39  3A  3B  3C  3D  3E  3F
0080  AF  33  67  57  AF  33  67  57  AF  33  67  57  AF  33  67  57
0090  AF  33  67  57  AF  33  67  57  AF  33  67  57  AF  33  67  57
00A0  AF  33  67  57  AF  33  67  57  AF  33  67  57  AF  33  67  57
00B0  AF  33  67  57  AF  33  67  57  AF  33  67  57  AF  33  67  57
00C0  AF  33  67  57  AF  33  67  57  AF  33  67  57  AF  33  67  57
00D0  AF  33  67  57  AF  33  67  57  AF  33  67  57  AF  33  67  57
00E0  AF  33  67  57  AF  33  67  57  AF  33  67  57  AF  33  67  57
00F0  AF  33  67  57  AF  33  67  57  AF  33  67  57  AF  33  67  57
Complete!
```


14.14　睡眠模式和唤醒功能

PIC 单片机具有睡眠模式和唤醒功能。如其名称所示，在睡眠模式，时钟振荡停止，各模块的动作停止，抑制了电力消费。睡眠模式执行唤醒后则重新动作。

14.14.1　睡眠模式

欲转为睡眠模式，只要执行汇编程序的 sleep 命令就可以了，即使在 CSS 公司的 C 编译程序中，也仅须执行 sleep()函数。一旦执行了 sleep 命令，由于时钟振荡停止，基本上通过时钟进行动作的模块全部停止动作。

睡眠模式的目的在于控制电能消耗。从表 14.14.1 中可知电能消耗的变化，可以发现电能消耗一下子减少了很多。

表 14.14.1　消耗电力的比较(Typ 值)

PIC 种类	通常消耗的电流/mA	睡眠时消耗的电流/μA	备　注
PIC16F84A	1.8	1.0(WDT Off)	4 MHz　5 V
	10	7(WDT On)	20 MHz　5 V
PIC16F87x	1.6	1.5(WDT Off)	4 MHz　5 V
	7	10.5(WDT On)	20 MHz　5 V

为减少电能消耗，使用睡眠功能时，有下面几点需要注意。

1. 降低时钟频率

PIC时钟频率越高，消耗的电能越大。因此，尽可能使用低频率的时钟。

2. 降低电源电压

PIC电源电压越高，消耗电流越大。因此，在规格范围内尽可能降低电压。

PIC单片机的标准模式中，电源电压为4.5 V～5.5 V，Low Power型的PIC16LFxxx系列单片机中的电源电压为2.0 V～5.5 V。

3. 输入引脚固定为Low或High

这样可避免在输入模式的引脚不做任何连接。由电阻进行上拉(pull up)或下拉(pull down)进行固定，或为输出模式。

4. 不使用的外围模块置于OFF状态

不使用的外围模块置于OFF状态，能够减少电流消耗。特别是PIC16F87x系列单片机的BOR(Brown Out Reset)功能置于ON时，仅此就要消耗85 μA电流。另外，A/D转换模块消耗220 μA电流。

在睡眠模式下时钟停止工作，大部分模块停止工作，但即使在睡眠模式，没有系统时钟的一些模块仍在工作。在睡眠模式中继续动作的模块如表14.14.2所列。

表14.14.2　在睡眠状态下继续动作的模块

项　目	动作简介	备　注
看门狗定时器	由于有专用的RC振荡回路，即使在睡眠模式也继续动作	本来用于监视防止程序跑飞，但在想要周期地执行唤醒功能时也使用此功能
A/D转换器	如果位于专用的RC时钟模式，通过此专用时钟动作继续	在以一定的周期进行A/D转换的情况下，该模块在A/D转换结束而中断时被唤醒
定时器1	以外部时钟模式置于非同步动作模式时，持续计数动作	实时时钟等以一定周期工作时使用此功能
输出引脚	保持睡眠模式前的状态	从输出端口向外传送的电流继续进行

14.14.2　唤醒功能

想要结束睡眠模式进入通常执行状态，则使用唤醒功能。唤醒功能基本上不依存系统时钟，而是根据正在动作模块的中断或复位来完成，有很多种类。其概况如表14.14.3所列。

表 14.14.3　唤醒因素

<table>
<tr><th>唤醒因素</th><th>再开始动作</th><th>备　注</th></tr>
<tr><td>MCLR 引脚的复位</td><td>通过在 MCLR 引脚加上 Low 信号，进行复位，从 0 区域动作重新开始</td><td></td></tr>
<tr><td>看门狗定时器超时</td><td>由于看门狗定时器的超时，从 sleep 命令的下一个命令再开始执行</td><td>有必要使看门狗定时器动作</td></tr>
<tr><td>INT 引脚的外部中断</td><td rowspan="8">在检出中断时刻从重新开始 sleep 命令的下一个命令再开始执行。</td><td rowspan="8">如果处于中断允许，则在 sleep 命令的下一个命令执行后，跳转到 4 号地址</td></tr>
<tr><td>定时器 1 的溢出中断</td></tr>
<tr><td>A/D 转换结束中断</td></tr>
<tr><td>比较器输出变化中断</td></tr>
<tr><td>CCP 捕捉中断</td></tr>
<tr><td>端口 B 状态变化中断</td></tr>
<tr><td>I^2C 开始停止检出中断</td></tr>
<tr><td>PSP 中断</td></tr>
</table>

14.14.3　唤醒因素的识别

唤醒时刻或再设定重启动时，希望根据以什么样的条件来唤醒或重新设置，来决定不同的处理内容。为达此目的，在 PIC16F87x 系列单片机 STATUS 寄存器中设置进行这种区别的状态位。在 CSS 公司的 C 编译程序中也设置有这样的函数，如表 14.14.4 所列。

表 14.14.4　唤醒关联函数

<table>
<tr><th>函数表达式</th><th>详细内容</th></tr>
<tr><td>value=restart_cause();
value 是 int 型</td><td>在判定再启动因素时使用，value 值如下描述
WDT_FROM_SLEEP
由看门狗定时器唤醒
WDT_TIMEOUT
由看门狗定时器复位再启动
MCLR_FROM_SLEEP
由 MCLR 复位唤醒
NORMAL_POWER_UP
由通常的电源 ON 复位再启动</td></tr>
<tr><td>reset_cpu()</td><td>跳转到 0 地址</td></tr>
<tr><td>sleep()</td><td>成为睡眠状态</td></tr>
</table>

14.14.4 应用实例

下面用实际的例子确认睡眠和唤醒动作。

如例14.14.1所示，利用端口B的RB0外部中断，实现开关的中断。在正常情况下，计数器值以0.5 s间隔一边+1，一边发送到计算机。按下开关后，发送Now sleeping信号，进入睡眠状态，PIC变为停止状态。所以，对计算机的发送也就停止。然后开关为OFF，则由于此原因，中断唤醒，从下一个计数值开始重新开始计数发送。计算机超级终端显示执行结果如例14.14.2所示。

例14.14.1 睡眠模式和唤醒功能实例

```
/////  sleep1  /////
///// use unit B /////
#include <16f873.h>
#fuses HS, NOWDT, NOPROTECT, PUT, BROWNOUT, NOLVP
///// RS232使用声明
#use delay(clock = 20000000)
#use rs232(baud = 9200, xmit = PIN_C6, rcv = PIN_C7)
#use fast_io(B)                        //输入/输出模式固定
///// 全局标志
short sleep_mode;
///// 外部中断
#INT EXT
void ext_isr()
{
    delay_ms(100);                     //振铃防止
    if(!input(PIN_B0))                 //开关是否接通(ON)?
    {
        sleep_mode = TRUE;             //睡眠模式标志开
        printf("¥r¥nNow sleeping¥r¥n");
        ext_int_edge(L_TO_H);          //中断条件变更
    }
    else                               //开关接通中
    {
        sleep_mode = FALSE;            //睡眠模式标志关
        ext_int_edge(H_TO_L);          //中断条件变更
    }
}
```

```
///// 主函数
void main()
{
    long counter;
    setup_adc(NO_ANALOGS);              //将端口 A 全部设定为数字的
    set_tris_b(0xFF);                   //端口 B 全部为输入模式
    port_b_pullups(TRUE);               //端口 B 上拉电阻 ON
    ext_int_edge(H_TO_L);
    sleep_mode = FALSE;                 //初始状态执行状态
    counter = 0;
    printf("Start¥r¥n");
    ///// 中断允许
    enable_interrupts(INT_EXT);         //外部中断允许
    enable_interrupts(GLOBAL);          //中断总允许
    ///// 中断等待空闲周期
    while(1)
    {
        if(sleep_mode)
            sleep();
        printf("Counter = %5ld    ¥r", counter);
        counter++;
        delay_ms(500);
    }
}
```

例 14.14.2　执行结果

```
Start
Counter =     15
Now sleeping
Counter =     20
Now sleeping
Counter =     30
Now sleeping
Counter =     39
Now sleeping
Counter =     50
Now sleeping
Counter =    988
```

例 14.14.3 为区别于复位的例子。此例中区分是看门狗定时器复位还是电源 ON 复位，从而改变信息处理。由电源 ON 或 MCLR 端子的复位，输出开始信号后，如果约 2.3 s 以内计算机一侧有键输入，则重复键输入处理；如果 2.3 s 以上没有键输入，则看门狗定时器时间已到进行复位。此复位和通常的复位有所区别，它输出不同的信号后，反复进行同一输入键的处理。这样，由于复位的区别是利用在复位后最初执行函数是 main 这一点，故有必要置于 main 函数的前面。

例 14.14.3　区分复位的实例

```
/////  wdt01  /////
///// use unit B /////
#include <16f873.h>
#fuses HS, WDT, NOPROTECT, PUT, BROWNOUT, NOLVP
///// RS232 使用声明
#use delay(clock = 20000000)
#use rs232(baud = 9200, xmit = PIN_C6, rcv = PIN_C7)
#use fast_io(B)                          //输入/输出模式固定
///// 主函数
main()  {
    switch ( restart_cause() )           //复位的区别
    {
        case WDT_TIMEOUT:                //WDT 时间已到的情况
        {
            printf("¥r¥nRestarted of watchdog timeout!¥r¥n");
            break;
        }
        case NORMAL_POWER_UP:            //通常复位的情况
        {
            printf("¥r¥nNormal power up!¥r¥n");
            break;
        }
    }
    setup_wdt(WDT_2304MS);               //在 WDT 2.3 s 设置
    while(TRUE)
    {
        restart_wdt();                   //WDT 清除
        printf("Hit any key to avoid a watchdog timeout.¥r¥n");
        getc();                          //单字符输入
    }
```

```
}
```

此例的在计算机一侧的超级终端显示的执行结果如例 14.14.4 所示。首先电源为 ON 状态，输出 Normal 信号，在 3 次键输入后，由于等待第 4 次键的输入，看门狗定时器时间已到进行复位，输出 Restarted 信号。

例 14.14.4　执行结果

```
Normal power up!
Hit any key to avoid a watchdog timeout.
Hit any key to avoid a watchdog timeout.
Hit any key to avoid a watchdog timeout.
Hit any key to avoid a watchdog timeout.

Restarted of watchdog timeout!
Hit any key to avoid a watchdog timeout.
Hit any key to avoid a watchdog timeout.
Hit any key to avoid a watchdog timeout.

Restarted of watchdog timeout!
Hit any key to avoid a watchdog timeout.

Restarted of watchdog timeout!
Hit any key to avoid a watchdog timeout.
```

第 15 章

PIC 单片机的实时 OS

下面介绍应用 C 语言的 PIC 单片机简易实时操作系统，操作系统名为 PICROS。

虽说是实时操作系统，但为了能够应用在小型的 PIC 上，其主要功能是任务（必要功能的最小执行单位）运行管理。即使如此，由于看起来多个作业能够同时执行，所以使人感到非常方便好用。

15.1 PICROS 简介

使用 PIC 单片机进行程序设计，在进行多个作业时，通过 main 函数全体循环处理，在这其间，一边由中断或标志等记忆状态，一边由 if 语句的标志判定改变处理流程。但是在想要并行处理多个作业时，在很多场合程序变得很复杂。

PICROS 将这样的复杂处理变得简洁明了，作业处理切换的麻烦也得到解决，程序员只要专心于本来的作业处理程序设计就可以了。

PICROS 是初期的 PIC 单片机专用简易实时操作系统。虽说是实时操作系统，但为了能够装配在小型的 PIC 单片机中，提供的功能受到很多限制。从某种程度上说，也许可以认为仅是任务切换管理的任务调度程序。也就是说不进行数据领域和设备管理工作，并且多任务的切换也不过实现的是模拟的实时多任务(multitasking)。但是由于能够一边处理多个中断，一边能够调度多任务，在通过 PIC 单片机实现比较复杂的功能时，还是非常便利的。

15.1.1 特点和功能

1. 以 PIC16F87x 系列单片机为对象

PICROS 是对应于 Microchip 公司中级系列代表的 PIC16F87x 系列的实时 OS。

2. 以 CSS 公司的 C 语言为基础

较多使用 CSS 公司的 C 编译程序专用内部函数，其它的 C 编译程序不能够使用。各任务也以 C 语言为基础生成。

3. 能够管理的任务最多为 255 个

PICROS 处理任务(处理单位)最多为 255 个，在这个范围内可同时工作。

任务的状态转移是根据中断进入或执行任务的服务函数而产生的。实际的分派是在任务执行结束以后进行的。所以，一直到各任务执行结束或通过服务函数的作业终止为止，不进行任务的切换。从这种意义上说，不是完全的多任务。

4. 能够使用所有的中断

PIC 单片机中有一些中断因素，PICROS 对这些中断都能够进行处理。PICROS 拥有作为基本功能的时间间隔测量器，其他的中断处理用户能够任意追加。

5. 支持很多服务函数

PICROS 支持调度分配任务的服务函数。由此服务函数，能够控制任务的启动停止、事件的等待、定时器的等待等。但是不进行对数据领域的管理和设备管理工作。

6. 设置有调试工具

PICROS 中设置有调度用函数，根据指定配置能够有效使用。指定调试输出时，经过 USART输出下面的调试信息：

- 初始化结束，开始信息；
- 任务分配时的任务号；
- 服务函数执行时各种错误的信息。

另外，调试库被自动链接，可以通过 USART 端口进行任务的调度、停止、信息存储等。

这些调试功能和程序库通过“没有错误输出”被配置指定时，以全部被消除的状态进行编译，生成最小的程序。

15.1.2　PICROS 的构成

PICROS 由 PICROS 提供的功能和用户生成的任务构成。PICROS 的系统全体构成如图 15.1.1 所示。

首先执行初始化函数，然后启动 PICROS，其次在 PICTROS 的下面检查这些任务的启动、停止状态，如果有启动等待的任务，执行对此任务的切换。

实际的任务启动还有一些外部因素，也就是中断因素。中断和 PICROS 是完全独立的，

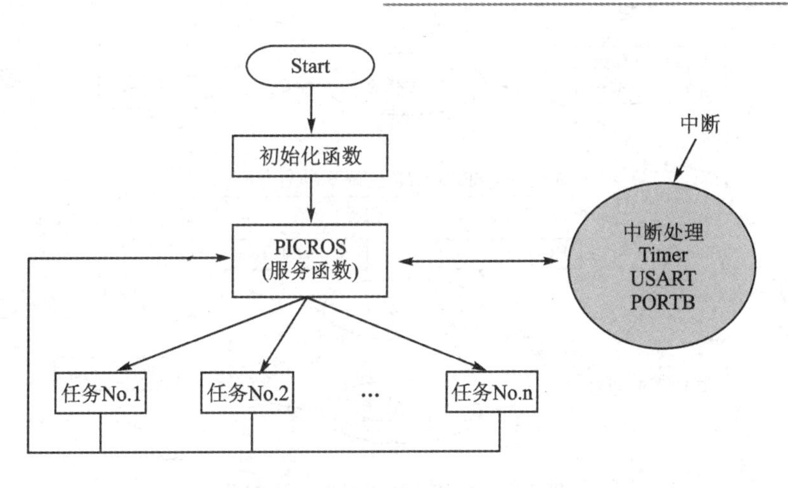

图 15.1.1　PICROS 的全体构成

在中断发生并中断允许状态时，执行中断处理。在此中断处理中，PICROS 使用设置的服务函数，设置对应任务的执行等待状态。

这时处于执行状态的任务结束返回 PICROS 后，PICROS 发现别的任务处于执行等待状态，则在此时刻执行处于执行等待的任务。

15.1.3　任务和状态转移

在 PICROS 中，将用户的一个个程序单位称作任务，将此作为处理的基本单位。任务和 PICROS 之间通过服务函数进行对话交互。

只要用户不禁止中断任务，则任务执行中为中断允许状态，总能够接收中断。也就是说，在执行中断服务函数 PICROS 的同时，即得到了中断允许并得到响应。

PICROS 全部是用 C 语言进行描述的，所以，任务也以用 C 语言描述为前提。当然也能够在线取用汇编程序。

这些任务有各自的状态，PICROS 监视这些状态并进行管理。任务的状态共有 5 种，分别是停止状态、执行等待状态、事件等待状态、超时等待状态和正在执行状态。通过中断发生或由于任务的服务函数执行产生各状态间的转移。状态转移如图 15.1.2 所示。为使 PICROS 自身的构造简单，任务间的状态转移的构造也较简单。

下面对状态转移的动作进行说明。首先系统启动时，初始化的任务全部为停止状态。

1. 任务的启动方法

通过下面的 2 个方法启动任务，进入执行等待状态。然后从执行等待状态任务之中，根据优先顺序只有一个进行执行。通过 PICROS 的调度功能判断哪个任务执行。

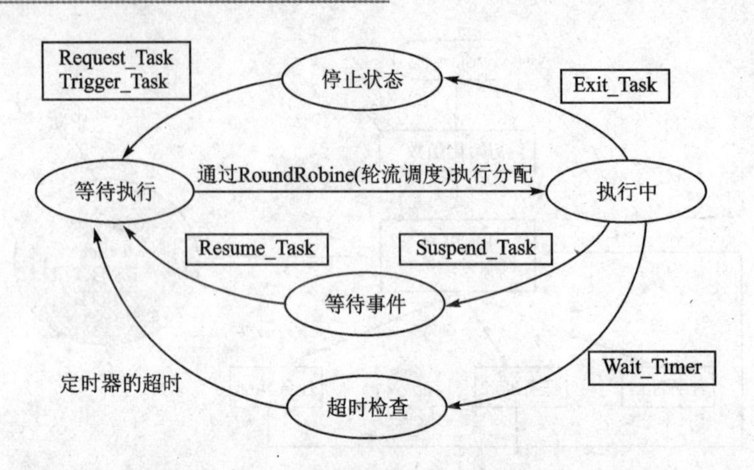

图 15.1.2 PICROS 任务状态转移

(1) 通过服务函数 Trigger_Task 启动

主要是在中断处理中指定任务为执行等待状态。服务函数返回时刻因为不进行中断允许,中断处理原样继续直至终止。

(2) 通过服务函数 Request_Task 启动

主要功能是进入从一个任务指转向执行其他任务的等待状态。由于是在从服务函数调用时以中断允许的状态返回。所以需要注意以中断禁止方式运行的程序,在这种情况下,要使用 Trigger_Task 函数。

2. 任务的终止方法

为使任务终止成为停止状态,调入服务函数 Exit_Task,执行 Exit_Task 函数后,由于以中断禁止状态返回此任务,所以有必要立即终止任务。

3. 等待和等待的解除方法

有 2 种类型的等待,分别是等待执行和在执行中等待,不论哪种都是通过执行服务函数进行状态转移,因为在函数执行后返回此任务,故有必要立即使任务终止。然后在整理等待条件时进行重新启动。在重新启动时,能够通过 Get_Trigger()判定启动条件。

(1) 事件等待状态

一旦从任务中执行了服务函数 Suspend_Task,则会等待由指定任务来的事件信息。当所等待的对象任务在执行服务函数 Resume_Task 时,时间才发出通知信息,在相同事件等待的任务中仅优先级最高的任务解除等待,成为执行等待状态。

(2) 定时器等待

此为执行服务函数 Wait_Timer 时的等待,等待指定的时间已到事件。指定的时间已到时,则自动解除等待,定时器被重新启动成为执行等待状态,定时器的基本时间间距为 10 ms。

由以上可知，实际的任务转移仅发生在执行服务函数后，该任务终止的时刻。所以，即使在执行 Exit_Task 函数、Wait_Timer 函数、Suspend_Task 函数，也有必要终止任务进行返回。这方面的详细情况在 15.2 节中进行说明。

15.1.4　服务函数

PICROS 作为给用户提供的服务，设置有一些服务函数。通过这些服务函数，用户能够控制任务的启动、停止、等待。都是以 C 语言的函数形式，立即返回到原执行的位置。

PICROS 支持的服务函数如表 15.1.1 所列，都由 C 语言写成。函数中有的是在禁止中断的状态中执行，有的是在执行中返回时被允许中断和禁止中断。实际的使用方法通过任务的制作方法进行说明。

表 15.1.1　服务函数一览

服务函数名称	功　能	举　例
Trigger_Task (task) task 为任务 No. int 型	主要是从中断处理启动指定任务，成为执行等待状态；返回时为中断禁止状态	Trigger_Task(task4)； task4 是常量 4
Request_Task (task) task 为任务 No. int 型	主要要求从任务中启动指定任务，成为执行等待状态；返回时为中断允许状态	Request_Task(task2)； Request_Task(task3)； task2 和 task3 是常量 2、3
Exit_Task () 没有参变量	执行部分的任务为停止状态，以中断禁止状态返回。在任务侧一旦返回，立即使任务终止	Exit_task()； 没有参变量
Suspend_Task (task) task 为等待方的 No. int 型	将执行着的任务置为由指定任务来的事件等待状态。以中断禁止状态返回。在任务侧一旦返回，立即使任务终止	Suspend_Task (task6)； task6 为常数 6
Resume_Task () 没有参变量	在正在等待的任务中解除最高优先级任务的等待，被解除的只有一个任务。返回时为中断允许状态	Resume_Task ()； 没有参变量
Get_Trigger () 没有参变量	执行任务启动条件作为返回值返回。根据此启动条件对应于各项进行任务处理。对中断允许禁止没有影响。 返回值如下所述。 0：通过 Request_task 或 Trigger_Task 正常启动 1：由 Resume_Task 解除事件等待，进行启动 2：由时间已到(timer up)解除定时器等待，进行启动	trigger=Get_Trigger ()； 没有参变量
Wait_Timer (time) time 为 int 类型等待时间	执行任务为定时器等待状态，等待时间约 10 ms×time。以中断禁止状态返回，任务侧一旦返回，立即使任务终止	Wait_Timer(100)； 等待 100×10 ms=1 s

15.2　任务的制作方法

在PICROS的管理下，为实现实际的功能，对用户制作追加的功能模块称为任务。

PICROS最大能够管理255个任务。以下为具有代表性的任务构成实例，当然也不仅限于如此，也能够自由进行构成。

一般来说，在PICROS管理下的任务，一旦成为正在执行的任务，只要此任务不终止，因为不返回PICROS，就不进行任务的切换（也称为分派）。因此，各任务的执行时间有必要尽可能地缩短。从这个意义上说，PICROS并不是完全的多任务OS。而且PICROS没有解决数据传送方面问题，任务间的数据有必要使用全局变量或STATIC 变量作为共用变量来进行传送。

15.2.1　任务构成实例1

最简单的任务构成实例如图15.2.1所示。在此例中，由于某个中断的中断处理，任务1根据Trigger_Task函数经过PICROS进行启动。启动的任务和其他任务没有关系，能够独立运行，当任务执行结束后即告完成。

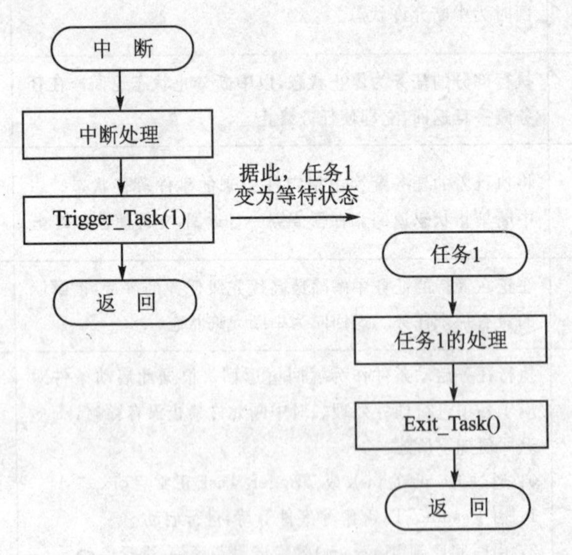

图15.2.1　任务构成实例1

这样，任务由于执行Exit_Task()函数而没有终止，则重复执行相同任务。

由PICROS进行的中断处理并没有什么特别之处，可以采用通常的中断处理方法。

和通常不同之处在于：如图 15.2.1 所示，在用任务进行实际的数据处理时，是要在中断处理中准备好数据，然后执行 Trigger_Task 进行处理的。

任务构成实例 1 的程序代码如例 15.2.1 所示。

例 15.2.1　任务构成实例 1

```
/////////////////////////////////////
//  Mesure Voltage
/////////////////////////////////////
void testtsk4(void)
{
    float data;
    ///// 电压测量
    set_adc_channel(1);                     //选择通道 1
    delay_us(50);                           //取数据时间等待
    data = read_adc();                      //以 10 位读入
    data = (data * 0.5) / 1024;             //以 0.5 V 满量程进行变换
    lcd_cmd(0xC0);                          //移动至第 2 行的前面
    printf(lcd_data, "Volt =  %1.3f V    ", data);
    Exit_Task();
}
```

15.2.2　任务构成实例 2

这种构成形式的任务使用较多，如图 15.2.2 所示，从一个任务开始到启动别的任务。

一个任务的处理结束后，想要执行别的任务时就形成这种构成，通过 Request_Task 函数启动下一个想要启动的任务。

在实际情况中，要将运行转移到已启动的任务时，要么运行 Exit_Task 函数结束自己的任务，要么转入等待状态以结束自己的任务。

任务 2 形式的程序代码如例 15.2.2 所示。在此例中，从 Task2 开始，Task3、Task4、Task6 共 3 个进行启动，成为执行等待状态。此为初始启动任务的例子。

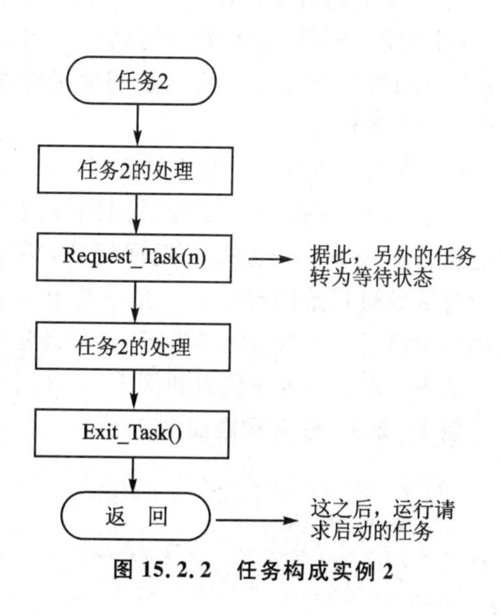

图 15.2.2　任务构成实例 2

例 15.2.2　任务构成实例 2

```
////////////////////////////////////
//  Test Task 2
////////////////////////////////////
void testtsk1(void)
{
    int dumy;
    Request_Task(task3);
    Request_Task(task4);
    Request_Task(task6);
    Exit_task();
}
```


15.2.3　任务构成实例 3

在以一定的时间间隔周期性地执行任务时，任务的构成如图 15.2.3 所示，在此使用 Wait_Timer 函数。在执行 Wait_Timer 函数后，任务立即返回终止，然后此任务变为定时器等待状态。

内部时间间隔测量器以 10 ms 为基本间隔，通过 PIC 定时器 0 的中断处理来实现。定时器 0 的中断在 PICROS 的内部进行处理，经过指定的时间，定时器等待的任务自动转移为执行等待状态。然后通过调度优先级最高的任务来执行。

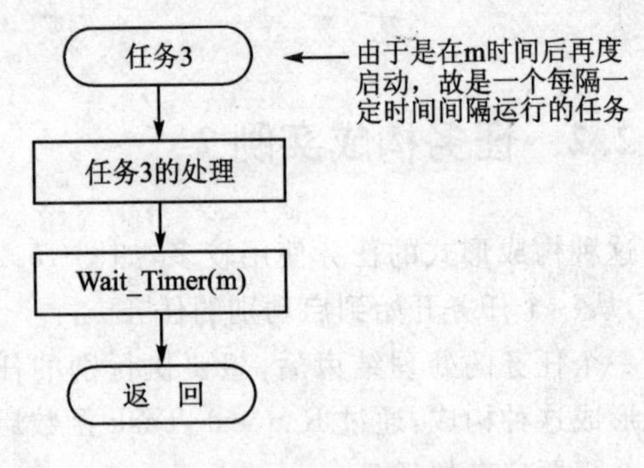

图 15.2.3　任务构成实例

任务 3 由于每次重复这样的流程，所以通过 Wait_Timer 函数以指定的时间间隔周期性地执行该任务。任务每次返回终止，重新启动时从最初开始进行执行。在这其中由于使用变量想要保持数值继续进行时，有必要以能够记忆的形式变量作为 STATIC 变量。

任务 3 形式的程序代码如例 15.2.3 所示。

例 15.2.3　任务构成实例 3

```
////////////////////////////////////
//  Test Task 3
////////////////////////////////////
void testtsk3(void)
```

```
{
    if(input(PIN_A5))
        output_low(PIN_A5);
    else
        output_high(PIN_A5)
    Wait_Timer(50);
}
```

15.2.4　任务构成实例 4

在任务间有必要取得同步执行的情况下，其构成如图 15.2.4 所示。在由任务进行等待的情况下，使用 Suspend_Task 函数指定等待任务。然后，此任务立即返回使其终止，此任务成为事件等待状态。

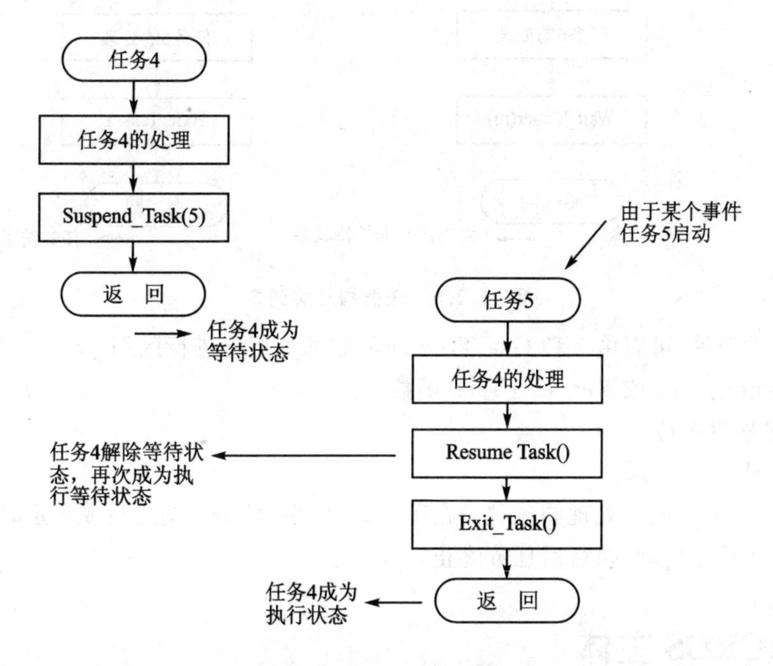

图 15.2.4　任务构成实例 4

被指定对方的任务，执行 Resume_Task 函数，解除等待转移至执行等待。这样对方任务终止后作为下一个执行任务重新启动。即使在这样的情况下，由于任务经常是从最初开始执行的，所以在不希望改变变量值的情况下，此变量有必要作为 STATIC 变量。

15.2.5　任务构成实例 5

在解除定时器和事件等待进行重新启动时以及在初始启动就想要改变处理时，任务构成如图 15.2.5 所示，利用 Get_Trigger 函数，来得知启动条件，由此判定是哪一种情况。

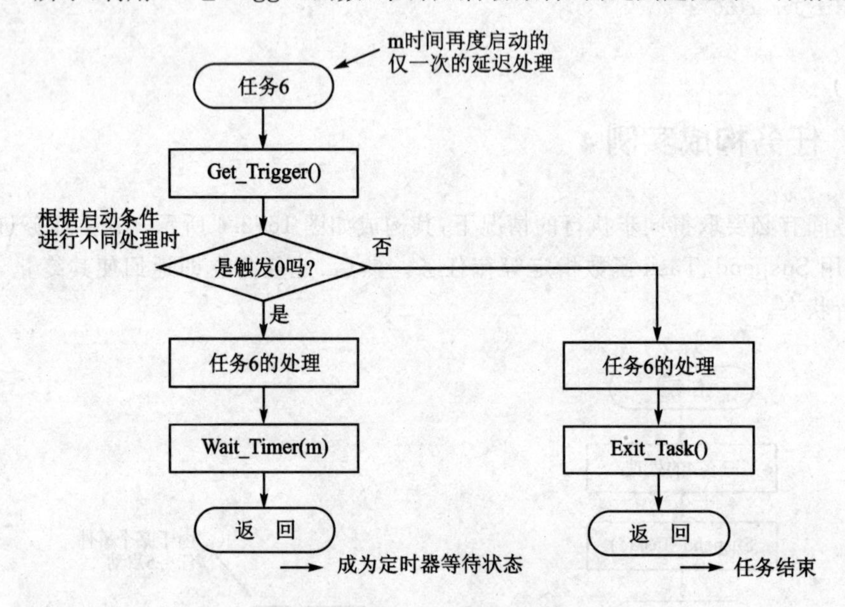

图 15.2.5　任务构成实例 5

任务的启动条件，可以由 3 种 Get_Trigger 函数的返回值进行区别。

- 0：Trigger_Task 或 Request_Task 函数。
- 1：解除事件等待。
- 2：定时器时间已到。

根据以上的判定，改变处理的流程。在图 15.2.5 中，最初启动之后成为定时器等待，一定时间之后仅一次重新启动，执行后任务终止。

15.3　PICROS 主体

PICROS 主体的中心构成为包含 main 函数的任务调度和服务函数以及定时器 0 的中断处理函数。下面对 PICROS 的主体的内部构成进行简要说明。

15.3.1　全体构成

PICROS全体构成流程如图15.3.1所示。首先，相当于任务调度的部分是：使用PICROS情况下的全体main函数部分，从这里开始连接所有的任务和服务函数。所以，开始是进行初始化的部分，首先将PICROS主体初始化，然后调用用户的初始化函数。也就是说，用户方面的初始化处理通过这个事先设置的初始化函数进行，且自动地连接此初始化函数来执行。

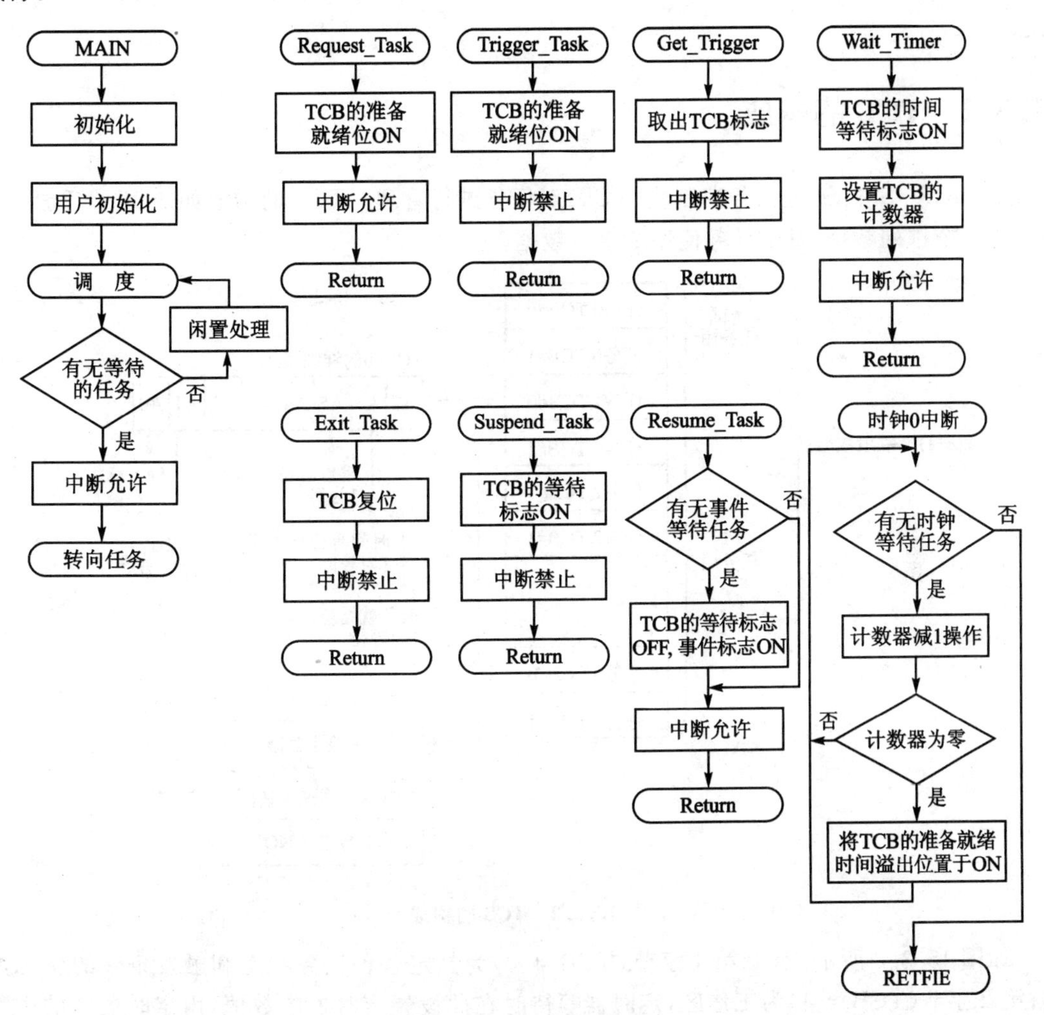

图15.3.1　PICROS全体流程图

接着，转移到任务调度处理，检查任务的执行等待。在任务的调度程序中，按照顺序检查TCB(Task Control Block)的内容，如果有执行等待的任务，执行此任务的函数；如果没有执行等待的任务，作为闲置循环以中断允许的状态重复执行闲置处理。此闲置处理程序是可以由用户来完成的。

服务函数为独立的函数，在被任务调用时予以执行。多数服务函数是进行对任务控制块(TCB)的设置处理。

定时器 0 的中断处理函数作为 PICROS 的时间间隔测量器使用，在任务执行中对等待时间的 TCB 内的计数器进行－1 处理，当计数器为 0 时，解除定时器等待，成为执行对等待状态。

15.3.2 TCB 的构成

在 PICROS 中，通过任务控制块(TCB)对任务进行管理。TCB 的构成如图 15.3.2 所示，全体为一个排列数据，每个任务使用 2 字节数据。

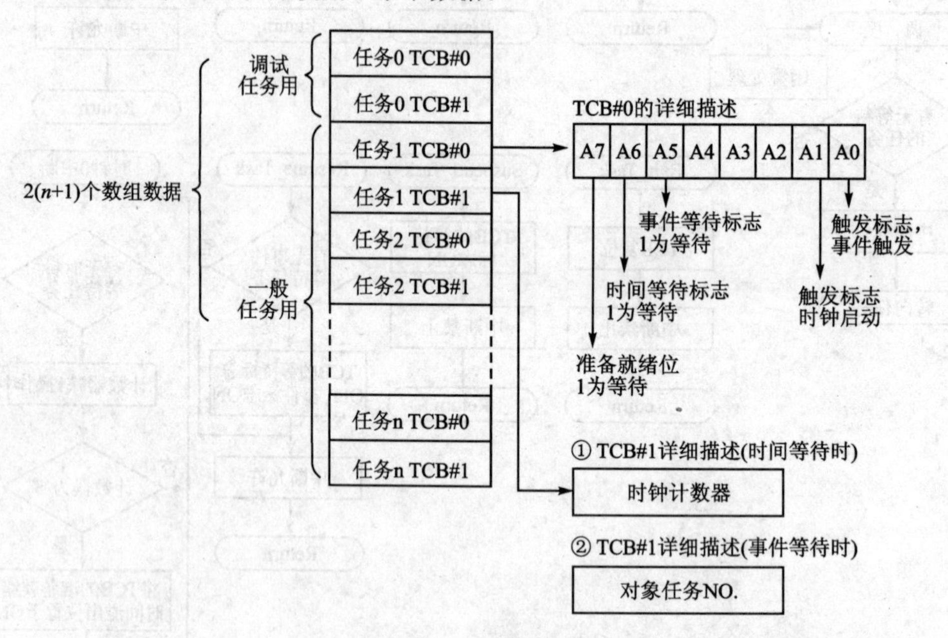

图 15.3.2 TCB 的构成

如图 15.3.2 所示，TCB 第 1 字节(TCB # 0)为判定各种任务状态和触发条件的状态数据；第 2 字节(TCB # 1)为工作区，定时器等待时在此设置定时器的数值，由定时器 0 的中断处理进行减法运算。而且在事件等待时，存储对方的任务号码，利用 Resume_Task 函数进行比较。

此 TCB 区域作为数组被定义，如果任务个数作为常数由 task_number 定义后，则 TCB[2 * task_number+2]个数组被定义了空间。用户没有必要对 TCB 予以特别的关注，只须定义任务的最大数 task_number 定量，然后在 PICROS 内部自动确保数据领域。

15.3.3　任务调度程序的动作

任务调度程序从任务 0 开始按照顺序检查 TCB # 0。也就是检查 TCB # 0 的高 3 位，仅在最高位为 1 的情况下，进入等待运行状态，调用任务函数，然后进入运行状态。

在其他情况下，则因处于不能立即执行的状态而进入到下一个任务。一直到检查了最后一个任务后，则再次返回任务。

在判定为等待执行的情况下，将执行任务函数，但需要对每个任务预先注册要执行的函数。

在此，设置有用户生成的用于登录的文件，其名称为任务分配表(tdt. h)。作为在 tdt. h 中注册用的宏(macro)，例 15.3.1 中设置有称为 dispatch(i,task)的宏指令，这样就能够简单制作任务分配表。

例 15.3.1　dispatch 宏指令

```
#define dispatch(i, task) case i :{ enable_interrupts(GLOBAL); task; break; }
```

使用宏指令，在打算生成如例 15.3.2 所示的 tdt. h 时，则在任务调度程序内部自动生成如例 15.3.3 所示的 switch 语句块。

例 15.3.2　tdt. h 文件的内容

```
dispatch(1, testtsk1())
dispatch(2, testtsk2())
dispatch(3, testtsk3())
dispatch(4, testtsk4())
```

例 15.3.3　任务调度程序内部展开

```
Switch(i)
{
    case 1:{enable_interrupts(GLOBAL); testtsk1(); break;}
    case 2:{enable_interrupts(GLOBAL); testtsk2(); break;}
    case 3:{enable_interrupts(GLOBAL); testtsk3(); break;}
    default:break;
}
```

例如，任务号是 3 的任务为执行等待时，testtsk3()函数被调用执行，也即调用每个任务所指定的函数。此外，在 tdt.h 中调度程序按顺序检查是否处于等待执行，所以其排列顺序就有一个优先级别。函数名 testtsk3()是用户作为任务名所起的，可以任意起名。

执行等待任务的处理一旦终止，则从任务 0 开始检查执行等待的任务。由以上可知，平常时优先级最高的任务最先予以执行。

15.3.4　服务函数的动作

服务函数大部分都能够对 TCB 进行访问。下面对图 15.3.1 进行说明。

1. Request_Task(task)

将指定位号 task 任务的 TCB # 0 的第 8 位设置为 1，成为执行等待状态，并且允许中断后返回。

指定为调试模式(debug mode)时，对已是执行等待状态的任务执行此函数，输出错误的信息 101。

2. Trigger_Task(task)

在指定号码(task)的任务中，将 TCB # 0 的第 8 位设置为 1，成为执行等待状态。之后处于禁止中断状态，然后返回。

指定为调试模式时，对已是执行等待状态的任务执行此函数，输出错误的信息 102。

3. Exit_Task()

将现在执行中的任务 TCB # 0、TCB # 1 都归 0，成为停止状态，维持中断禁止并返回任务。

4. Suspend_Task(task)

将执行中的任务 TCB # 0 的第 6 位设置为 1，使其处于等待事件状态。然后将等待事件对象的任务号 task 复制到 TCB # 1。这样就指定了等待事件的对象。

指定为调试模式时，对已是事件等待状态的任务执行此服务函数时，输出错误的信息 103。

5. Resume_Task()

检查从任务 1 开始按照顺序从现在执行任务中的成为事件等待的任务。也就是检查 TCB # 1 和现在执行中的任务号码是否一致。然后，最初一致任务的事件(event)等待标志归零，而且第 1 位设置为 1，信号等待解除触发电路的标志开通(ON)。并且允许中断后，函数返回。

指定为调试模式时，当没有发现事件等待任务，就输出错误信息 104。

6. Wait_Timer(time)

将正在执行中的任务TCB＃0的第7位设置为1,使其成为等待时间状态。然后将等待时间的参数time复制到TCB＃1。这样,就实现了用定时器等待时间。并且允许中断后,函数返回。

指定为调试模式时,对已是定时器等待状态的任务执行此函数时,输出错误的信息105。

7. Get_Trigger()

将现在执行中的任务TCB＃0的低2位取出。此低2位为了了解是由于定时器超时成为执行等待或是事件等待解除成为执行等待,还是由于Request_Task或Trigger_Task成为执行等待来返回相应的数据,并在不改变中断允许禁止状态下返回。

15.3.5　定时器0的中断处理动作

定时器0作为PICROS的内置时间间隔测量器使用。基本的间隔时间为10 ms。

在定时器0的中断处理中,为缩短处理时间,设置了标志(Timer_Flag),当Timer_Flag为0,也就是定时器等待的任务一个也没有时,函数立即返回。

当有定时器等待任务时,此任务的TCB＃1的计数器－1。如果－1的结果为0,即为超时。这时,此任务的定时器等待标志TCB＃0的第7位归0,其次将第2位设置为1,设定为超时触发。所有任务的检查一旦终止,则终止中断处理,并且在中断刚进入时即又处于允许中断状态,然后函数返回。

15.4　PICROS的配置

在实际使用PICROS时,有必要确定PIC单片机类型、任务的构成、初始化等条件。

所谓配置说的是指定这些使用条件,它与PIC自身的配置位不是一回事。

在PICROS中,实际的必要配置数据如下所述。

1. 配置文件(usrconf.h)

指定使用PIC单片机类型和任务内容的定义文件。在此如果描述所有的使用条件,那么编译时就在最初设定必要的检查条件。

2. 任务分配表(tdt.h)

它是任务分配时使用的跳转表,通过称为dispatch的宏指令函数,定义任务的优先级。

3. 任务链接文件(tasklink.h)

为链接实际任务程序的头文件,将必要的函数和中断处理函数与所有的任务相链接。

4. 用户初始化函数(usrini.c)

是描述执行设备的实际初始化命令的函数,根据每个用户不同端口的输入/输出模式和内置模块的设定也有所不同,这些都有必要在初始化函数中进行描述。

15.4.1 配置文件(usrconf.h)

下面通过例子对在实际中使用PICROS的配置文件(usrconf.h)的制作方法进行说明。首先在配置文件中有必要定义下述内容。

- PIC单片机类型的设置和包含系统定量定义文件。
- PIC自身的配置位设置。
- 时钟频率设置。
- 调试模式的设置。
- 任务ID的设置。
- 任务的原型化(prototyping)。
- 共用全局变量的定义。

以下分别对其进行详细说明。

1. PIC单片机类型的设置及相关的各项设置

与通常的使用方法相同,由于包含了系统常量定义文件,在PIC16F87x单片机的情况下,在使用10位A/D转换时进行此项设置。其次,关于PIC的配置位的设置,与通常的完全一样进行设置。

对于时钟频率的设置和通常的设置方法有所不同,时钟频率使用FREQ常量进行设置。这样的话,其后的delay、USART等与时钟相关设置在PICROS内部自动进行。

然后进行输入/输出引脚的输入/输出模式的设置。通常输入/输出模式设置为固定模式。

2. 调试模式的设置

PICROS内置有调试用的代码,各种查错信息能够通过USART等输出至计算机。

但是如果不处理这些代码,则会产生多余的代码,使程序变得庞大。因此,仅在调试时追加代码,不必要时则可以不输出此项。在此进行此项设置。

因为设置有一些调试用的标志,可以进行如表15.4.1所列的设置。

3. 任务的定义和任务ID定义

指定用户使用最多任务数,描述生成任务的ID和任务函数的原型。最多使用任务数在

task_number 常量中进行定义。任务 ID 是利用服务函数作为参数指定标记的名称，在标记中有简单的号码相对应。

表 15.4.1　调试用标志

标志名	功能和表达式	设置值和功能	备　注
DEBUG_MODE	查错信息的设置和调试程序库链接的设置 #define DEBUG_MODE TRUE	TRUE：输出查错信息 ERROR * $$$ *：执行中任务 NO $$$：错误代码 而且链接调试程序库 FALSE：不进行(不输出代码) 调试程序库也不链接	查错代码 3 位
DETAIL	跳转至任务函数时，输出任务 NO 功能的设置 #define DETALL 0	0：不输出 FF：输出所有的任务 其他：仅输出设置的任务	设置仅一种

原型化就是在编译程序前事先通知任务函数的形式，与通常的原型化完全一样。

4. 共用变量定义

各任务间在接收和发送数据时，有必要有共同使用的 STATIC 变量。因此，事先将其集中在一起作为全局变量进行定义。当然在此不进行定义也是可以的，但是在一个场所将其集中起来，这在调试时很方便，也能够减少错误。

实际的 usrconf.h 例子与如例 15.4.1 所示。在此例中，最大任务数为 8 个，但实际只有 6 个。这样，即使确保最大任务数也没有问题。任务 ID 从 task1 到 task8 进行设置。在此仅是作为从 1～8 的数值进行定义。当然若起的名称与任务名称相关的话会更容易理解。在函数定义的部分，要注意正确复制函数的名称，否则会在编译时出错。

例 15.4.1　usrconf.h 的例子

```
/////  User Configuration File  /////
/////       Defeine Device       /////
#include  <16f877.h>
///// ADC 10 bit /////
#device PIC16F877 * = 16 ADC = 10
///// PIC Configuration /////
#FUSES HS, NOPROTECT, BROWNOUT, NOWDT, PUT, NOLVP
///// Clock Frequency Define /////
#define FREQ 20000000
///// I/ O Mode Define /////
```

```
#use fast_io(A)
#use fast_io(B)
#use fast_io(C)
#use fast_io(D)
#use fast_io(E)
///// Define Debug Mode /////
#define DEBUG_MODE FALSE
#define DETAIL 0
////// Define Task TD Name and Priority //////
#define task_number 8
#define task1   1       //testtsk1()
#define task2   2       //testtsk2()
#define task3   3       //testtsk3()
#define task4   4       //testtsk4()
#define task5   5       //testtsk5()
#define task6   6       //testtsk6()
#define task7   7
#define task8   8
///// task prototyping /////
void testtsk1(void);
void testtsk2(void);
void testtsk3(void);
void testtsk4(void);
void testtsk5(void);
void testtsk6(void);
```

15.4.2 任务分配表(tdt.h)

此为通过任务调度程序在实际分配任务时的跳转表(jump table)。此表制作极其简单，由于设置有 dispatch 的专用宏指令函数，使用它进行描述就可以了。记述形式如下所述。

```
dispatch(m、taskname())
    m          :任务号
    taskname :任务的函数名
```

任务号码是从 1 开始按照顺序的号码。这样的描述顺序成为实际的任务优先级。仅通过这样的描述，分配表在编译时就可以自动展开。

实际的任务分配表如例 15.4.2 所示。

例 15.4.2　任务分配表实例

```
////////// Task Dispatch Tabel //////////
dispatch(1,testtsk1())
dispatch(2,testtsk2())
dispatch(3,testtsk3())
dispatch(4,testtsk4())
dispatch(5,testtsk5())
dispatch(6,testtsk6())
```

15.4.3　任务链接文件(tasklink.h)

此为编译链接实际的任务函数或中断处理函数以及用户生成的所有函数的头文件。在此仅简单地相互链接的函数全部通过 # include 进行描述。

实际的任务链接文件实例如例 15.4.3 所示。在此例中,除 6 个任务以外,还链接定时器 1 的中断处理函数。

例 15.4.3　任务连接表的实例

```
////////// Task Link //////////
#include <testtsk1.c>
#include <testtsk2.c>
#include <testtsk3.c>
#include <testtsk4.c>
#include <testtsk5.c>
#include <testtsk6.c>
#include <timer1.c>
```

15.4.4　用户初始化函数(usrini.c)

每个系统的输入/输出端口的使用方法和内置模块的使用方法不一样。这些都作为用户初始化函数放在外面,用户自己设置制作。此函数包含下面的内容。

- 各端口的输入/输出模式的设置。
- A/D 转换、CCP 等内置模块的初始设置。
- 定时器 0 以外的定时器的初始化和中断允许。
- 除调试以外,使用情况下的 USART 的初始设置和中断允许。
- 初始启动任务的启动。

此处重要的是关于中断的内容,在使用设备中断时,有必要事先执行各设备的中断允许。实际的中断是由 PICROS 根据 GLOBAL 中断允许和禁止进行控制。

初始化结束以后,如果有启动任务,通过执行 Request_Task 函数就能够进行启动。

此外,在用户处理中使用 USART 的情况下,与调试程序的工作会发生冲突。这一点需要注意,但只能照顾到一方。

实际的用户初始化函数如例 15.4.4 所示。

例 15.4.4　用户初始化函数实例

```
///// User Initialize Routine
void User_Ini(void)
{
    set_tris_a(0x03);            //Anlog input
    set_tris_b(0);               //LCD Interface
    set_tris_c(0x80);            //LED & I2C & USART
    set_tris_d(0x0F);            //SW & Motor etc
    set_tris_e(0);               //none
    ///// Define Analog Port /////
    setup_adc_ports(RA0_RA1_RA3_ANALOG);
    setup_adc(ADC_CLOCK_DIV_32);
    ///// CCP Setup /////
    setup_ccp1(CCP_PWM);
    setup_ccp2(CCP_PWM);
    setup_timer_2(T2_DIV_BY_1,0xFF,1);
    ///// Timer1 Setup /////
    setup_timer_1(T1_INTERNAL | T1_DIV_BY_8);
    set_timer1(0);
    enable_interrupts(INT_TIMER1);
    ///// Initilal Start Task /////
    Request_Task(task1);
}
```

15.4.5　MPLAB 项目的制作方法

配置文件准备完毕后,使用此文件由 MPLAB 制作编译时的项目。

(1) 设置项目用的目录。在此目录中,放置所有的生成函数,而且 PICROS 主体 picros. c 也在此目录进行复制。

(2) 复制的 picros.c 文件名变更为与项目名称相同的名称，如 sample.c，其项目名为 sample。

(3) 由 MPLAB 指定 New Project，开始制作。此时项目名与上面决定的名称合并。设置 PIC 单片机类型和设置 CSS 编译程序。

(4) 用 HEX 文件的属性指定 PCM。

(5) 通过 ADD 按钮，设置源文件(sample.c)(上面变更的文件名)。

通过以上步骤，即完成项目建立。

15.5　实际应用举例

下面介绍一个实际应用的 PICROS 实例。利用通用元件 B，并行处理下面的功能。

(1) 初始启动任务

初始化时刻进行启动，进行其他周期启动任务的启动。(任务 1)

(2) 以 30 ms 为周期的计数器显示

以 30 ms 为周期对 long 型的整数计数器进行加法计数，同时在液晶显示器的第 3 行以十进制显示计数器的值。(任务 2)

(3) 以 0.5 s 的时间间隔进行的发光二极管闪烁控制

通过 PICROS 的定时器以 0.5 s 的周期作为任务进行周期性动作，每次启动时进行 RA5 发光二极管的开(ON)、关(OFF)切换。(任务 3)

(4) 以 0.1 s 的时间间隔测量电压，并在液晶显示器上显示电压值

测量以 0.1 s 周期进行动作的任务，刻度转换后，在液晶显示器的第 2 行显示电压值。由定时器 1 的中断产生时间间隔。(任务 4)

(5) 以 1 s 间隔测量温度，并在液晶显示器上显示温度值

测量以 1 s 周期进行动作的任务，刻度转换后，在液晶显示器的第 1 行显示温度值。由定时器 1 的中断产生时间间隔。(任务 5)

(6) 以 1 s 间隔，测量外部输入的脉冲幅度并在液晶显示器上显示脉宽

利用 CCP 模块的 2 通道捕捉功能，测量外部输入脉冲的脉冲宽度，以 1 s 时间间隔在液晶显示器上显示脉宽。由 PICROS 的定时器产生时间间隔。(任务 6)

(7) 通过定时器 1 的中断使 RA2 发光二极管发生闪烁

在约 0.1 s 时间间隔的定时器 1 的中断处理中，此状态控制 RA2 发光二极管的闪烁。

为实现以上功能，应生成各任务和中断处理。此时系统的整体程序流程图如图 15.5.1 所示。用虚线框包围起来的部分为 PICROS 提供的部分。

实际进行动作时液晶显示器的显示内容如图 15.5.2 所示。

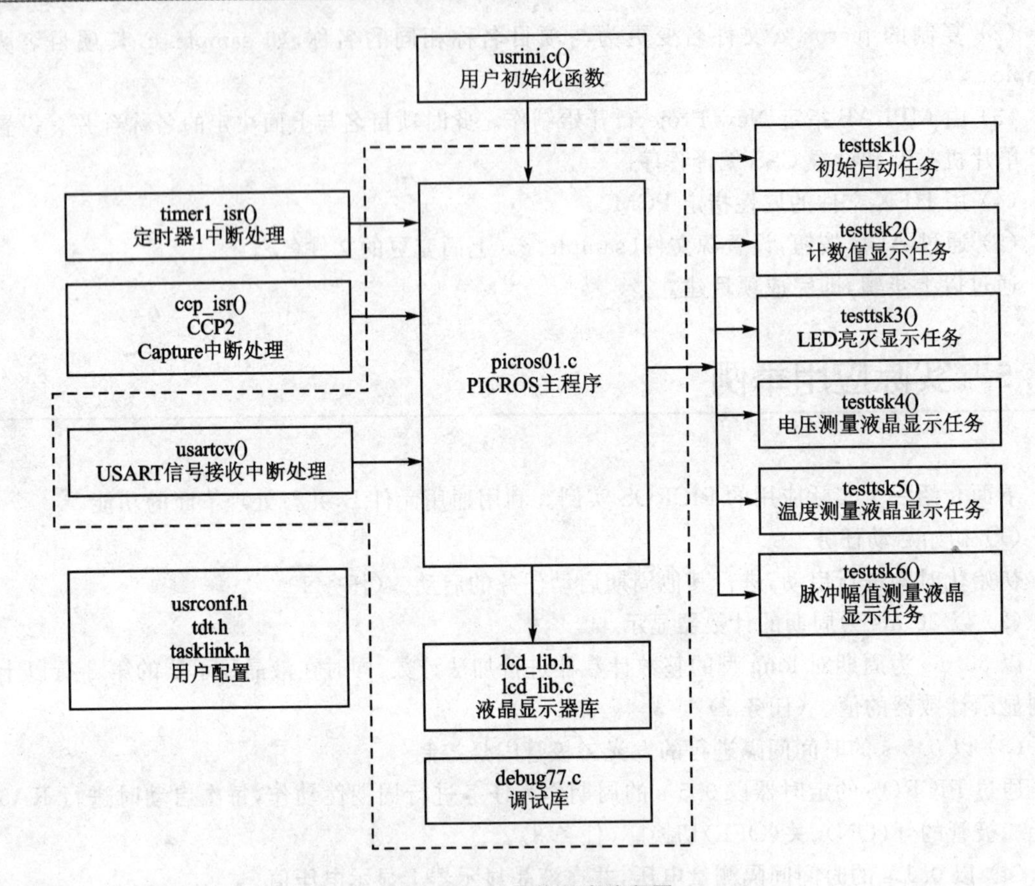

图 15.5.1　整体程序流程图

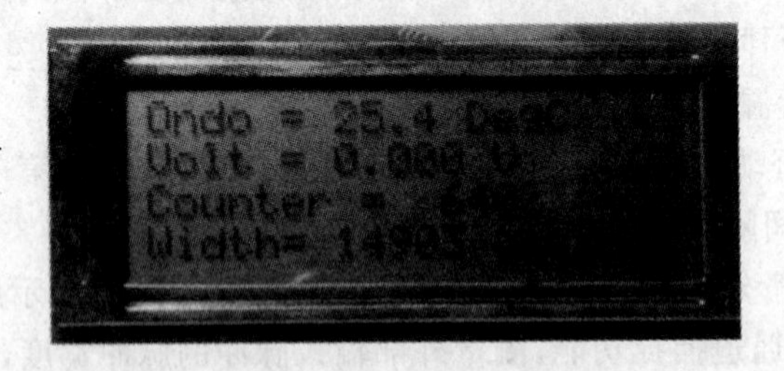

图 15.5.2　执行中的画面

15.5.1　各任务的程序

下面用实际的例子来说明各任务的程序。首先看一下项目名称为 picros01 的情况。

1. 任务 1

用户的初始化函数在初始处成为执行等待的任务，这期间对于由 PICROS 的定时器周期性地启动的任务 2、任务 3、任务 6，通过执行 Request_Task()函数使其成为等待状态。此任务的内容如例 15.5.1 所示。

例 15.5.1　任务 1

```
///////////////////////////
//  Test Task 1
///////////////////////////
void testtsk1(void)
{
    int dumy;
    Request_Task(task2);
    Request_Task(task3);
    Request_Task(task6);
    Exit_task();
}
```

2. 任务 2

作为 Static 变量确保 long 型的 Counter 变量，将其进行+1 操作。以十进制形式在液晶显示器上显示。显示后等待 30 ms 后便终止任务。这样，每 30 ms 会再一次启动，所以会以 30 ms 的时间间隔周而复始运行。变量 Counter 由于是 Static 变量，故其值会被保持，即会在原有值的基础上进行+1 操作。程序代码如例 15.5.2 所示。

例 15.5.2　任务 2

```
//////////////////////////////////
//  Test Task 2
//////////////////////////////////
void testtsk2(void)
{
    static long Counter;
    Counter ++ ;
    lcd_cmd(0x94);              //set to home
    printf(lcd_data, "Counter = %5lu     ", Counter);
    Wait_Timer(3);
}
```

3. 任务 3

每次启动时检查端口 A 的 RA5,将 1 和 0 反相后输出,并且等待 500 ms 后终止任务。因此,此任务也以 500 ms 的时间周期运行。程序代码如例 15.5.3 所示。

例 15.5.3　任务 3

```
/////////////////////////////////
//  Test Task 3
/////////////////////////////////
void testtsk3(void)
{
    if(input(PIN_A5))
        output_low(PIN_A5);
    else
        output_high(PIN_A5);
    Wait_Timer(50);
}
```


4. 任务 4

选择通道 1 的模拟输入端口,确保取数据时间 50 μs 后输入 A/D 转换的结果。将结果刻度转换为电压后,在液晶显示器的第 2 行上显示指定的电压值。显示后任务终止。此任务由定时器 1 的中断处理进行启动,任务即使终止也没有关系。任务 4 的程序代码如例 15.5.4 所示。

例 15.5.4　任务 4

```
/////////////////////////////////////
//  Test Task4
//  Mesure Voltage
/////////////////////////////////////
void testtsk4(void)
{
    float data;
    ///// 电压测量
    set_adc_channel(1);                    //选择通道 1
    delay_us(50);                          //取数据时间等待
    data = read_adc();                     //以 10 位读入
    data = (data * 0.5)/1024;              //以 0.5 V 满量程进行转换
    lcd_cmd(0xC0);                         //移动至第 2 行的前面
    printf(lcd_data, "Volt = %1.3f V    ", data);
```

```
    Exit_Task();
}
```

5. 任务 5

选择通道 0 的模拟输入端口，确保取数据时间后，读出 A/D 转换数据。刻度转换为温度后，在液晶显示器的第 1 行显示。显示后简单地终止任务。此任务也是通过定时器 1 启动，即使简单地终止也没有问题。任务 5 的程序代码如例 15.5.5 所示。

例 15.5.5　任务 5

```
////////////////////////////////////////////
//  Test Task5
/  Mesure temparature
////////////////////////////////////////////
void testtsk5(void)
{
    float data;
    ///// 电压测量
    set_adc_channel(0);              //选择通道 0
    delay_us(50);                    //取数据时间等待
    data = read_adc();               //以 10 位读入
    data = (data * 50.0)/1024;       //刻度转换为温度数据
    lcd_cmd(0x80);                   //移动至第 1 行的前面
    printf(lcd_data, "Ondo = %2.1f DegC ", data);

    Exit_task();
}
```

6. 任务 6

在任务 6 中，通过 CCP 模块的中断求得的脉冲宽度数据存入称为 pulse 的全局变量中，以 1 s 时间间隔在液晶显示器的第 4 行显示该值。脉冲宽度虽然是由定时器 1 的计数器求得，但由于定时器 1 的时钟频率为 20 MHz，预分频器设置为 8，以 50 μs×4×8=1.6 μs 单位计数结束。所以，脉冲幅度以此 1.6 μs 为分辨率，进行刻度变换予以显示。此任务通过 PICROS 的定时器以 1 s 时间间隔反复启动，最后作为 1 000 ms 的定时器等待终止。任务 6 的程序代码如例 15.5.6 所示。

例 15.5.6　任务 6

```
////////////////////////////////////////////////////////////
//  Test Task 6
//  Mesure pulse width using capture
```

```
//////////////////////////////////////////////////////////////
void testtsk6(void)
{
    lcd_cmd(0xD4);               //到 LCD4 行
    /////脉冲宽度 = 测量值 × 0.2 μsec × 8
    printf(lcd_data, "Width = %6.0f usec  ", pulse * 1.6);
    Wait_Timer(100);
}
```

15.5.2　中断处理函数

在此例中应用定时器 1 和 CCP 模块的捕捉中断。在 PICROS 中，仅描述用户使用的中断就可以了。首先，由于定时器 1 的中断为约每 0.1 s 的中断，故每次执行 Trigger_Task()函数，启动任务 2。其次通过每 10 次的中断，启动 1 s 时间间隔的任务 5。

在 CCP 的中断处理中，是将脉宽值存入全局变量 pulse 中，这个脉宽值即是 CCP 上升沿与下降沿的时间差。由于 CCP 仅允许 CCP2 的中断，所以仅在一方发生中断。此中断处理函数如例 15.5.7 所示。

表 15.5.7　中断处理函数

```
//////////////////////////////////////////
//  Interrupt Routine
//////////////////////////////////////////
#INT_TIMER1
timer1_isr()
{
    static int sec;
    if(input(PIN_A2))
        output_low(PIN_A2);
    else
        output_high(PIN_A2);
    Trigger-Task(task4);
    ///// 1sec counter
    sec ++ ;
    if(sec == 10)
    {
        sec = 0;
        Trigger_Task(task5);
```

```
    }
}
///// CCP2 中断处理
#int_ccp2
void ccp_isr()
{
    long rise, fall;
    rise = CCP_1;             //上升时间
    fall = CCP_2;             //下降时间
    if(fall > rise)
        pulse = fall - rise;
    else
        pulse = (0xffff  -  rise) + fall;
}
```

15.5.3　用户初始化函数

在 PICROS 中设置的用户初始化函数如例 15.5.8 所示的基本模式进行描述。首先为端口的输入/输出模式的设置，其次为 A/D 转换模块的初始设置和 CCP 模块的初始设置以及 CCP2 的中断允许设置，然后是定时器 1 的初始设置和中断允许设置，最后是初始启动任务 1。

例 15.5.8　用户初始化函数

```
//////////////////////////////////////
//  User Initiallize Routine
//////////////////////////////////////
void User_Ini(void)
{
    set_tris_a(0x0B);             //Analog input, LED
    set_tris_b(0);                //LCD Interface
    set_tris_c(0x86);             //USART CCP segment
    output_B(0);

    ///// Define Analog Port /////
    setup_adc_ports(RA0_RA1_RA3_ANALOG);
    setup_adc(ADC_CLOCK_DIV_32);

    ///// setup CCP /////
    setup_ccp1(CCP_CAPTURE_RE);       //CCP1 动作条件设置  上升
```

```
    setup_ccp2(CCP_CAPTURE_FE);         //CCP2 动作条件设置　下降
    enable_interrupts(INT_CCP2);        //仅 CCP2 中断允许

    ///// Timer1 Setup /////
    setup_timer_1(T1_INTERNAL | T1_DIV_BY_8);
    set_timer1(0);
    enable_interrupts(INT_TIMER1);

    ///// Initilal Start Task /////
    Request_Task(task1);
}
```

15.5.4　配置用的相关文件

下面对在实际中使用 PICROS 时配置文件的制作方法进行说明。在此例中,有 6 个任务和 1 个中断处理函数。

1. 用户配置文件

生成名为 usrconf.h 的文件。按照基本模式生成的内容如例 15.5.9 所示。首先设置 PIC 单片机类型和时钟以及输入/输出模式的固定设置。然后设置调试模式,如果是 TRUE,则调试程序库自动链接(在这种情况下,程序大小最大约为 4 KB);如果是 FALSE,则链接调试程序库(程序大小为一半以下的 1.9 KB)。

其次为相关任务的说明,对 6 个任务设置任务 ID 和原型化。

接着是全局变量定义,在此例中仅定义称为 pulse 的变量。

最后设置液晶显示器的程序库。这与通常使用时的设置方法完全相同。

例 15.5.9　usrconf.h

```
//////////////////////////////////////////////
//  PICROS01
//  User Configuration File
//////////////////////////////////////////////
/////  Defeine Device  /////
#include <16f873.h>
///// ADC 10 bit /////
#device PIC16F873 * = 16 ADC = 10
///// PIC Configuration /////
#FUSES HS NOPROTECT, BROWNOUT, NOWDT, PUT, NOLVP
///// Clock Frequency Define /////
```

```
#define FREQ 20000000
///// I/O Mode Define /////
#use fast_io(A)
#use fast_io(B)
#use fast_io(C)
///// Define Debug Mode /////
#define DEBUG_MODE TRUE
#define DETAIL 0
///// Define Task ID Name and Priority /////
#define task_number 8
#define task1   1       //testtsk1()
#define task2   2       //testtsk2()
#define task3   3       //testtsk3()
#define task4   4       //testtsk4()
#define task5   5       //testtsk5()
#define task6   6       //testtsk6()
#define task7   7
#define task8   8
///// task prototyping /////
void testtsk1(void);
void testtsk2(void);
void testtsk3(void);
void testtsk4(void);
void testtsk5(void);
void testtsk6(void);
///// Global Variables /////
static long pulse;
///// 液晶显示库函数使用设置
//// prototyping of functions /////
void lcd_init(void);
void lcd_data(int asci);
void lcd_cmd(int cmd);
void lcd_clear(void);
//////
#define mode          0             //闲置引脚的输入/输出模式
#define input_x       input_B       //指定连接端口
#define output_x      output_B
#define set_tris_x    set_tris_B
#define stb           PIN_B3        //设置控制信号
```

```
#define rs              PIN_B2
```

2. 任务分配表(tdt.h)

6 个任务分配表如例 15.5.10 所示。

例 15.5.10　tdt.h

```
///// Task Dispatch Tabel /////
dispatch(1,testtsk1())
dispatch(2,testtsk2())
dispatch(3,testtsk3())
dispatch(4,testtsk4())
dispatch(5,testtsk5())
dispatch(6,testtsk6())
```

3. 任务连接(tasklink.h)

由必要的任务 testtsk1.c 开始,设置将 testtsk6.c 和中断处理 intrpt.c 集中在一起进行链接,如例 15.5.11 所示。

例 15.5.11　tasklink.h

```
///// Task Link /////
#include <testtsk1.c>
#include <testtsk2.c>
#include <testtsk3.c>
#include <testtsk4.c>
#include <testtsk5.c>
#include <testtsk6.c>
#include <intrpt.c>
```

15.5.5　生成项目

以上的各程序组件全部集中起来放入一个目录中。在这里将例 15.5.12 所示的程序组件都存储到 picros01 的目录中。

例 15.5.12　程序组件一览表

```
程序组件一览
PICROS 提供
    picros01.c        PICROS 主体　改名
    lcd_lib.h         液晶显示器程序库头文件
    lcd_lib.c         液晶显示器程序库主体
```

debug77.c	调试程序库主体
usartcv.c	USART 中断处理函数
以下由用户完成	
usrconf.h	用户配置文件
usrini.c	用户初始化函数
intrpt.c	用户中断处理函数
taskilink.h	任务链接用头文件
tdt.h	任务调度表
testtsk1.c	任务 1
testtsk2.c	任务 2
testtsk3.c	任务 3
testtsk4.c	任务 4
testtsk5.c	任务 5
testtsk6.c	任务 6

生成项目的名称为 picros01。PICROS 主体文件名也改名为与此项目名称相同的文件名。

然后按照通常的项目生成步骤进行，保存的目录为 picros01。这样结果成为如图 15.5.3 所示的项目设置。

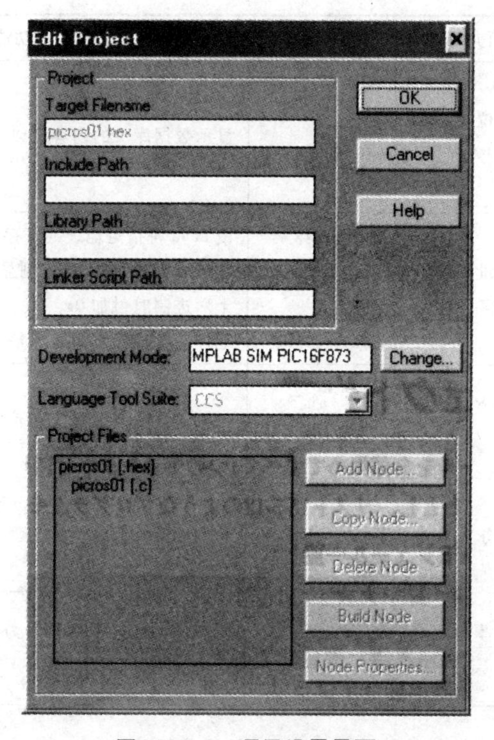

图 15.5.3　项目设置界面

这样如果制作项目,就能正常结束编译过程。通过程序设计器生成的 HEX 文件写入 PIC 单片机中,程序制作便结束了。

15.6 调试工具

这是一个通过 PICROS 开发实时多任务系统时的帮助调试用的工具程序库。使用 PIC 单片机的 USART 通过串行接口与计算机相连,计算机使用超级终端等通信软件,由计算机的键盘能够进行数据存储器的存储、变更、任务启动、停止等操作。

15.6.1 调试工具的功能

此调试工具的功能如表 15.6.1 所示,所有的程序都装载在 PIC 单片机中,计算机仅输入由键盘输入的命令和显示从 PIC 单片机传送过来的信息。

表 15.6.1　调试器的功能

种　类	功能简介	命令格式	功能内容
数据存储器存储	以数据库单位显示寄存器文件的内容	dx↓ 例 d0 d3	显示数据库 x 的内容。以 16 字节 8 行的十六进制显示
数据存储器的变更	变更指定地址的寄存器文件的内容	caaaa,xxx↓ 例 c100,25 c0x1fc,0xbd	由 aaaa 将指定地址的寄存器文件的内容变更为 xxx 能够以十进制、十六进制显示 十六进制时付加 0x 地址作为连续空间处理整个数据库(0～1FF)
任务启动	指定任务为 Ready 状态	rxxx↓ 例 r2 r10	仅強制为 Ready 状态。信息显示为 Ready Task xxx
任务停止	停止指定任务	kxxx↓ 例 k3 k11	仅強制任务为停止状态。信息显示为 Kill Task xxx
任务等待	指定任务为事件等待状态	wxxx↓ 例 w4	強制任务从任务 0 开始为事件等待状态根据 r 命令进行解除

续表 15.6.1

种 类	功能简介	命令格式	功能内容
EEPROM 存储	将 EEPROM 数据用 128 字节表示	ex↓ 例 e0 e1	显示 EEPROM 的 128 字节。以 16 字节 8 行的十六进制显示的 x,由 0 或 1 指定为前一半的 128 字节或后一半的 128 字节
EEPROM 变更	变更所指定的 EEPROM 地址的内容	maa,xx↓ 例 m100,33 m0xcd,0xbb	由 aa 指定地址的 EEPROM 内容变更为 xx 以十进制、十六进制显示 十六进制时付加 0x。 地址为 00～FF

15.6.2 使用方法

为使用此调试工具,首先将计算机如图 15.6.1 所示进行连接;其次计算机中的软件使用以 Windows 为标准的通信软件即超级终端,然后启动超级终端,进行如表 15.6.2 所列的通信调制解调器的设置。

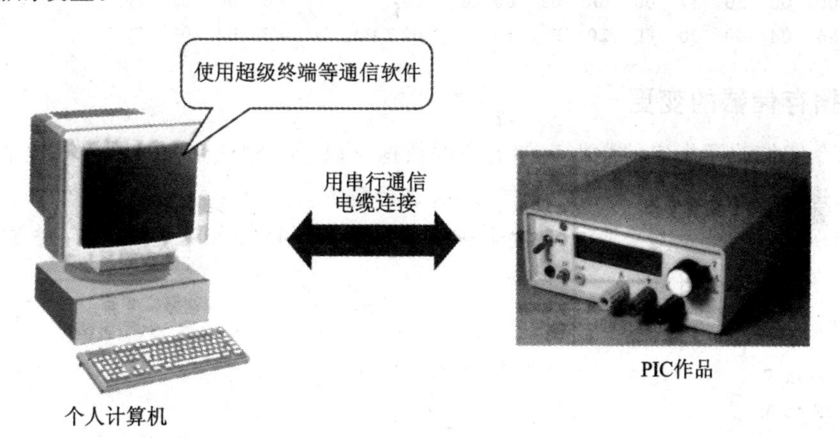

图 15.6.1 调试构成

表 15.6.2 通信设置

项 目	设置内容	项 目	设置内容
通信端口	通常为 COM2,但可依照计算机的配置而定	校验位	无
通信速度	19200 bps	停止位	1 位
数据宽度	8 位	流程控制	无

这样准备就全部结束了,下面对各命令的使用方法和显示内容进行说明。

1. 数据存储器的存储

由 d 命令显示指定存储单元的数据存储器的内容。在 PIC16F87x 系列单片机的情况下,由于最大到 4 个存储区,故为从 d0～d3 为止的命令。

存储的显示方法如例 15.6.1 所示,以每个十六进制 2 位显示 1 行 16 字节,由于 1 个存储区为 128 个字节,故以 8 行显示。每列的一开始为地址,地址在整个存储空间是连续的,在 PIC16F87x 系列单片机的情况下,地址范围为 0x0000～0x01FF。

例 15.6.1 存储存储的实例

```
d0
      0   1   2   3   4   5   6   7   8   9   A   B   C   D   E   F
0000  00  4D  7E  1B  04  10  04  C0  00  00  09  A1  40  00  E8  87
0010  35  00  00  FF  00  FF  FE  05  90  20  0D  FF  D9  04  00  89
0020  32  00  00  00  FF  03  81  21  32  00  00  00  FF  09  00  00
0030  00  01  80  00  00  00  82  00  82  00  80  00  00  00  A0  29
0040  00  00  00  00  64  30  00  00  00  00  00  00  00  00  00  00
0050  00  00  53  04  09  00  00  00  01  00  00  00  00  5D  00  05
0060  00  00  30  37  00  0A  02  00  01  00  80  00  00  00  51  FF
0070  F6  04  00  00  FF  20  FF  20  00  00  00  00  FB  04  09  02
```

2. 数据存储器的变更

用 c 命令能够改写指定的数据存储器中的数据。以十进制或十六进制输入地址值或数据值。在十六进制的场合,有必要在前面付加 0x 进行输入。

实际的例子如例 15.6.2 所示。在此例中将十六进制的 0xF0 区域的存储数据变更为 0xAA 后,以存储显示进行确认。

例 15.6.2 存储器变更

```
c0xf0, 0xaa
00F0 = FF to AA
d1
      0   1   2   3   4   5   6   7   8   9   A   B   C   D   E   F
0080  00  C7  7E  1B  84  0B  00  86  00  00  09  A1  21  01  00  00
0090  00  00  FF  00  00  00  00  00  24  40  00  00  00  00  00  84
00A0  FF  38  3F  00  FF  82  19  00  FF  00  BF  02  FF  00  FF  00
00B0  DF  00  BB  04  66  3A  08  34  80  04  0A  00  FF  00  BF  00
00C0  7F  00  FF  00  EF  02  FF  08  FF  00  FD  10  FF  00  7F  00
00D0  FF  00  FE  00  FF  00  FF  00  7F  00  F7  00  FF  00  FF  00
00E0  FE  00  FF  00  FF  00  FF  00  FF  80  FF  00  EF  00  FB  00
00F0  AA  00  FF  00  F6  40  FF  00  FF  00  FF  00  FE  00  FF  AA
```

可以发现地址0xF0区域的内容确实变更为0xAA。

3. 任务的控制

由r命令、k命令、w命令能够进行指定任务的启动停止或事件等待控制。调试时想要停止额外的任务并进行动作确认或用手动启动某个任务并进行动作确认时进行这项处理。

实际中执行命令时的例子如例15.6.3所示。在此例中控制任务2停止、重新启动、等待状态、重新启动。

例15.6.3　执行指令实例

```
k2
Kill Task 2
r2
Ready Task 2
w2
Wait Task 2
r2
Ready Task 2
```

4. EEPROM存储器的存储显示

由e命令对位于PIC16F87x单片机的EEPROM存储器的数据进行存储显示。以128字节为单位，1行为16字节，显示8行。需要注意的是，虽然每个PIC单片机中安装的存储器大小不等，但是没有安装的地址也返回数据，进行存储显示。实际的存储显示实例如例15.6.4所示。在PIC16F873单片机的情况下，最初的128字节为实际存在的存储，在清除后会变为0xFF。但是后面的128字节没有实际存在，表示为某个特定的模式。

例15.6.4　EEPROM存储实例

```
e0
     0   1   2   3   4   5   6   7   8   9   A   B   C   D   E   F
00  00  00  FF  FF  FF  FF  FF  FF  FF  FF  FF  FF  FF  FF  FF  FF
10  FF  FF  FF  FF  FF  FF  FF  FF  FF  FF  FF  FF  FF  FF  FF  FF
20  FF  FF  FF  FF  FF  FF  FF  FF  FF  FF  FF  FF  FF  FF  FF  FF
30  FF  FF  FF  FF  FF  FF  FF  FF  FF  FF  FF  FF  FF  FF  FF  FF
40  FF  FF  FF  FF  FF  FF  FF  FF  FF  FF  FF  FF  FF  FF  FF  FF
50  FF  FF  FF  FF  FF  FF  FF  FF  FF  FF  FF  FF  FF  FF  FF  FF
60  FF  FF  FF  FF  FF  FF  FF  FF  FF  FF  FF  FF  FF  FF  FF  FF
70  FF  FF  FF  FF  FF  FF  FF  FF  FF  FF  FF  FF  FF  FF  FF  FF

Error 2 102 4
e1
```

```
     0   1   2   3   4   5   6   7   8   9   A   B   C   D   E   F
80  AF  37  67  57  AF  37  67  57  AF  37  67  57  AF  37  67  57
90  AF  37  67  57  AF  37  67  57  AF  37  67  57  AF  37  67  57
A0  AF  37  67  57  AF  37  67  57  AF  37  67  57  AF  37  67  57
B0  AF  37  67  57  AF  37  67  57  AF  37  67  57  AF  37  67  57
C0  AF  37  67  57  AF  37  67  57  AF  37  67  57  AF  37  67  57
D0  AF  37  67  57  AF  37  67  57  AF  37  67  57  AF  37  67  57
E0  AF  37  67  57  AF  37  67  57  AF  37  67  57  AF  37  67  57
F0  AF  37  67  57  AF  37  67  57  AF  37  67  57  AF  37  67  57
```

5. EEPROM 存储的变更

由 m 命令能够重写指定地址的 EEPROM 存储内容。一旦重写后，即使电源关闭也保持原来的状态。

在 m 命令中指定地址，此时的地址根据安装存储器大小不同，地址为 0～0x7F 或 0～0xFF。

实际的执行实例如例 15.6.5 所示。在此例中，地址 0x40 区域的内容重写为 0xAB，0x41 区域的内容重写为 0xAC，其后确认进行存储并更新内容。在此后，将电源进行 OFF/ON 操作后再次显示，也还会看到内容没有变化。

例 15.6.5 EEPROM 存储变更例

```
m0x40, 0xab
40 = FF to AB
m0x41, 0xac
41 = FF to AC
e0
     0   1   2   3   4   5   6   7   8   9   A   B   C   D   E   F
00  FF  FF  FF  FF  FF  FF  FF  FF  FF  FF  FF  FF  FF  FF  FF  FF
10  FF  FF  FF  FF  FF  FF  FF  FF  FF  FF  FF  FF  FF  FF  FF  FF
20  FF  FF  FF  FF  FF  FF  FF  FF  FF  FF  FF  FF  FF  FF  FF  FF
30  FF  FF  FF  FF  FF  FF  FF  FF  FF  FF  FF  FF  FF  FF  FF  FF
40  AB  AC  FF  FF  FF  FF  FF  FF  FF  FF  FF  FF  FF  FF  FF  FF
50  FF  FF  FF  FF  FF  FF  FF  FF  FF  FF  FF  FF  FF  FF  FF  FF
60  FF  FF  FF  FF  FF  FF  FF  FF  FF  FF  FF  FF  FF  FF  FF  FF
70  FF  FF  FF  FF  FF  FF  FF  FF  FF  FF  FF  FF  FF  FF  FF  FF
```